JN101619

BEYOND WEIRD

WHY EVERYTHING YOU THOUGHT YOU KNEW ABOUT QUANTUM PHYSICS IS DIFFERENT

量子力学は、本当は量子の話ではない

「奇妙な」解釈からの脱却を探る

フィリップ・ボール 著　松井信彦 訳

化学同人

Beyond Weird

Why everything you thought you knew
about quantum physics is different

by

Philip Ball

前置きにかえて……

量子との遭遇とは、遠い国からはるばるやって来て自動車というものを初めて目にした探検家のような気分を味わうことである。見るからに使い道が、それも重要なものがありそうなのだが、それはいったい何なのか？

ジョン・アーチボルト・ホイーラー

［量子論の］どこかで現実とそれに関する私たちの知識との区別が失われており、そのせいで科学というより中世の降霊術の様相を呈している。

エドウィン・ジェインズ

「現実」も「波」や「意識」と同様に人間の言葉であることを決して忘れてはならない。私たちはこうした言葉を正しく、すなわちあいまいなところなく一貫性をもって使うことを学ぶ必要がある。

ニールス・ボーア

［量子力学とは］自然の実像と自然に関する人類の不完全な情報とが珍妙に入り交じった記述だ——ハイゼンベルクとボーアによってすっかりかき混ぜられてオムレツと化しており、解きほぐし方が誰にもわかっていない。

エドウィン・ジェインズ

おそらく、量子力学を巡る最も重要な教訓は、自然に関する何より基本的な前提に批判的に立ち返る必要があることだ。

ヤキール・アハラノフ他

皆さんが自然をありのままに——不条理なままに——受け入れられることを願っています。

リチャード・ファインマン

量子力学は、本当は量子の話ではない ⚛ 目次

第1章 量子力学が何を意味しているかを言える者はいない（これが本書の主張である）

「量子力学を理解している者などいないと言って差し支えないと思う」

リチャード・ファインマンがそう語ったのが一九六五年。量子力学の業績でノーベル物理学賞を受賞した年のことである。

周りがその意図をつかめなかった場合に備え、ファインマンは凡人にもわかる彼ならではの巧みな表現で陽気にこうも言っている。「私は生まれたとき量子力学を理解していませんでした――そしていまだに量子力学を理解していないんです！」このテーマきっての専門家と認められたばかりの人物が、自分の無知を高らかに宣言していたのだ。

ファインマンでさえこうだったのだ。その他大勢に望みがあろうはずもなかった。

広く引用されているファインマンの言葉もあってか、量子力学は科学の中でもひときわ捉えがたく難

量子力学を理解している者などいない
と言って差し支えないと思う

しい分野という評判が定着している。量子力学の創設に重要な役割を果たしたアルベルト・アインシュタインの名が科学の天才の代名詞になっているのとまさに同じように、量子力学は「奇妙な科学」の象徴となっている。

確かなこととして、ファインマンは量子力学を**使う**ことができないとは言っていない。使う**だけで精いっぱい**ということだ。彼は必要な数学を難なくこなせており、新たな定理や公式をいくつか編み出したほどである。そこは問題ではなかった。だからといって、必要な数学は簡単だとうそぶくつもりはなく、数学が苦手な方々に量子力学の道は向いていない。だがそれを言うなら、流体力学や人口動態学や経済学も同じようにわけがわからず、その道も向いていないだろう。

そう、量子力学がかくも難しいとされる原因は方程式ではない。問題は概念である。私たちにはとにかく理解できないのだ。ファインマンにさえできなかった。

ファインマンによると、彼に理解できなかったのは方程式が語るところだ。式からは実験で確かめられる予測として数値が得られ、それらはことごとく検証に耐えていた。だが、そうした値や式が実は何のことを言っているのか、「現実世界」に関して何を語っているのかを、ファインマンは明らかにできなかった。

ある見解いわく、値や方程式は「現実世界」について何も語っていない。それらは信じがたいほど便利な仕掛け、科学や工学に使える実に頼もしいある種のブラックボックスだという。また、数学の枠を超えた「現実世界」という概念は無意味であり、それについて考えて時間を無駄にすべきではない、という見解もある。それとも、量子力学はこの世界に関する疑問への答えを記述するとされているが、ひょっとしてふさわしい方程式がまだ見いだされていないのだろうか。あるいは、ときどき言われているように、量子力学の数学は「起こりうる物事は実際に起こる」ことを示しているのかもしれない――それが結局どういう意味なのかはさておき。

本書のテーマは、「量子力学の数学は本当は何を意味しているのか」である。幸い、この問いを探るうえで数学そのものに深入りする必要はない。ごくわずかながら出てくる分も、お好みでそうっと避けて通れるようになっている。

本書が答えを授けようなど言うつもりはない。私たちは答えを持ち合わせていない（答えを持ち合わせている人もいるが、それは「聖典を持っている人がいる」という意味でしかなく、その拠り所は信仰であって証明ではない）。だが、今の私たちにはファインマンが自分の無知を認めていた頃よりも優れた問いがいくつもあり、その恩恵は大きい。

量子力学の物語は、その意味について誰よりも深く考えてきた科学者らにとって、二〇世紀終盤から大きく様変わりしてきたと言える。量子論は原子、分子、光、そしてこれらの相互作用に関する概念に大変革を起こしてきたが、変革は唐突に起こったわけではなく、見方によっては今なお変革の真っ最中だ。始まりは一九〇〇年代初頭で、一九二〇年代後半には検証できる式と実験方法が手に入った。だが、量子論の何より根源的で重要な側面が垣間見られだしたのは一九六〇年代以降、決定的な実験のいくつかが現実味を帯びてきたのは一九八〇年代以降、そしてその一部でも行われたのは二一世紀に入ってからだ。私たちは今なお、核心をなす概念に正面から取り組もうとしているし、そうした概念の限界を探り続けてもいる。心底求めているのが深い理解を伴う理論であって、数値計算をうまくこなせるだけの理論ではないなら、量子論は本当の意味ではまだ手に入っていない。

本書のねらいは、その**本当の意味**での量子論があるならどのようなものか、現時点での最善の推測をお伝えすることだ。それは、この世界の深遠な構造について私たちが当然と思っている事柄のすべてとは言わないまでも大半を揺るがすものだろう。どうやらこの世界は、これまで思い描かれてきたよりもはるかに不可解でかなり厄介な場所らしい。さまざまな物理法則が当てはまる場所というより、物理的世界という言い回しの意味するところや、物理的世界を解明するために私たちが試みていると思っていることについて、今の理解を考え直すよう迫られる場所なのだ。

こうした新たな展望について探るにあたり、量子力学の根源に関する研究の現代版ルネサンス――この表現の妥当性は保証しよ**う**――で明らかになったことを二つ強調しておきたい。

まず、量子力学で何かと奇妙と形容されている事柄は、量子世界の本当の意味で特異な側面を指してはいない。それは、量子世界をイメージするための絵図や量子世界を語るための物語を見いだそうという（無理からぬとはいえ）ゆがんだ試みから出てきたものだ。量子力学は直感を欺くが、それを指して「奇妙」と形容するのは扱いとして不当である。

次に――そしてもっと悪いことに――この「奇妙」という形容が、量子論の一般的な解説で、さらには専門的な解説でも幅を利かせており、量子論の何が本当に革命的なのかを表現するどころか、かえってわかりにくくしている。

量子力学はある意味まったく難しくない。計りがたく、驚かされるばかりで、今なお私たちの理解を頑なに拒んでいると言って現段階では差し支えないが、車のメンテナンスや中国語の習得の難しさと同じ意味で難しいわけではない（この二つを巡る苦い経験から申し上げている）。この理論を受け入れ、習得し、使うことはそれなりに易しいと、大勢の科学者が考えている。

その難しさを強調するよりは、私たちを欺き、怒らせ、さらには楽しませようともする、想像力を試す挑戦と捉えたほうがいいのかもしれない。

なにしろ、まさに想像力を試されている。思うに、私たちはこのことをようやく文化的に幅広く認めだしたのではないだろうか。芸術家に作家、詩人や脚本家が、量子力学の発想を受け入れて使いだしている。たとえば、舞台作品ではトム・ストッパードの『ハプグッド（*Hapgood*）』やマイケル・フレインの『コペンハーゲン』（小田島恒志訳、早川書房）、小説ではジャネット・ウィンターソンの『ガット・シンメトリーズ（*Gut Symmetries*）』やオードリー・ニッフェネガーの『きみがぼくを見つけた日』（羽田詩津子訳、ランダムハウス講談社文庫）などがある。科学的なアイデアをどれほど正確に、あるいは的確に消化しているかについては議論の余地があるにしても、こうした作品には量子力学に対する創造性豊かな反応が存在しているに違いない。十分に解き放たれた想像力だけが、量子力学が何たるかの表現に迫れるのだろうから。

量子力学の記述する世界が私たちの直感を欺いていることは間違いない。だが、「奇妙」という言葉はその世界を語る切り口として有益ではない。なにしろ、その世界は私たちの世界でもあるのだ。測定方法によらず性質や位置をはっきり定められる物体であふれたおなじみの世界が、量子世界からどのように立ち現れているのか、まだ不完全ながらもかなり良い説明が今や存在する。この「古典」世界はつまり、量子論の特殊ケースであって別物ではない。奇妙と形容するに値するものがあるなら、それは私たちである。

量子力学が奇妙とされる主な理由をいくつか挙げてみよう。私たちは量子論が次のようなことを言っていると聞かされている。

・量子物体は波動と粒子のどちらでもありえる。これを「波動と粒子の二重性」という。
・量子物体は一度に複数の状態を取りうる。言ってみれば、ここ**と**あそこのどちらにも存在できるのだ。これは「重ね合わせ」と呼ばれている。
・ある量子物体の二つの性質を同時に正確に知ることはできない。これが「ハイゼンベルクの不確定性原理」だ。

・量子物体はどれだけ離れていても互いに瞬時に影響を及ぼすことができる。いわゆる「不気味な遠隔作用」である。これは「量子もつれ」（「量子エンタングルメント」、「量子絡み合い」、単に「もつれ」とも）と呼ばれる現象によって生じる。

・対象が何であろうとそれを乱すことなく測定するのは不可能である。ゆえに人間の観測者を理論から除外することはできない。したがって、避けがたく主観的になる。

・起こりうる物事は実際に起こる。この主張には二つの異なる根拠がある。一つはファインマンらが定式化した（とりたてて物議を醸していない）量子電磁力学と呼ばれる理論、もう一つは（激しい物議を醸している）量子力学の「多世界解釈」だ。

実は、このなかに量子力学が主張している事柄は一つもない。それどころか、量子力学は「物事の様相」についていっさい語っていない。特定の実験を行うと、どのような結果が得られるはずかを語るだけなのだ。前述の主張はどれも、理論にかぶせた解釈以外の何ものでもない。本書ではこれからそれぞれがどの程度優れた解釈なのかを問うていく（そして、「解釈」とはどういう意味たりえるのかを、読者がせめて雰囲気だけでも味わえるよう努めるつもりだ）。だがここでは、どの解釈もさして優れているわけではなく、誤解を招くものさえあるとだけ言っておこう。

少しでもましな解釈を打ち立てることができるのだろうか？　その答えがどうであれ、届いてくる情報はあまりに乏しく、新鮮味はすっかり失われている。従来のさまざまなイメージやたとえや「説明」は、陳腐なばかりか、量子力学が私たちの予想をどれほど深く裏切るものなのかを隠し立てする恐れさえある。

というのも無理はない。私たちが量子論について語るとしても、それは量子論を語る物語が見つかった場合だけだ。逆に言えば、かくも足をすくわれやすい領域を進むための糸口になりそうなたとえを思い描けなければ語るのも難しい。だが、そうした物語やたとえが物事の様相だと勘違いされることがあまりに多い。そもそも、物語やたとえとして表現できるのは、日常的な出来事を引き合いに言い表されているからにほかならない。そこでは、量子世界のルールが日常世界で慣れ親しんでいる概念に無理やり押し込められている。だがその日常世界こそ、量子世界のルールが当てはまりそうにない場所なのである。

ほかではあまり見られないことだが、科学理論というものは必ずや解釈を求める。科学では普通、理論と解釈は比較的わかりやすい形で並び立つ。わかりにくくて説明を要する含みはあるかもしれないが、基本的な意味はたちどころに明らかになる。

チャールズ・ダーウィンの自然選択による進化論を例に説明しよう。進化論の対象——生物や種——にあいまいなところはあまりなく（実は厳密な線引きはかなり難しい）、それらの進化についてこの理論の語るところは明快だ。それによると、進化を左右する因子が二つある。形質が、遺伝しうる変異を無作為に起こすこと、そして、生存競争において、特定の変異を経た個体が繁殖上有利になることだ。この概念が現実世界にどのような形で現れているのか、具体的には、遺伝子レベルではどういうことになるのか、あるいは母集団の規模や変異率の違いがどう影響するのかなどは、実際のところかなり複雑な話で、今なお明らかになっていない部分もある。だが、この理論が何を意味しているかの理解に苦労はない。この理論の因子や含みは日常的な言葉で書き表すことができ、それ以上の説明は不要だ。

どうもファインマンは、同じことを量子力学で試みるのは不可能であるばかりか、無意味だとさえ思っていたようだ。

わかっているふりはできません。ありとあらゆる常識的な概念に反してますからね。できることがあるとしても、何が起こるかを数学的に方程式で記述するのが精いっぱいなんですが、それもかなり難しい。さらに難しいのは、その方程式が意味するところを明らかにする試みで、これが何より難しい。

量子力学を使っている者たちのほとんどはこの難題をたいして気にしていない。コーネル大学の物理学者デイヴィッド・マーミンの言葉を借りれば、「黙って計算」[*1]するだけだ。量子論については、現象

*1　一般的にこう言ったのはファインマンだと誤って考えられている。この説があまりに広まり、あれは実はファインマンの言葉を無意識に繰り返したものではないかとマーミン本人がびくつきだした時期があったほどだ。だが、量子論に絡んで気の利いたことを言った物理学者はファインマンだけではない。乞うご期待。

をとてつもなく正確かつ確実に描写できる数学的記述であり、分子の形状や挙動、トランジスターの仕組み、自然界の色、光の法則など、実に多彩な物事を説明できる、という見方が長年主流だった。それゆえ、量子論は決まって「原子世界の理論」だと、つまり顕微鏡で見える微小スケールにおける世界の様相を説明するものだと言われてきた。

一方、量子力学の解釈について語ることは、キャリア終盤に差し掛かった大御所の言葉遊び、あるいはビールを飲みながらとりとめもなく語る話題でしかなかった。もっとひどい扱いも受けていた。つい二〇〜三〇年ほど前まで、若手の物理学者がこのトピックに本気で興味があると告白すれば、キャリアを棒に振ることになっておかしくなかったのだ。解釈にこだわり続けたのは、変人とまでは言わないが奇特な科学者や哲学者のごく一部だけだった。研究者の多くが、量子力学の「意味」が話題にのぼると無関心を示すかあきれた顔をしたものであり、今なおそうする者もいる。「まあ、とにかく誰も理解していませんから！」

アインシュタインとボーアの時代に見られた態度とは大違いだ。彼らにとって、この理論の見るからに普通ではない側面に取り組むことは執念を燃やす対象にさえなっていた。意味は一大事だったのだ。一九九八年、現代量子論の先駆者であるアメリカの物理学者ジョン・ホイーラーは、一九三〇年代には漂っていた「どうにもわからない」という空気が失われていたことを嘆いている。「あの空気をなんとかしてまた感じたいものです。それがこの世の見納めになっても」

ホイーラーの影響が実際それなりにあったのかもしれないが、この妙な風潮は再び許される雰囲気になっており、流行ってさえいる。選択肢や解釈や意味に関する議論を個人の好みの問題だとか抽象的な哲学議論だとか言って脇へ押しやる必要はもうなさそうだし、今では量子力学が何を意味しているかは言えないまでも、少なくとも何を意味して*いない*かなら明快かつ正確に言えるようになった。

「量子論の意味」がこうして再び思索の対象となった理由の一つは、根本的な問題を探るための実験ができるようになったことだ。かつてそれらは単なる思考実験として片づけられ、形而上学（多くの科学者から良くも悪くもさげすまれていた思考様式）すれすれと見なされていたのが、今では実現可能になったのである。量子論のパラドックスや難題を、最も有名な〝シュレーディンガーの猫〟も含めて、今や本当に検証できる。

該当する実験はこれまでになく巧妙だ。レーザー、レンズ、鏡といった比較的安価な装置を用いて卓上でできるものが多いが、どれも技術の粋の集積であり、巨額の予算を使って大がかりに行われているどの実験にも引けを取らない。実際の実験では原子や電子や光子を、場合によっては一個単位で捉えて操作し、とてつもなく精度の高い検証にかける。重力の影響を避けようと宇宙空間で行われるものもあれば、星間空間よりも低い温度環境で行われるものもある。こうした実験は、物質のまったく新たな状態をつくり出すかもしれない。ある種の「テレポーテーション」を実現したり、不確定性に関するヴェルナー・ハイゼンベルクの見解に異議を唱えたりしている。因果関係が時間的に前後どちらにも進みうること、あるいはすっかりごちゃまぜになりうることを示唆している。驚異的な精度の答えを淡々と出し続ける割に気まぐれな量子力学方程式というベールをめくり、その背後に隠れているものを（何かあれば）露わにしだしている。

いくつかの業績はすでにノーベル賞に輝いており、今後も受賞は続くだろう。そうした業績は何より、量子力学の一見おかしな側面もパラドックスも謎も現実だと明言している。その数々に取り組まない限り、世界の様相を理解することなど望めない。

　不可能としか思えない事柄を可能にする量子効果を、最大限に活かす実験ができるようになったおかげで、量子力学の離れ業をいろいろと実演できる。ひょっとするとこれが何よりわくわくさせられることかもしれない。情報を前例のないやり方で操作したり、ばれないように盗み読むことのできない安全な情報を送信したり、従来のコンピューターではとうてい太刀打ちできない計算を実行したりする。こうした事柄を実現する量子テクノロジーが開発途上だ。ほかならぬこの進展によって、私たちは間もなく次の事実に向かい合わなければならなくなる。すなわち、量子力学が、縁がなくて目に触れないこの世のどこかに埋もれている奇妙な現象ではなく、目の前で起こっている現象をもとに自然法則を解き明かすための現時点で最善の試みであることだ。

　量子力学の根本的な側面に関してここ一〇～二〇年にあがった業績からはっきりしてきたことがある。量子論とは粒子と波動、不連続性、不確定性、あいまいさに関する理論ではない。情報に関する理論である。この新たな見方は量子論に「奇妙なふるまいをする物事」という絵図どころではない深遠な展望を与えている。どうやら量子力学が扱っているのは現実についての一つの見方と呼べそうな何からしいのだ。もっと言えば、問うているのは「何を知りえて、何を知りえないか」ではなく、可知かどうかの理論がどのようなものたりえるかである。

　隠さず申し上げておくが、量子力学が私たちの直感をどのように混乱させているのかを、この捉え方で解き明かすことはできない。何をもってしてもそんなことはできそうにないようだ。それに、「量子情報」について語ることそのものも問題をはらんでいる。ここで言う情報とはそもそも何か、それは何に関する情報か、という疑問が持ち上がるからだ。なにしろ、リンゴや（特殊な例では）原子を指すようにして、情報をこれと指さすことはできない。日常的な用法における「情報」という言葉は、言語や意味と、ひいては状況と密接に結び付いている。だが、物理学での「情報」の定義には日常的な用法と合致しないものがあり（不規則な情報ほど情報量が多い、など）、量子力学においてそうした難解な定義が私たちが何を知っているかという重大な件に与える影響に絡んで難しい問題がある。というわけで、答えがすべて手に入っているわけではない。だが、かつてよりも良い問いがあり、それはある種の進歩だ。

こうした事柄について語るのに適した言葉を探すのに、私がすでに苦労していることがおわかりだろう。これは仕方のないことで、皆様には慣れていただくしかない。そういうものなのだ。言葉がすらすらと出てきていたら、それは深掘りできていないときだ（この点については科学者にも罪がありうることをこれから明らかにする）。当時の誰よりも量子力学について深く考えていたボーアがこう語っている。「われわれは言語の中でどちらが上でどちらが下かわからないような形で宙づりになっている」

楽屋落ち的な話だが、量子力学のよくある説明の多くが「これは完璧な比喩とは言えないのですが、……」という枕詞で始まる。たいてい続いて、ビー玉や風船やレンガの壁などを持ち出してイメージを抱かせる。訳知り顔で「あの、本当は全然そうじゃないんですよ」と言うのは世界一簡単なことだ。私はそう言って済ますつもりはない。考えられたこうした卑近なイメージは出発点としてはえてして悪くなく、私もときどきこの手に出ている。このような不完全なたとえが、数学的な詳しい説明抜きでまともにできる精いっぱいのこともあり、あきらめて純粋な抽象像を持ち出すつもりがないなら、専門家でさえ場合によってはそうしたイメージを持ち出さざるをえない。リチャード・ファインマンもやっており、私にはそれで十分だ。

ただし、量子力学にもっと真摯に向き合う必要があることは、そうしたいわば補助輪を外してこそわかりだす。ここで言いたいのは、誰もが**どこまでも真摯に向き合う必要がある**ということではなく（ファインマンは違った）、量子力学に対してすわりの悪さを今よりはるかに大きく感じる覚悟をすべきということだ。私はせいぜい表面をなでてきた程度だが、すわりの悪さを感じて**いる**。ボーアもこの点では同じ認識だった。哲学者たちを相手に量子力学を講じた際に、彼らが激しく抗議するどころか自分の言うことをじっとおとなしく受けて入れていたのを見て、ボーアはひどくがっかりした。「量子のふるまいを［要は量子論を］初めて知ってめまいを感じない人は、一語たりとも理解していない」

私が言いたいのは、私たちは量子論の意味を気にしなさすぎということだ。関心がなさすぎだとは言っていない。それどころか、一般向けの科学誌やフォーラムで、量子論の奇抜な側面に関する記事はほぼ例外なくよく読まれているし、量子論を扱う手頃な本も多い。[*2] なのになぜ気にしなさすぎだと不満なのか？

この件が往々にして「**自分たちの**問題ではない」かのように扱われるからだ。量子論について読んでいると、人類学について読んでいるかのように感じることが多い。人類学は、習慣の異なるどこか遠い国のことを語る。自分たちの世界のふるまいはそれなりにしっくりきているが、別世界のふるまいのほうは「奇妙」に映る。

だがこの姿勢は、ニューギニアのある部族の習慣が自分たちとは違うから「奇妙」だと主張するようなもので、無礼とまではいかないにしろ、視野が狭い。それに、量子力学を過小評価している。なにしろ、量子論の理解が深まるほど、なじみあるこの世界が量子力学とは別物ではなく、量子力学の一つの現れだとわかってくる。それに、量子力学の背後にもっと「根源的な」理論があるとしても、量子世界をかくも不可解な場所に見せている本質は、その新たな時空体系でも保たれているに違いなさそうだ。おそらくどこまで行っても量子なのである。

量子力学の示唆するところによれば、この世界の起源は、素粒子からなる原子から恒星や惑星ができている、という従来の概念とはかけ離れているようだ。恒星や惑星をなす原子が素粒子でできていることは確かだが、それらの出どころである根源的な構造は従来の説明を拒む法則に支配されている。また、その法則には「現実とは何か」に対する私たちの考えを根底からじわりと覆すような示唆があるともよく言われるが、こちらについては新鮮な目で立ち返るといいかもしれない。物理学者のレオナルド・サスキンドは「私たちは量子力学を受け入れる過程で、現実について古典的なものとは根本的に異なる見

＊2　優れた本は多々あるが、ジム・アル＝カリーリによる「レディーバード・エキスパート（*Ladybird Expert*）」シリーズの新刊『量子力学（*Quantum Mechanics*）』から始めるのがいちばんだ。

方をしぶしぶ認めている」と言うが、それは誇張ではない。

ここで、現実についての見方が異なるのであって、物理学が異なるわけではないことに注意されたい。単に異なる物理学ということなら、たとえばアインシュタインの特殊相対性理論と一般相対性理論に目を向ければいい。この二つによれば、運動と重力が時間を遅らせ、空間を曲げる。想像するのはたやすくないが、やればできると思う。時間がゆっくり過ぎたり、地図のマス目が歪んで距離が縮んだりするところを思い浮かべればいい。こうした概念は言葉にできる。量子論において、言葉は表現方法としての使い勝手が悪い。物事や過程に用語を当ててはいるが、どれも単なるラベルであって、どのような言葉をもってしても的確には表現できず、概念そのものに当たるしかない。

現実についての異なる見方に話を戻そう。それを本気で理解したいなら、何らかの哲学が必要になってくる。「現実」については、多くの科学者が私たちと同様、そこにあって見て触って影響を及ぼすことのできる何か、という程度の実用的ではあるが安易な見方をしている。だが、プラトンやアリストテレスからヒューム、カント、ハイデガー、ウィトゲンシュタインまで、多くの哲学者によって脈々と認識されてきたように、私たちはもっと本気で突き詰めて考えるべきだ。これは量子力学を解釈しようというなら必須であり、科学は哲学者が数千年にわたってどこまでも深く精緻に議論してきた「現実とは何か?」、「知識とは何か?」、「存在とは何か?」といった問いに真剣に向き合うよう迫られている。対する科学者は往々にして大げさにいら立ちを見せ、こうした問いを自明なことか無意味な詭弁であるかのように扱う。だが、そうでないことは明らかであり、今ではこうした問いに対する古今の哲学者の言い分を嬉々として検討する量子力学研究者がいるし、「量子基礎論」というもっと適した分野もある。

ボーアの言うように、私たちは永遠に「言語の中で宙づりに」なって上下の区別もできない運命にあるのだろうか？　一部の研究者はそうはならないと楽観的で、そうした一人の言葉を借りれば、いつの日か量子論は「物理的な直感で理解できる簡潔な原理一式と、それに沿った説得力のある物語」で表現できるようになるかもしれないと考えている。ホイーラーはかつて、私たちが量子論の核心を本当に理解しているなら、それを簡潔な一文で表現できるはずだ、と述べている。

だが、今後の実験で量子論の直感に反する側面がすべて取り除かれて、旧式の古典物理学のような具体的かつ「常識的」で満足のいく何かが明らかになる、という保証はないし可能性も低い。それどころか、量子論が何を「意味する」かを言えるようには**決して**ならない可能性がある。

直前の一文の表現には気を遣ったつもりだ。量子論の意味を誰も**知る**ことがないだろう、と言い切っているわけではない（し、そういうものだとは限らない）。むしろ、私たちの言葉や概念、染み付いている認識方法は、量子論の名に値する意味を表現するのにふさわしくないことが判明するかもしれないということだ。それをデイヴィッド・マーミンは、多くの量子力学研究者がニールス・ボーアについてどう思っていたかを記すなかで巧みに表現している。ボーアは神秘主義を思わせる理解から量子力学の教祖と呼ばれていたほどで、亡きあともなお、頭がどうかしてきそうな不可解な言葉を今の物理学者に投げかけているのだが、「自分はボーアが何のことを言っているのか、本当に理解しだしているかもしれない、という感覚が唐突に一瞬訪れるようになってきた」とマーミンは言う。

この感覚は何分も続くことがある。宗教体験に似ており、今の私は、この調子でいいのならいつの日か、ひょっとすると間もなく、何もかも突如として自明となり、以降、ボーアは正しいとわかっているのにその理由をほかの誰にも説明できないという状況に陥ることを本気で心配している。

マーミンの言うとおりなら、私たちには黙って計算してほかは好みの問題として片付けるくらいしかできないのかもしれない。だが思うに、私たちにはそれ以上のことができるし、できるようになりたいという大志は抱くべきだ。もしかすると量子力学は、知って理解できることの限界へと私たちを押しやっているのかもしれない。ならば、少しは押し返せるものかどうか確かめてみようではないか。

第2章 量子力学は、本当は量子の話ではない

量子力学を歴史物語として語りたくなる誘惑はなにしろ強い。それほどの物語なのだ。二〇世紀の初頭、物理学者は世界がそれまでの理解とはまったく違うつくりになっていることに気づき始めた。その「新しい物理学」から予想された現象は、不可思議さを増すばかりだった。それらすべてを説明する理論を考え出そうとするなかで、創始者たちは戸惑い、議論し、ひらめきを得て、臆測を巡らせた。かつては正確で客観的だと思われていた知見が、実際にはどうやら不確定で、偶発的で、観測者に依存しているらしく……と話は続いていく。

登場人物がまたすごい！　アルベルト・アインシュタイン、ニールス・ボーア、ヴェルナー・ハイゼンベルク、エルヴィン・シュレーディンガーはもちろん、ジョン・フォン・ノイマン、リチャード・ファインマン、ジョン・ホイーラーといった知の巨人たちが華やかに名を連ねる。とりわけ語るにふさわし

いのが、量子論がいったい何を意味しているのか、つまり現実の本質についてアインシュタインとボーアが何十年も交わし続けた議論だ。そこでの口調はおおむね温厚だったが、中身は痛烈な批判に満ちていた。これはとびきりの逸話で、まだご存じないようであればこれを機にぜひ。[*1]

それにしても、量子論のよくある解説の大半が歴史的経緯にこだわりすぎている。この理論の最も重要な側面が初期の発見の数々にあると考える理由はなく、そうではないと考える理由は多い。「量子」という言葉からして混乱の元だ。量子論の描く世界が液体のように連続ではなく粒のように細かい（言い換えると、ごく少量の何かに分かれている）、という事実は現象であって、量子論の根底にある性質の由来ではないからである。今日命名するとしたら別の呼び名になることだろう。

量子論の歴史を無視するつもりはない。量子力学を論じるに当たってそんなことはとてもできない。なにしろ、この分野で歴史に名を残した人物、特にアインシュタインとボーアの主張は、今なお慧眼と言えるし重要だ。だが、量子力学を年代順に語ることは、量子論に絡んで私たちが抱えている問題の一部ともなりうる。何が重要かという点で、方向性が正しいとはもはや思えない、ある決まった見方へと誘導されるのだ。

量子論誕生の経緯はかなり変わっている。先駆者たちが成り行きで間に合わせにつくったものなのだ。ほかに手はなかった。新たな物理学であり、従来の物理学からは導き出せなかったからである。従来の物理学や数学をかなり流用できてはいたが、古い概念や手法をつなぎ合わせて新たな形に仕立てたわけで、その多くがどのような方程式や数学を使えばうまく記述できそうかというあてずっぽうを超えるものではなかった。

物理学における特定の、それも一般にはほとんど知られてさえいなかった現象に対する勘や仮定の数々が、広範で、精度が高く、説得力を持った一つの理論にまとまったというのは実に驚きである。だが、量子論を科学として、あるいは歴史として教わっても、この点にはほとんど触れられない。学生に示される（少なくとも私が学生だったときには示された）のは方程式の数々で、それらは厳密な導出の結果にして式が正しいことを示す実験の結果であるかのごとく扱われる。機能するという単なる（そしてもちろん重要な）事実以上のいかなる理由も往々にして欠けているのだが、そのことは誰も教えてくれない。

当然ながら、運の良さで片付けられる話ではありえない。アインシュタイン、ボーア、シュレーディンガー、ハイゼンベルク、さらにはマックス・ボルン、ポール・ディラック、ヴォルフガング・パウリなどが、量子力学を間に合わせにでも数学的に構築できたのは、物理学に関して特筆すべき直感を持ち合わせていたうえに、古典物理学への深い理解があったからこそだ。彼らには、従来の物理学のどこを使い、どこを捨てればいいかを嗅ぎ分けられる驚くべき嗅覚が働いたのである。だからといって、量子

＊1　マンジット・クマールの『量子革命――アインシュタインとボーア、偉大なる頭脳の衝突』（青木薫訳、新潮文庫）をお勧めしたい。

論の数学的表現は間に合わせであり、結局は恣意的であるという事実は変わらない。そう、私たちが手にしている最高に正確な物理学理論は、ヒース・ロビンソン・マシン（アメリカ人ならルーブ・ゴールドバーグ・マシン〔日本人ならピタゴラ装置〕と言うだろう）のようなもの。それ以下かもしれない。ヒース・ロビンソン・マシンには動作に明確な論理があり、部品間に合理的なつながりがある。だが、量子力学の基礎を成す方程式や概念の大部分は（ひらめきによる）あてずっぽうだ。

⚛

科学上の発見は誰にも説明できない観測結果や実験結果をきっかけになされることがよくあり、量子力学もその例に漏れない。それどころか、量子力学が実験以外から生まれることなどありえない。なにしろ、この理論の言うとおりになるという論理的な根拠は一切ないのだ。私たちは量子論を論理的に納得できているわけではない。ということはおそらく、ジョナサン・スイフトの有名な洞察（ある考えにそもそも理詰めで至ったわけではない相手を理詰めで説得してその考えを変えさせることはできない）を信じるなら、量子論を論理的に解明することは決してできないことになる。量子論とは、自然を十分細かく調べれば目にする物事を記述する試みでしかない。

経験をきっかけとするほかの理論の場合とは違って、量子力学ではその背後にある理屈を探りたくても、より根源的な事柄をもとに理論を築き上げることが許されない（少なくともまだ許されていない）。およそどの理論でも、ある段階で、「そういえば、*なぜ*こういうものなのか？　こうした法則はどこから出てくるのか?」と問わずにはいられなくなる。科学では普通、こうした問いには慎重な観測や測定をもとに答えを出せるが、量子力学ではそう単純には行かない。観測や測定によって検証できる理論ではなく、観測や測定が何を意味しているのかの理論だからだ。

量子力学は、一九〇〇年にドイツの物理学者マックス・プランクによって、その場しのぎの方便としてスタートした。彼は物体がいかにして熱を発しているのかを研究していたのだが、これは物理学者が掲げるにしては凡庸この上ない問いに思えるだろう。実は一九世紀終盤の物理学者の関心を大いに集めていたテーマだったのだが、まったく新しい世界観が必要になるとはまず思われていなかったようである。

温かい物体は電磁波を発する。それなりに温度が上がると、電磁波の一部が可視光となって物体は「赤熱」し、もっと熱くなると「白熱」する。物理学者はこのふるまいを理想化した記述を考え出し、そのなかで電磁波を放つ物体を「黒体」と呼んだ。ひねくれた命名だと思うかもしれないが、「降り注ぐ電磁波を物体が残らず完璧に吸収する」という意味でしかない。そういうことにしておくと問題がシンプルになる。物体からの放射だけに注目すればいいからだ。

黒体のようにふるまう物をつくって——熱したオーブンに穴を開ければ事たりる——さまざまな波長の光として放たれるエネルギーを測定することは当時からできた。[*2] だが、熱せられた物体内部——放た

*2　古典物理学によると、光とは空間を進む電場と磁場とが結合した波である。波長は連続する山と山の距離のことだ。太陽光など、たいていの光は数多くの波長の波でできているのに対し、レーザー光は一般に波長の帯域がきわめて狭い。こうして光を波とする見方は、これからご紹介するように、量子論の初期にその犠牲になった一つである。

れる電磁波の出どころ——の振動という観点から測定結果を説明するのは簡単ではなかった。説明に必要とされたのが、さまざまな振動における熱エネルギーの分布だった。それを扱うのが熱力学という、熱やエネルギーの動きを記述する科学分野である。今日、黒体の振動は黒体をなす原子の振動として扱われている。だが、プランクがこの問題を研究していた一九世紀終盤、原子の存在を示す直接的な証拠はまだなく、彼はそこにある「振動子」についてよくわかっていなかった。

プランクのしたことには何の当たり障りもなさそうだった。振動子のエネルギーは任意の値を取れるわけではなく、振動の頻度(振動数)に比例する決まった大きさの単位(「量子」)に限られる。こう仮定すると、黒体放射に関する熱力学理論の予測と実験において見られる現象との食い違いを軽減できることにプランクは気づいたのだ。もう少し具体的には、振動子の振動数がfなら、振動子のエネルギーが取りうる値は、fの整数倍に今ではプランク定数と呼ばれているhを乗じた結果だけである。エネルギーはhf、2hf、3hf……に等しい値は取れても、あいだの値は取れない。各振動子がエネルギー状態間を次々と動き回るとき、振動数fの電磁波を離散的な塊の単位で放射(吸収)することしかできないのである。

この話は、プランクによる「紫外発散」回避の試みとして語られることが多い。紫外発散とは、高温の物体が放つ電磁波は波長の短い領域(可視光スペクトルで紫外線寄り)ほどいくらでも増す、という古典物理学による予測のことである。この予測は高温の物体は無限の量のエネルギーを放つという(ありえない)ことを示唆しており、物体の熱エネルギーはすべての振動に等しく分配されることを前提としていた。

振動は任意の振動数を取れるわけではないと仮定することで、プランクの量子仮説がこの不都合な予測を回避しているのは確かだ。だが、プランクはそれを目指していたわけではまったくなかった。黒体放射に関する自分の新しい式は低周波域だけに当てはまり、紫外発散は高周波域に限って顔を出すと彼は考えていたのだ。この通説はおそらく、量子論には陥るべき差し迫った感のある危機が必要だったという認識の表れだろう。実際は違っていた。プランクの提案は何の物議も醸さなかったし、不安をかき立てもしなかった。物議を醸したのは、アインシュタインが量子仮説を極微のスケールにおける現実の一般的な側面だと主張してからである。

一九〇五年、アインシュタインは量子化とは現実の効果であって、式のつじつまを合わせるための小細工などではないと唱えた。彼によれば、原子の振動には本当にそうした制約がある。そのうえ、光波のエネルギーにさえそれが当てはまる。光波のエネルギーは光子と呼ばれる塊に分かれており、塊それぞれのエネルギーはｈに光の振動数（光波が一秒当たりに振動する頻度）を乗じたものに等しい。

当のプランクも含めて当時の物理学者の多くは、プランクが数学的方便としか思っていないことをアインシュタインは文字どおりに受け取りすぎだと感じていた。だが、光に関する実験や光と物質の相互作用に関する実験によって、アインシュタインの正しさがほどなく証明された。

こうしたわけで、当初の量子力学は、原子や分子や電磁波のエネルギーは滑らかにではなく段階的に増えていく、という「量子化されたエネルギー」の概念に関するものだったようだ。これが当初の理論の基本的な物理学的内容であり、ほかはそれを扱うための理論上の手段として付け加えられたもの、と私たちは聞かされている。だがこれでは、アイザック・ニュートンの万有引力の法則を捕まえて、それは太陽系における彗星の運動の理論だと言うのにもいくらか似ている。ニュートンが、一六八〇年に現れた彗星をきっかけに彗星軌道について考え、それを説明する重力の法則を定式化したのはそのとおり。だが、彼の法則は彗星に関する理論ではない。述べているのは背後にある自然原理であり、彗星の運動はその現れの一つだ。同様に、量子力学はその名と異なり、量子に関する理論ではない。エネルギーを塊として扱うことは、そのかなり付随的な（当初は予想だにされなかった驚きの）帰結なのである。量子化は、「古典物理学に何か起こっているぞ」とアインシュタインをはじめとする物理学者に注意を促した事柄にすぎない。彼らに耳打ちした手掛かりだったのであって、それ以上のものではなかった。手掛かりを答えと取り違えてはいけない。

プランクとアインシュタインは「量子」を導入した業績で二人ともしかるべくノーベル賞を授けられたが、量子の導入というこの段階が量子論発展の契機となったのは単なる歴史上の偶然である。[*3] 量子論がまだ立ち上がっていなかったとしても、一九二〇年代〜三〇年代になされたいくつか別の実験が契機となっていた可能性も十分あった。

つまりこういうことだ。量子力学のルールを認めるなら量子化は避けられないが、その逆は真ではない。エネルギーの量子化そのものは、古典物理学の現象とも見なせる。たとえば、自然においては最小単位のエネルギーが量子化されていなければならない、つまりとりえる値がとびとびの階段状に制限されているとしよう。これは驚きだ——そう予想する根拠は私たちには何もなさそうである（実は、草はなぜ緑色に見えるか、などの直接経験の多くを説明できる）——が、まあ、そうでなければだめという理由はない。それが物質の究極の姿なのかもしれない。自然は極微のスケールでは粒状なのだ。アインシュタインもそれで満足だっただろう。

量子化が量子論にとってむしろ付随的なものであることについて、私の知る限りで最高の説明は、スタンフォード大学の理論物理学教授レオナルド・サスキンドがしている。それは連続講義をもとにライターのアート・フリードマンの協力を仰いで書いた『スタンフォード物理学再入門――量子力学』（森弘之訳、日経BP社）という本に書かれている。この本の対象読者は、「大学で物理学を取らなかったことを後悔した経験があり、少しばかり知識はあるがもっと知りたいと思っている誰でも」である。かなり甘い評価だが、数学の知識がそこそこあれば、素晴らしい広がりを持つこの理論について、必要なことはすべて学べる。この目的を念頭に、サスキンドは同書を、知る必要のある内容を知る必要のある順に並べており、トピックや概念をおおよそ年代順に紹介するという慣例と一線を画している。では、プランクの「振動子」の量子化はどの段階で学ぶのか？　最終章である。それも、「量子化の重要性」は最終章の最終節だ。プランクの仮説の持つ概念としての重要性に対する、これが現代物理学による評決であり、妥当な評価だ。

⚛

＊3　アインシュタインに授けられた一九二一年の物理学賞に絡んでは、受賞理由の文言にかなり気が遣われており、光量子の概念を用いた彼の研究が「光電効果」と呼ばれる現象の理解に貢献したという表現になっている。当時、その量子論にとっての意義は、こうした受賞に値するにはまだ不確かすぎると見なされていたのだ。アインシュタインが実際に賞を受け取ったのは一九二二年だった。一九二一年の賞は、ふさわしい候補者がいないとして一年保留されていたからである。

量子力学とは本当は何の話なのかを理解したいとしよう。あなたならどこから手を付けるか？　サスキンドによる講義の初回のテーマは「系と実験」だ。彼はこのなかで量子力学と古典力学との本質的な違いを説明している。そして、その違いとは、量子力学は微視的なスケールで機能し、古典力学は巨視的なスケールで機能することではない（であるとほのめかされることが多いが）。

実際にはそれが違いであるという面は多々あるのだが、その理由はこのあと見ていくように、物体の大きさがテニスボールほどになると、量子力学の法則が積み重なって古典的なふるまいをつくりだすからだ。大きさの違いは、物体のふるまいではなく私たちの知覚の点で重要なのである。古典的なふるまいという限られた形態を除くと、量子力学的なふるまいを知覚するように進化していない私たちには、ふさわしい直感を育む土台がない。これが少なくとも話の一部だと言って良さそうだが、あとで見ていくように、続きがあるかもしれない。

サスキンドの見立てによる古典力学と量子力学との重要な違いは次の二つだ。

- 量子物理学には、物体が数学的にどう表現されるか、その表現どうしが論理的にどう関連しているかについて、古典物理学とは「異なる抽象的概念」がある。
- 量子物理学では、系の状態とその系に対する測定の結果とのあいだに、古典物理学とは異なる関係がある。

一つ目は気にしなくていい。物理学で用いる概念は文学論やマクロ経済学とは違う、というようなことだ。大した問題ではない。

だが、二つ目は気にしてほしい。ある意味、量子論の直感に反する（「奇妙な」と形容したくなるところをぐっと堪えている）性質はすべてこの一文にまとめられる。

系の状態とその系に対する測定との関係を語る、とはどういう意味か？　妙な問いかけだが、それもそのはず、この関係は当たり前すぎて、私たちは考えもしない。テニスボールが時速一六〇キロで宙を飛んでいる状態にあり、私がそのスピードを測ったとすれば、測定値はその値になる。測定は私たちにボールの運動状態を教える。もちろん、精度に限界があって、スピードは一六〇キロ（誤差一キロ程度）としか言えないかもしれないが、それは装置の問題であって、精度はおそらくもっと上げられる。

とにかく、テニスボールが時速一六〇キロで動いていたのを私は測定した、と言って何の問題もない。テニスボールは時速一六〇キロという性質を測定前に持っていて、私はそれを測定で確かめることができた。このことを指して、テニスボールが時速一六〇キロで動いていたのは私が測定した**から**だ、と表現しようなどとは誰も絶対に思わない。これではまったく筋が通らない。

ところが、量子論ではそうした表現を実際にせざるをえないのだ。となると、その意味を問わずにはいられなくなる。そこが議論の出発点である。

このあと、この測定という問題——量子系の状態と私たちがそれを観測した結果との関係——を語るために考え出された概念をいくつか見ていく。量子論には波動関数、重ね合わせ、量子もつれといった魔法のような概念の数々が登場する。だがこれらはどれも、測定から何が明らかになるかを予測できるようになる、という基礎科学のよくある目標を達成するのに手頃な手段にすぎない。

サスキンドの挙げた二つ目の違い——状態と測定との関係——は言葉で表現でき、数式やよくわからない専門用語はいらないので安心だ。その言葉の意味を理解するのは簡単ではないが、量子論の最も基本的な主張は純粋に数学的なものではないという事実を指している。

真っ向から反論したくなる物理学者もいるかもしれない。数学こそが最も基本的な記述であり、なぜなら本質的に数学は完璧に意味をなすが言葉はそうとは限らないからだ、と。だが、これが反論の理由なら意味論的に間違っている。表向きは物理的な現実を扱っている数式も、解釈抜きでは紙の上の記号にすぎない。「そうとは限らない」を離れて数式の陰に隠れることはできないのだ——本気で意味を導き出したいのなら。ファインマンはこのことをわかっていた。

実はサスキンドの二つ目の見解は、この世界に関する知識を求めるに当たって、私たちがこの世界と積極的に関わっていることを言い表している。二〇〇〇年以上にわたって哲学者の足場であり続けてきたそこにこそ、私たちは意味を探すべきである。

第3章 量子物体は波動でも粒子でもない（が、そのようなこともある）

量子物体について語る際、一つ問題となるのが呼び名の選択だ。ささいなようで、実は根幹に関わっている。

「量子物体」は語呂が悪く、意味があいまいでもある。「粒子」でいいのでは？　電子に光子、原子や分子を語るなら、それでまったく差し支えなさそうであり、本書でも時折そうするつもりである。だが、その場合にイメージされがちなのは微小な**何か**、顕微鏡でなければ見えないくらい小さくて、たいそう硬くて、キラキラ光る、ボールペンのペン先のようなボールだ。だが、量子力学の事実としておそらく最も広く知られているのは「粒子が波動になりうる」ことだろう。その場合、先ほどの微小なボールはどうなる？

そうした量子（クォンタム）物体に新たな名称を与えて済ませるという手もある。たとえば「クォントン」と呼び、波または粒のようなふるまいを示しうるものと定義するのだ。だが、この分野にそうした用語はもう十分すぎるほどあり、なじみがあって使い慣れた言葉を臭いものにふたをするためだけにも思える新語に置き換えるというのも、あまり納得がいかない。そうしたわけで、ここでの目的をふまえると、「物体」や「粒子」で済ますしかないだろう。例外があるとすれば、波のようにふるまう場面だ。

波動と粒子の二重性は量子力学の初期までさかのぼる概念なのだが、理解の助けになっていると同時に妨げにもなっている。アインシュタインはそれを、量子物体は私たちに言葉の選択を与えている、と表現した。たやすく忘れられがちだが、波動と粒子の二重性とはまさにそのこと、すなわち、適した言葉を見繕う苦労であって、その背後にある現実の記述ではない。量子物体はときどき粒でときどき波なのではない。前週の結果をふまえて応援するチームを変えるサッカーファンとはわけが違う。量子物体は量子物体であり、こちらがどうやって見ようとするかに応じて「ありのままの姿」が意味のある何らかの形で変わると想定する理由はない。そうではなく、測定対象は実験に応じて、小さなボールのような離散的な実体を測定した場合に予想されるふるまいを示すこともあれば、空気中を伝わる音、あるいはうねりを繰り返す海面と似たような波の場合に予想されるふるまいを示すこともある、としか言えないのだ。このように、「波動と粒子の二重性」が指しているのは量子物体のことではまったくなく、実験の解釈のこと、言ってみれば人間スケールでのものの見え方である。

一九二四年、フランスの物理学者で貴族のルイ・ド・ブロイが、量子粒子——当時はまだ何かの小さな塊だと思われていた——は波動のような性質を示す可能性があると唱えた。彼の着想は、量子論初期のその他多くの例に漏れず、あてずっぽうを超えるものではなかった。アインシュタインがそれに先立ち、光の波は離散的なエネルギーを持つ光子として現れた場合に粒子のようなふるまいを示すと論じていたのを、ド・ブロイは一般化したのだ。もっと言えば、逆を説いたのだった。

ド・ブロイは博士論文でこう述べた。光の波が粒子のようにふるまうなら、これまで粒子と見なしてきた実体（電子など）も波のようにふるまうのでは？ この提唱は物議を醸し、却下されたも同然だったところを、アインシュタインが少々思案して、やはり注目に値すると指摘した。「まったくもっておかしなことに思えるが、すっかり筋の通った着想だ」と彼は書いている。

ド・ブロイが自分の着想を本格的な理論に発展させることはなかった。だが、古典的な波については成熟した数学理論がすでにあった。もしかしたら、それを使うと粒子の波動性とやらを記述できるのでは？ これこそチューリッヒ大学の物理学教授だったエルヴィン・シュレーディンガーがまさに成し遂げたことだった。ド・ブロイの論文と、波のような粒子を式で表すという挑戦を突き付けられた彼は、粒子がどうふるまいうるかを表す式を書いた。

それは水波や音波の記述に用いられるような普通の波動方程式とは違っていた。それでも、数学的にはかなりよく似ていた。

なぜまったく同じではなかったのか？ シュレーディンガーはその根拠を説明しなかったが、どうもそれらしい根拠はなかったようだ。彼は電子のような粒子の波動方程式はこんな感じだろうと思ったままを書き出しただけだった。なんとも見事な推測をやってのけてしまったらしく、その事実は今から見ても驚きだし、不可解でもある。こうも言い換えられよう。シュレーディンガーの波動方程式は、今でこそ量子力学の中核たる概念体系の一翼を担っているが、古典物理学の深い理解あってこその取捨選択によるものとはいえ、勘と想像力でつくり上げられた面があるのだ。そうと証明はできないが、類推と優れた直感で導かれたようなものなのである。あの方程式が間違っている、あるいは信用できないと言っているのではない。むしろ、この誕生の逸話からは、科学の世界で創造性を発揮するには論理的な根拠以上の何かが必要だとわかる。

波動方程式は、空間のさまざまな位置における波の振幅を記述する。水波の場合、振幅は単純に水面の高さだ。音波の場合、それは波の山で空気がどれほど強く圧縮され、谷でどれほど容赦なく「引き伸ばされる」か、または薄まるかを意味する。空間内の一点を選べば、そこを波が伝わるのに合わせて振幅が時間とともに大きくなって、小さくなって、また大きくなって、と変化するのがわかるだろう。

では、電子の波の「振幅」とは？　シュレーディンガーは空間内のその位置における電荷の量に対応しているのではないかと考えた。どの電子も電荷を一単位——一量子——持っているからだ。

そう考えるのは自然だが、間違っていた。シュレーディンガー方程式の波は電荷密度の波ではなかった。それどころか、何らかの具体的な物理特性に対応する波でさえなかった。数学上の抽象概念でしかなく、したがって波でも何でもないのだが、「波動関数」と呼ばれている。

一方、意味は持っている。ドイツの物理学者マックス・ボルンは、波動関数の振幅の二乗（振幅×振幅）は確率を表していると主張した。具体的には、ある位置xにおける波動関数の値からは、ボルンの規則を用いれば、粒子の位置を測定する実験を行った場合にその粒子が位置xで見つかる確率を計算できるというのだ。大ざっぱに言うと、電子の波動関数の振幅が位置xで（何かの単位で）1、位置yで2なら、そのような電子の位置を決定する測定を繰り返すと、見つかる位置がyである頻度はxの場合より4倍（2×2）多い。

ボルンはどのようにしてそうとわかったのか？　わかったのではなかった。やはり「推測」したのだ（やはり、豊かな物理学的直感を活かして）。シュレーディンガー方程式そのものの場合と同様、ボルンの規則を根源から導き出す方法を私たちはいまだ手にしていない（手にしたと主張する研究者はいるものの、広く受け入れられている導出はない）。

つまり、シュレーディンガー方程式とは、波動関数という抽象的な何かが空間内にどう分布しており、それが時間とともにどう変わるかを知るための式である。そして、ここが肝心なのだが、波動関数には、それが記述している量子粒子に関して入手可能なすべての情報が含まれている。ある粒子の波動関数があるなら、何か働きかけると情報を引き出せるのだ。たとえば、二乗すると、空間内の任意の位置でその粒子が見つかる確率がわかる。

フランスの物理学者ロラン・オムネは、波動関数は「確率を製造する機械の燃料」だとうまいこと表現している。一般に、実験において量子系の観測可能な性質について特定の値が測定される確率は、波動関数に所定の演算を施すことで求めることができる。波動関数にはこの情報が符号化（コード化）されており、量子力学の数学を使って抽出できるのだ。粒子の運動量（質量×速度）を求めるには波動関数にある決まった演算を施し、エネルギーを求めるにはまた別の演算を施し、という具合である。どの場合でも演算の結果は、運動量なりエネルギーなり何なりについて実験で測定されるであろう厳密な値ではない。同じ測定を繰り返した結果の平均値である。

シュレーディンガー方程式を解いて波動関数を導くことは、最もシンプルで最も理想化された系の場合を除いて、紙とペンでは不可能である。だが、原子をいくつも含む分子のようなもう少し複雑な系について、近似的な波動関数を用意する手はいくつかある。そこそこうまくいく波動関数が得られれば、それを使って振動、光の吸収、他分子との相互作用など、その分子のあらゆる類いの性質を計算できる。

量子力学はそうした計算を行うための数学的規定であり、量子力学を用いる計算の扱いを学べば実際の計算にかかれる。量子力学の数式を見ると、虚数や微積分、さらには射影演算子なるものも出てきて気圧される。だが実のところ、量子の状態を測定して得られる具体的な結果について、量子状態から予測できることを記述する規則にすぎない。波動関数を持ち出し、実験で観測されうる数量を抽出するための仕組みなのである。

そして、特にこだわりがないなら「意味」を考える必要はまったくなく、黙って計算するのでかまわない。

⚛

黙って計算することに害はない。だが、量子物体について言えることやわかることすべてが波動関数頼みなので、何やら妙な話になってくる。

電子一個を箱に入れたとしよう。箱に何か物を入れると中にとどまるのと同じ理屈で、電子は中にとどまる。壁が立ちはだかるからだ。電子が壁にぶつかると、壁は押し返す。考え事をしながら歩いていてレンガの壁に顔からぶつかったときと同じである。話を簡単にするため、壁がはね返す力は全力かゼロに限られるとしよう。電子は壁にぶつかるまで力を何も感じないが、ぶつかったときに受ける反発力は無限大である。つまり、出るすべはない。

これは量子力学の入門コースによく出てくる面白味のないモデルだ。恣意的で不自然に聞こえるかもしれないが、そうでもない。というのも、電子が限られた空間、たとえば原子やトランジスターに閉じ込められていた場合にありうる状況を大ざっぱに記述しているからだ。とはいえ、基本的には、電子を閉じ込めておくために最低限必要な考え方でしかない。シュレーディンガー方程式を解いて波動関数を導き、そこから量子力学的なふるまいについて何がわかるかを探るためである。

数学的に言えるのは次のようなことだ。波動関数の振幅は、両端を固定されたギターの弦をはじいたときのように振動する。振動には決まった振動数成分が含まれており、それらは整数個の山と谷が箱の中に寸分たがわず収まっていなければならないという制約で選ばれている。ぴたりと当てはまるのは決まった振動数——波動関数で言えば特定の波長——だけだ。そして、電子のエネルギーは、波のようにふるまう状態における振動数に依存しているので（エネルギーと振動数の関係についてのプランクの仮説を思い出そう）、取りうるエネルギー状態の増分ははしごのような段状だ。言い換えると、電子のエネルギーが箱の中で制約を受けていること、およびそれがシュレーディンガー方程式によって記述されていることの帰結として、電子のエネルギーは量子化されるのだ。電子は適量のエネルギーを得るか失

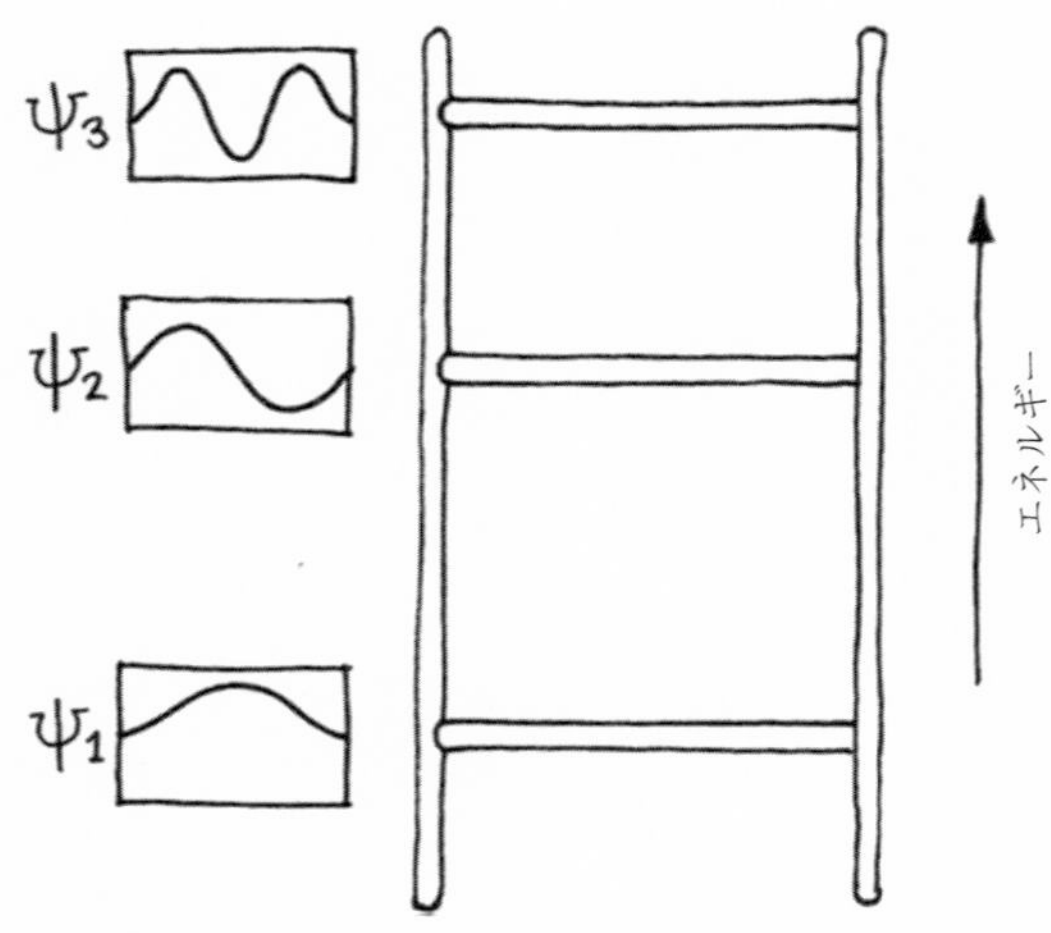

箱の中にある粒子の量子状態のうち、最初の3つを表す波動関数Ψ（プサイ）と、エネルギーのはしごの対応する「段」。どの波動関数の振幅も壁の位置ではゼロである。

うかして段から段へと飛び移る。

これはテニスボールが箱の中で見せそうなふるまいではない。底が完璧に平らなら、ボールが箱の中のどこにある確率も等しく、とりたてて可能性の高い場所はない。そして、ボールは何事もなくエネルギーゼロでその場にとどまるだけだろう。電子は違う。最低エネルギー状態には取り去れないエネルギーがいくらかある。電子は絶えず「動いて」おり、この状態では箱の中心で見つかる可能性が最も高く、確率は壁に近づくほど下がる。

古典力学は一七世紀にニュートンによって導かれた運動方程式という形で体現されているが、ここではその量子バージョンが登場する。説明がなんと抽象的になることか！　イメージするのがなんと難しくなることか！　粒子と軌道が波動関数に、確固たる予測が確率に、事の成り行きが数学に、それぞれ取って代わられる。

これだけではまだ語り尽くせていないようだ。確率値の背後、滑らかに広がる波動関数の背後にある、電子の本当の性質とはいったいどういうものなのか？

もしかすると、飛び交う電子をイメージすべきなのかもしれない。スピードが速すぎてどこにあるのか簡単にはわからないが、電子の滞在時間が場所によって違う。そんな話にはなんとかまとめられる。このイメージにおいて、原子核のような空間に閉じ込められている電子は、巣箱の中を飛び回る様子をぼんやり眺めたときのハチの群れにも見える。いつなんどきでもハチはそれぞれどこかにいるが、はっきりどこにいるのかは測定して初めてわかる。

だが、これは波動関数の正しいイメージではない。波動関数は電子の位置について何も語っていないからだ。一方、先ほど触れたとおり、波動関数はその電子について知りうるすべてを語っている。したがって、量子力学（ひいては現在の科学）の観点では「電子がどこにある」という問いがありえないことを受け入れる必要がある。

わかった、電子に位置というものがないことを受け入れよう。結局のところ、硬い小さな粒ではなく、本当は空間というゆがんだ織物ににじんだ洗いざらしのしみのような電荷なのだから。こちらのイメージなら大丈夫だろうか？　波動関数とは、どの瞬間を切り取っても決まった位置にはなく空間中に広がっている粒子の記述、と考えていいか？

いや、このイメージもだめだ。測定すれば、駐車場で車を止めた駐車スペースのごとく、決まったどこかに点のような粒子として存在しているからである。

このどちらのイメージ――動きが速くてぼやけて見える粒子、あるいはどの瞬間を切り取っても空間中に広がっているしみ――も、波動関数の本質を視覚化する手を何かしら見つけてやろうという私たちの決意の表れだ。そう意を決したくなるのはごく自然だが、だからといってイメージは正しくならない。

波動関数についてのボルンの確率解釈は、量子力学がほかの科学理論と比べてなぜこうも特異なのかを物語っている。調べている系にではなく、その系に関する私たちの経験に目を向けている点で、見当ちがいになっているようなのだ。それが、波動関数を用いて電子の「姿」や「ふるまい」を何も導けない理由と言って良いかもしれない。

波動関数は、私たちが電子と呼ぶ実体の記述ではない。私たちがその実体に対して実験を行った場合に予期すべき結果の記述である。

量子物理学者がこぞって賛同しているわけではない。あとで見ていくが、波動関数は実際に何か深遠な物理的現実を直接指していると考えている研究者もいる。だが、そう考えることが具体的にどういう意味なのかは捉えがたく、言うまでもないが証明されてはいない。波動関数を測定結果の予想に使うための数学的手段として割り切るのは悪くない基本姿勢だ。特に、量子世界をイメージしようとして古典的な波や粒のイメージを持ち出すという誤りを犯さずに済むからである。それに、いずれにしてもこれこそニールス・ボーアやヴェルナー・ハイゼンベルクの見解で、ハイゼンベルクはこう表現している。

「量子論において数学的に定式化された自然法則が扱っているのは、素粒子そのものではなく、素粒子に関するわれわれの知識だ」

これは、波動関数は任意の時点で電子が存在していそうな位置を語っており、その位置は測定で確認できる、という意味ではない。波動関数は電子がどこにあるかを何も語らず、位置は測定してはじめて

わかる、という意味だ。測定するまでは、電子の「姿」さえも言えない。電子は「にじんで広がった電荷」でもなければ、「猛烈な速さで飛び交っている」わけでもない。実のところ電子については、行う測定の観点から以外は何も語るべきではない。このあとわかるように、言葉にそこまで厳しく気をつけようと思っても、現実問題としてまず続かない。私たちは結局どうしても、存在している電子について、見る前に語りたくなるのである。それは構わない。量子力学ではない仮定をしているという自覚があるのなら。

「量子論において
数学的に定式化された自然法則が扱っているのは、
素粒子そのものではなく、
素粒子に関するわれわれの知識だ」

小さな箱に閉じ込められた「波のような粒」として電子をイメージす

ることは、原子の構造を考えるうえでなかなか実り多い考え方だ。量子論が収めた初期の成功の一つに、一九一三年にボーアが提唱した原子モデルがある。このモデルで参考にされていたのが、それに先だってニュージーランド人のアーネスト・ラザフォードが示唆していたイメージで、彼は物質の基本構成要素たる原子を、正電荷を帯びたきわめて高密度の中心核を負電荷の電子が取り囲んでいるものとして思い描いていた。ラザフォードらがさらに磨き上げた「惑星モデル」において、電子は太陽の周りを回る惑星のような軌道を描いて周回する。電子に制約を与えているのは原子の端を取り囲む壁ではなく、中心にある原子核の電気的な引力である。

惑星モデルには大きな問題があった。周回する荷電粒子は電磁波という形で、すなわち光として、エネルギーを放つことが知られていた。これは、電子がエネルギーを少しずつこぼして、らせんを描きながら原子核へと落ち込んでいくことを意味している。原子はあっという間に崩壊するはずなのだ。

エネルギーは滑らかではなくとびとびだ、と考えるマックス・プランクの量子仮説をもとに、ボーアは電子の持つエネルギーは量子化されており、少しずつ消費することはできないと唱えた。適量のエネルギーを持った光を吸収または放射して、ほかの「許される」エネルギーを持つことになる別軌道へと蹴り出されない限り、電子は決まった軌道に居続けなければならないというのだ。ボーアに言わせれば、どの軌道も有限の数の電子しか収容できない。よって、注目した電子よりもエネルギーの低い軌道がすべて埋まっていたなら、その電子はエネルギーを一部手放して飛び移ることはできない。

このイメージはまったくの思い付きだった。軌道が量子化されている理由について、ボーアには何の根拠も用意できなかった。だが、彼はこれぞ原子の真の姿だと言ったわけではなく、原子が安定しているという観測事実を、さらには、原子が吸収および放射する光の振動数がきわめて限られている理由さえも、自分のモデルで説明できると言ったまでである。のちに、ルイ・ド・ブロイによる波打つ電子のイメージが、ボーアのモデルの原子がこのような性質を持つ理由を定性的に説明した。決まった軌道に制限されているなら、電子は特定の波長を持っているはずなのだ。整数倍の振動が軌道に沿ってぴたりと収まって、一端を木の幹に結わいて揺らしたロープに見られるような「定在波」(「定常波」とも)を形作るのである(ただし、「何の波か?」という問いには答えられないのだが)。

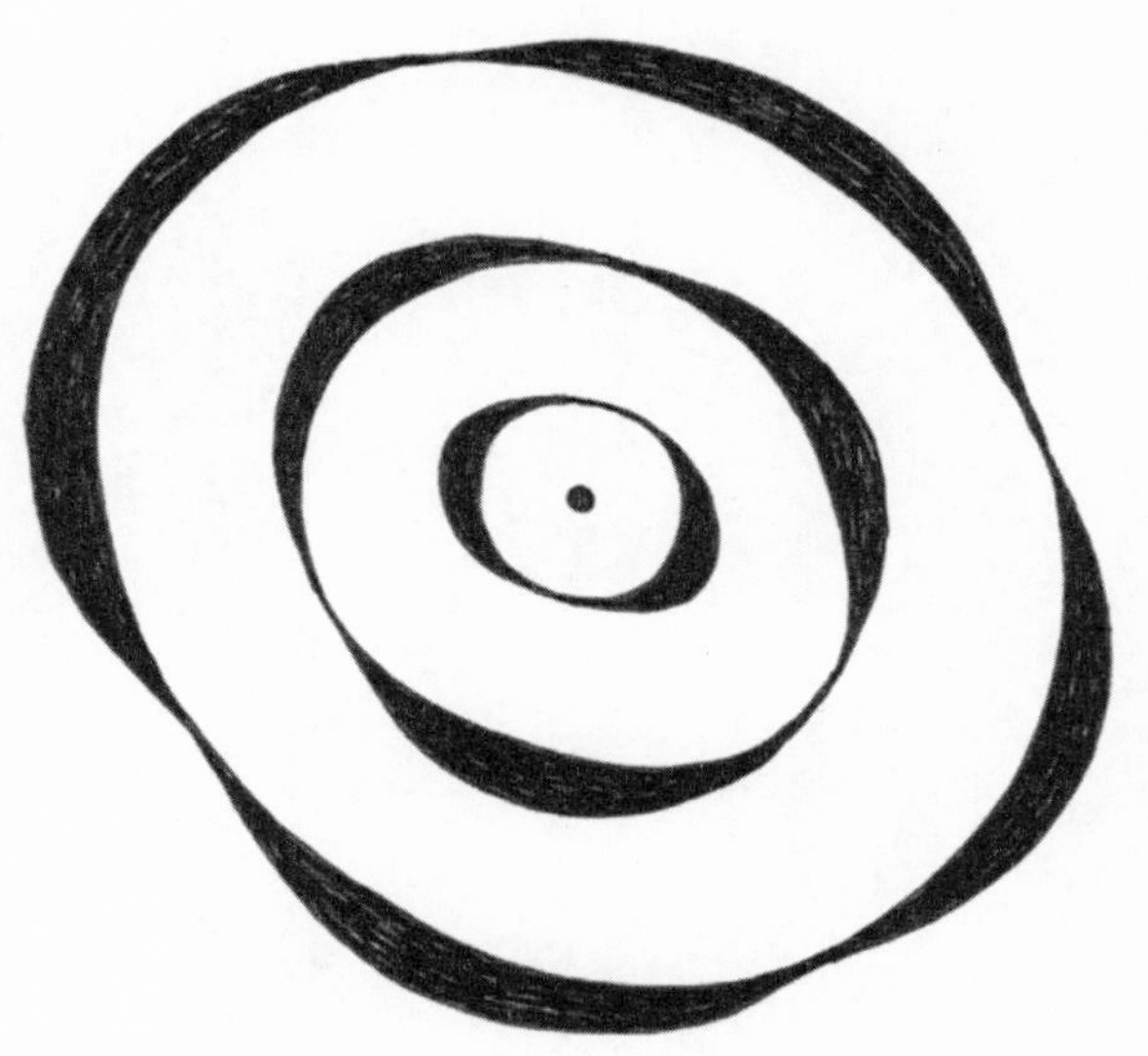

ボーアの考えた量子原子の大ざっぱなイメージにおいて、電子のエネルギーは、その波動関数に含まれる整数個の波が軌道にぴたりと収まらなければならないという要件で定められる。図は、波のような振動を内側から順に2つ、3つ、4つ含む軌道を示している。

電子を原子核に引き寄せる電気的な力の性質はわかっているので、原子に含まれる電子についてシュレーディンガー方程式を立てて解くと、その波動関数の立体的な形状を、ひいては空間内の任意の位置で電子が見つかる確率を明らかにできる。やってみると、得られる波動関数が対応しているのは、原子核の周りを惑星のように回る電子ではなく、オービタルと呼ばれる格段に複雑な形状である。一点を中心とする殻を持っていそうなぼんやりとした球形のオービタルもあれば、振幅の大きい場所がダンベルやドーナツのようなやや複雑な形をしているオービタルもある。こうした形状からは、分子内で原子どうしが結合する幾何構造を説明できる。

⚛

仮想的な箱で中の電子を閉じ込めている壁が行使する力とは違って、電子に対する原子核の引力は無限大ではない。そのため、電子が原子から引きはがされることがある。これが化学反応でよく起こっていることであり、電子の移動と新たな軌道への再分布こそが化学の核心だ。では、壁が電子を箱の中に閉じ込める力も無限大ではなかったとしたらどうなるだろうか?

すると妙なことになる。箱の中の電子の波動関数が壁の中へ侵入しうることになるのだ。壁に大した厚みがなければ、波動関数は壁を通り抜けてその向こうへ広がり、ゼロではない値を外側でも取りうる。このことからは、電子の位置を測定したなら、電子が壁の内部で、場合によっては壁の外側でも、空間のその位置における波動関数の振幅を二乗した値に等しいわずかな確率で見つかるかもしれないことがわかる。電子はまるで壁を通り抜けるかのように外へ飛び出せるのだ。この何が妙かと言えば、古典物理学のイメージで考えると、電子には壁を上から超えるにしても壁に穴を開けるにしても必要なエネルギーがとにかくない。古典的にはいつまでも箱の中にあるはずなのだ。だが、量子力学によれば、十分長いこと待っていれば（あるいは十分頻繁に測定すれば）いつかは電子が外側に顔を出す。
この現象はトンネル効果と呼ばれている。電子（あるいはこうした状況に置かれたあらゆる量子粒子）は、古典物理学で脱出に必要とされるエネルギーを持っていなくても、トンネル効果で箱の外へ脱出できるというわけである。トンネル効果は実際に影響を及ぼし、たとえば分子間での電子のやりとりとして幅広く観測されている。この効果を活かした実験技法や実用装置もあり、走査型トンネル顕微鏡は、電荷を帯びたきわめて微細な針を試料のごくわずか上に配置し、両者間での電子のトンネル効果を利用することで試料のイメージを原子のレベルの分解能で生成できる。電子が透過する量、つまり流れる電流の大きさは、針と試料の距離の変化に高い精度で反応するので、試料表面に存在する高さわずか原子一個分の凹凸を検知できる。携帯型の電子機器でよく用いられているフラッシュメモリでも、絶縁体の薄い層でトンネル効果が用いられており、絶縁体間で透過する電子の量を電圧で制御して、電荷として符号化された情報をメモリのセルから読み出したりセルに書き込んだりできるようにしている。

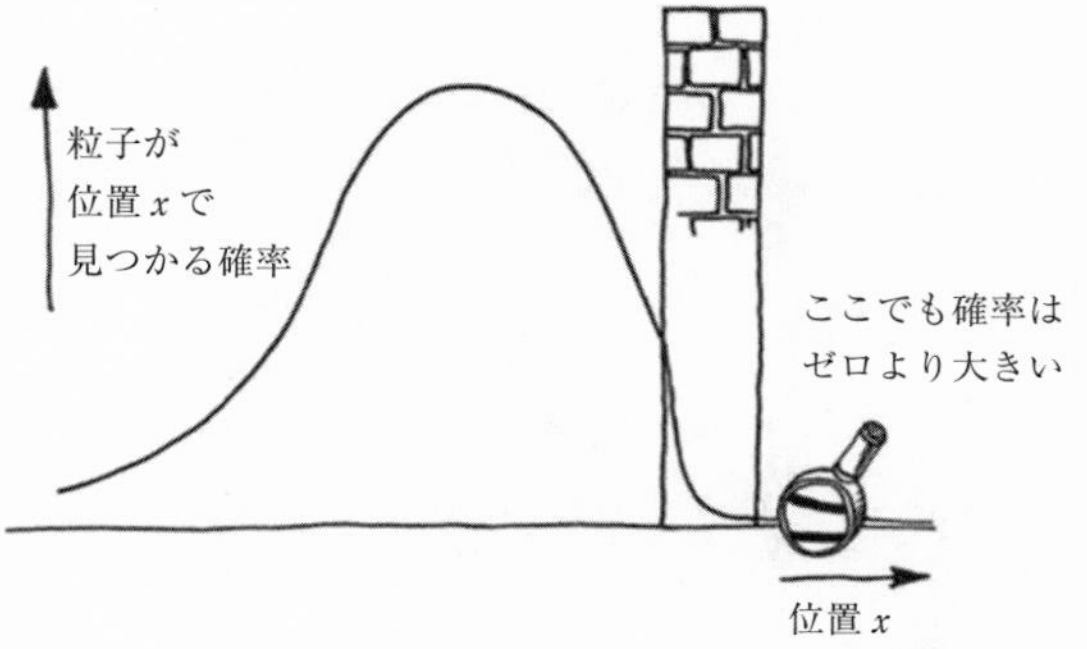

波動関数は、反発力と厚みが無限大よりも小さい壁を越えて広がりうることから、粒子に壁を「通り抜ける」ほどのエネルギーがなくても、壁の向こう側で粒子が見つかる可能性はある。

トンネル効果をどう考えるべきか？　えてしてこれも

「奇妙」な量子効果の一つ、消えて再び現れる手品のようなふるまいとして描かれる。だが、感覚的に理解することなら、というか、量子粒子が壁を透過できると仮定することくらいなら、実は難しくない。量子粒子って壁抜けできるのか？　そう言うならそうなんだろう。とまあ、古典的なイメージの範囲内では不可能なこの芸当も、実現方法をあまり気にしなければ想像はできる。

だからといって、電子が壁をもぞもぞと通り抜けている様子を思い描くべきではない。トンネル効果において何が測定されるかはシュレーディンガー方程式で予測できるが、そのことを電子が何か「している」という基本イメージに結び付けることはできない。この効果は量子力学の核心にあるランダムさと捉えるべきだ。波動関数は、こちらが目を向けたときに電子がどこで見つかる可能性があるかを教えてくれる。だが、どの実験で得られる結果もランダムであり、そこではなくここにあった理由について私たちに意味のあることは言えない。

⚛

あなたがそう簡単に聞き入れるとは思っていない。こんな声が聞こえてきそうだ。わかった、波動関数とは測定される可能性の高い結果を予想するための数学的な手段でしかないことは受け入れよう。だが、疑問が残る。何がどうなってそうした結果になるのだ？

量子論において最も根源的な問題はおそらく、次のような線引きに意味があるかどうかだ。すなわち、波動関数が表す「現実の要素」はあるのか、それとも波動関数は量子系について入手できる知識を符号化しただけのものなのか？

波動関数は「現実」の何かだと主張する物理学者が一部いる。ただし、彼らの主張が厳密にどういう意味なのかはよく誤解されている。電子の波動関数は、空気の密度を記述する方程式などとは違って、何らかの実在する物質や性質にはどう見ても対応していない。理由の一つは、概して波動関数には−1の平方根を伴う「虚」数が含まれていることだ。虚数は物理的な意味を持つ何かではない。

一方、科学者の言う「波動関数は現実の何かだ」とは、数学的な波動関数とそれが記述する背後にある現実とのあいだに一意の一対一関係があるという意味だ。

ちょっと待て！　量子力学の「背後にある現実」を語れるという考えにさっき疑問を投げかけていなかったか？　そのとおり。それゆえ、波動関数を「現実」の何かだとするどのような主張も結局、粒子は私たちが測定するかどうか（さらには測定できるかどうか）によらず確固たる客観的な性質を持っているという、もっと奥深い捉え方が存在することを前提としている。これは一般に実在論者の見方と形容されている。これが本当に世界を捉える有効な考え方の一つだとする理由はなく、かなりの数の証拠がそうではないとほのめかしている。だが、一部の科学者は、意味をなす考え方はやはり実在論——「そこにある」客観的な世界——だけだと、心の奥底で今なお思い続けている。

波動関数を現実の何かだとする見方によると、数学的な波動関数はこの客観的な実在と直接かつ一意に関連付けることができる。波動関数は、存在するただ一つの「何か」——たとえばボールのような粒子——について語っているのであり、それらに関する私たちの不完全な知識状態だけを語っているのではない。実在論の見方が正当であれば、波動関数は確かにその意味で「現実」のはずだといくつかの実験が示唆している。

量子力学のこの捉え方は、存在する事物の本質を追究する哲学である存在論（オントロジー）にちなんで、「存在論的」とも形容されている。それに対するのが、ハイゼンベルクらのように波動関数は「認識論的」だとする見方で、それによると、波動関数が語っているのは系に関する私たちの知識の状態だけであり、系の根源的な性質（という概念に何かしら意味があるなら）ではない。こちらの見方によれば、私たちが量子系に対して行った何かに起因して波動関数が変化するにしても、それは系自体が変わったのではなく、その系に関する私たちの知識が変わっただけだ。

実は、ハイゼンベルクによる定式化はそこまで深入りしていない。「知識状態」に言及すると、不完全にしか入手できない根源的な事実を何かしら示唆しそうだからである。こう言い換えたほうがいいだろう。認識論的な見方において、波動関数は観測や測定によって得られる結果について何を予期すべきかを教えている。

この存在論的な見方と認識論的な見方との違いは、数ある量子力学の解釈を大きく二分している。この件についてはは自身の旗色を明確にしなければならない。波動関数は、現実に関して知りうることの限界を表現しているのか、それともやはり現実の定義として唯一意味のあるものなのか？

現実の定義とはなんとも捉えがたい哲学的課題だ。だが、量子世界の現実は波動関数から始まる、という一部物理学者の見方を受け入れるなら、測定によって得られた結果が観測される理由を私たちは決して示せない。ということは、量子力学は人類が遭遇してきたいかなる科学概念とも違う。量子物理学者アントン・ツァイリンガーがかつて述べたように、この理論は「この世のあらゆる詳細な説明にたどり着くことを目指している現代科学という営みの根本的な限界」を露わにしているのかもしれない。

アインシュタインにとって、この可能性はきわめて反科学的な発想に映ったことだろう。なにしろ、現実の完璧な記述ばかりか、因果律という概念まで諦めている。物事は起こり、それがどれほどの確率で起こりうるかは言えるが、なぜ起こったかもいつ起こったかも言えないのだ。

放射性崩壊を例に挙げよう。一部の放射性原子は原子核の内部から電子を放って崩壊する。放たれる電子は歴史的な経緯からベータ粒子と呼ばれているが、実際には何の変哲もない電子である。細かいことを言えば、原子核に電子は含まれてなく、先ほど見たとおり原子核外のオービタルにある。だが、原子核には中性子と呼ばれる粒子があって、これが自発的に崩壊して電子と陽子になり、電子は放たれ、陽子は原子核に残る。[*1] 炭素原子の天然形態の一つ、炭素14のベータ崩壊は放射性炭素年代測定法で用いられており、その過程で炭素原子が窒素原子に変わる。

ベータ崩壊は量子過程なので、中性子が崩壊する確率は波動関数で記述される（実は、何もなければ電気的な引力でとどめられている殻を電子が透過して脱出する、という一種のトンネル効果だ）。波動関数が教えてくれるのは崩壊が起こる確率だけで、崩壊がいつ起こるかはわからない。具体的にどの炭素14原子に注目しても、崩壊するのは明日かもしれないし、一〇〇〇年後かもしれない。それに、どの炭素14も見かけはそっくりで、崩壊するタイミングを突き止めるためにできることは何も、本当に何もない。

*1　ベータ崩壊からはニュートリノと呼ばれる粒子もできて、こちらはいくらかのエネルギーとわずかな質量を持ち去る。

それでも、ベータ崩壊の確率がわかると、試料に含まれている一〇億個かそこらの原子のうちきっかり半分が崩壊し終えている時期を推測できる。これは単なる平均の問題だ。同じように、出産前教室に参加してみたら妙な巡り合わせで一〇人の妊婦が同じ予定日だったとすると、どの子が具体的にいつ生まれるかはわからないが、半数がすでに生まれている日付ならかなり正確に予測できる。サンプル数が多いほど、推定値は正確になる。放射性崩壊の場合、試料に含まれる原子の半数が崩壊するまでの時間は、原子核の種類の具体的な特徴に応じて異なり、半減期と呼ばれている。炭素14の半減期は五七三〇年で、ここ数世紀から数千年までのあいだにできた生物由来の物体の年代を推定するのに最適である。

放射性崩壊という量子力学の事例と、（お許しあれ、並べて語ることは不謹慎かもしれない）出産という似た側面のある古典的な事例との違いはどこからくるのか？　妊婦と胎児ひとりひとりの体の状態を必要なだけこと細かに監視できるとしたら、それぞれの出産が始まったときにその理由――特定のホルモンが作用し始める量に達したなど――を具体的に把握できるだろう。そう推測することに何の無理もない。だが放射性崩壊の場合、ある原子が崩壊した理由を説明するために監視できるものはない。理由と呼べるものは何もないのだ。

なるほど、原子核は中をのぞき見るのが大変なわけだ。そんな声が聞こえてきそうだが、そういう問題ではない。量子過程の場合、ある結果に至った出来事の推移というものはどうあっても語れない。どのようにしてそうなるに至ったかという物語は存在しないのである。

ところが――ここが量子力学の人を惑わすところなのだが――そうなるに至ったというまったく合理的で説得力のある物語を語れそうなことが多い！　レーザー装置から光子をある時刻に位置Aから「発

射」すると、その光子はレーザー装置から光速で一直線にやってきたかのごとく、少しあとに位置Bにおいて検出される可能性がきわめて高い。光子を位置Bで検出した理由は、光子が位置Aを離れて最短距離で位置Bに達したからに思える。

この因果関係のきっちりした話のどこが悪い？　こうして起こったかのように語って無害のことも実際ある。だが、「かのように」語っていることを忘れないよう、できるだけの努力はしなければならない。この語り方がまったく通用しないことがあるからだ。

第4章

量子粒子は一度に二つの状態にはない（が、そのようなこともある）

私たちには次の問いが突き付けられている。一人黙して考えるべきささいな哲学問答に思えるかもしれないが、絶対に逃れられない。

「～である」とはどういう意味か？

電子は粒子であるか、それとも波であるか？　電子は状況に応じてどちらかの性質を――場合によっては両方を少しずつ――示しうる。だが、電子が何「である」かについて私たちに確実に語れるのは、何を見たり測定したりできるかであって、そうした観測結果を何が引き起こしているかではない。波動と粒子の二重性とは、量子物体の性質ではなく、私たちによる量子物体の記述においてしばしば（そのメリットには疑問符が付くのに）引き合いに出される見た目だと言わざるをえない。量子物体は「二重人格」ではない。

同じことは、量子粒子は一度に二つの位置に存在できる——あるいはより一般的には一度に二つの状態を取れる——という誇示されすぎのきらいがある認識についても言える。こちらもあまり正しいとは言えないのだが、やはり間違っているとまでは言わずにおこう。私たちは言語の中で宙づりになっているのだ。人間の観点からは、量子物体が一度に二つの異なる、ことによると相容れない特性値を取れるように見えるのは確かだ。だが、人間の観点は量子力学の理解にふさわしくない。私たちにはこれしかないのだが。

絶望することなかれ。ふさわしい認識的、言語的な手段はないかもしれないが、私たちに何が欠けているのかは、少なくともアインシュタインやボーアに認識できていたであろうよりも、今でははっきりわかっている。

それにしても、「状態」とはひどい言葉である。冷淡で型どおり、あいまいだが見かけは自明だ。私たちはこの言葉を、自分で何を言っているのかよくわからないまま使いたくなるらしい。科学において、物体の「状態」の意味はごく普通で、物体の持つ特性の一部またはすべてを指す。ここを書いている私の状態はというと、かなり暑く（とうとう夏が来た）、紅茶を飲みたいと思っている。目の前の机の状態はもう少し正確に定義できる。たとえば、かなり硬くて、温度は二〇℃前後、色は擬木にありがちな黄土色だ。状態は物事の様相について何かを語る。そして、もうおわかりかもしれないが、だからこそ状態は量子力学において難しい概念なのだ。なにしろ、量子力学はどう考えても「物事の様相」を語っていない。
粒子の「状態」とはある意味、私たち向けにラベル付けされた性質の集合と言える（「ある意味」で意図的にあいまいにし、「私たち向けに」でいくつか難しい問題に目をつぶっている）。この原子はあの原子ではない。なぜなら、ここにあってあそこにはないし、このスピードで移動しており、含まれている電子がこれらのエネルギーを持っているから、という具合だ。[*1]

古典的な概念としての状態には、たいてい排他的な面がある。巨視的な物体は、少し硬いがいくらか柔軟性もあるとか、赤みがかった茶色だとか、混在した性質を持つことはあっても、相容れない状態の共存はありえない。たとえば、ここにもあそこにもあることはできないし、重さが一グラムであって一キロでもあることはできない。私が自転車を時速三〇キロでこぎながら時速一五キロでこぐことはできないし、私のサイクリングウェアがブライトイエローであると同時にピンクであることはありえない。この二色の混在はありえるが、黄色一色かつピンク一色ということはありえない。これは常識だろう。

それを思えば、量子粒子が一度に複数の状態を取れると聞くと、その意味を理解するのに苦労し、量子の奇妙さについて語り出したり、量子力学を理解するには自分は頭が悪すぎるなどと思ったりするのも無理はない。ひょっとすると、粒子が一度に複数の位置にいることなら、にじんで広がった何か、ガスのようにぼやけたか何か、などを考えてなんとか思い浮かべられるかもしれない。これは前にも述べたとおり、そうした物体について考える最善の方法ではない。とはいえ、私たちの手に届くのはこうしたイメージだ。それでも、たとえば粒子が一度に二つの異なる速度を持ちうるというのは、意味をなさないばかりか想像もつかない。

繰り返すが、量子粒子の「一度に二状態」性をこうした形で語ることは、厳密に言ってまったく適切ではない。何と言っても、量子状態は波動関数で定義され、波動関数には観測可能な特定の性質を測定したときに見込まれる結果が符号化されている。よってこの状況は、波動関数を使って量子状態をつくり、実験で粒子の性質を測定したら二つの結果のどちらかが観測されるようにできる、という意味だ。ならば、測定の前と後の両方で、粒子には実のところ何が起こっているのか？　この問いは「粒子の『である』性はどうなっているのか？」とも言い換えられよう。量子力学のさまざまな解釈は、この問いへの答えで大まかに分類できる。

この「一度に二（つ以上の）状態」は重ね合わせと呼ばれている。この「重ね合わせ」という用語からは心霊写真のような二重露光のイメージが連想される。だが、うるさいことを言えば、重ね合わせは何か抽象的で数学的なものと見なすにとどめるべきだ。この用語の出どころは波動力学で、それによると一つの波の式は別の波の式二つ以上の和として書ける。

こうも言い換えられよう。波動関数とはシュレーディンガー方程式の一つの解だ。$x=2$ が $x^2=4$ の解であるのと同じで、波動関数はシュレーディンガー方程式の「等」号を成り立たせる式である。＊2 一般

＊1　量子粒子の識別性は実はきわめて重要なテーマなのだが、ここで深入りする必要はない。

に、解は一個とは限らない。複数存在することがあって、$x^2=4$ なら $x=-2$ という別解がある。これが箱の中、あるいは原子の中の電子一個にエネルギー状態が多数あるゆえんである。

重ね合わせが起こるのは、波動関数を Φ（ファイ）で表すと、二つの波動関数――Φ_1 および Φ_2 としよう――が方程式の解なら、この二つの単純な組み合わせ、たとえば $\Phi_1+\Phi_2$ も必ず解になるからである。二つの波動関数の和は、この二つが何らかの意味で「重ね合わされている」様子を連想するよう誘っているかに思えるが、用心が要る。$\Phi_1-\Phi_2$ も有効な組み合わせだからだ。こちらはどう解釈すべきなのか？

先ほどの「単純な」という表現は、数学者の言う「線形結合」の意味である。これはざっくり言うと「ある波動関数プラス／マイナス別の波動関数」のことで、$\Phi_1^2+\Phi_2^3$ のような、波動関数の累乗を含む複雑な組み合わせは該当しない。シュレーディンガーの量子力学において、系の許される状態はこうした線形結合あるいは重ね合わせであり、この事実は系が量子的であることとは何の関係もなく、系が波動物理学に基づいていることに由来している。波を重ね合わせると、それだけで違う波ができる。量子状態の重ね合わせが奇異に映るのは、性質の記述に波動関数を用いる対象が、粒子と見なせる実体だからだ。粒子がその特性として、一度に二つ以上の値を取れるように見えるのである。

ならば、量子状態の重ね合わせはどう考えるのが正しいのか？　一量子分の光、すなわち光子一個について考えてみよう。すでに触れたとおり、光とは電磁場、すなわち電場の振動と磁場の振動が結合したものである。電磁場の上下動には、杭にロープを結わいて振るとできる上下動のような、空間における決まった向きがある。この向きは「偏光」と呼ばれている。偏光フィルター――たとえばサングラスやカメラでぎらつきを抑えるために使われているあれ――は、決まった向きの偏光の光子のみを通す素材でできている。ということは、光子の状態には偏光に関する何らかの値が含まれており、それは空間の決まった方向を基準に定義される。だが、光子は偏光状態の重ね合わせとしてつくることもできる。たとえば、上下の垂直偏光と左右の水平偏光を組み合わせられるのだ。

光子状態のこのような重ね合わせはどう見えるのだろうか？　私たちは普通それを二つの偏光状態からなる一種の混合として語る（が、厳密なことを言うと、量子力学の「混合」には別の専門的な意味がある）。これは「光子の振動は垂直のときもあれば水平のときもある」という意味か？　違う。では、「光子の半分が垂直偏光でもう半分が水平偏光」という意味か？　何が言いたいのかわからない。ならばどういうことなのだ？

問うな、というのがニールス・ボーアによるシンプルな答えである。重ね合わされた状態の波動関数は、光子の「姿」については何も言っていない。測定結果を予測できるようにする手段なのだ。こうして重ね合わされた状態を測定すると、測定装置が検出する光子は垂直偏光のこともあれば水平偏光のこともある。この重ね合わせ状態を記述する波動関数において、垂直方向と水平方向とで波動関数の重み付けが等しいなら、測定の五〇％で「垂直」、五〇％で「水平」という結果が得られるだろう。

ボーアの厳密さ／自己満足（お好みに合わせてどちらかを削除）を受け入れると、重ね合わされた状

＊2　シュレーディンガー方程式を一目ご覧にいれよう。見る分には気後れするようなものではない。ある表記ではHΨ＝EΨと簡潔で、Ψ（プサイ）は波動関数、Eは系のエネルギーだ。Hはハミルトニアンと呼ばれる演算子項で、系のエネルギーを左右し、定める各種因子を含んでいる。

態とは何「である」かを気にする必要はなくなり、「そうした状態はこの結果をもたらすこともあの結果をもたらすこともあって、それぞれの確率はシュレーディンガー方程式において重ね合わされている波動関数の重み付けで定義される」という話をただ受け入れることができる。すべてが一貫したイメージにまとまる。

だがこのイメージは、粒子が何かをしているという形で視覚化できるものではなく、量子場が振動しているというイメージすらだめだ。粒子が何をしているのかを考えるヒントになりうるような実験はないのか？　ある。だがその実験は、量子系で「実は何が起こっているのか」を突き止める試みはどれもややこしいことを見せつける。

それは文句なしに量子力学の**これぞ**神髄という実験だ。そのうえ、本当に理解している者は誰もいない。

いわゆる「量子二重スリット実験」は、すがすがしいほど簡単に説明でき、結果を見て取るのも易しい。だが、背後で何が起こっているか、何が何をしているのか、という形で実験結果をどう解釈すべきかはわかっていない。

この実験で利用しているのは、「回折」という波ならではの現象で、これは波が何らかの形で干渉した結果である。二つの波が出会うと、次々やってくる山と谷の相対的なタイミングに応じて、振動は強まったり弱まったりする。重なった二つの波全体の振幅は、個々の振幅を単純にたした結果だ。なので、二つのまったく同じ波の山が出会って重なると、振幅が二倍の波になる。山と谷が重なれば、打ち消し合って振幅はゼロになる。「片方の山」と「もう片方の山と谷のあいだ」のようなどこかで重なると、振幅の和は中間のどのような値にもなりうる。山と谷からなる周期中に見られる波の進行段階が「位相」だ。こうして波が重なって干渉すると、位相が合えば——山どうし、谷どうしが一致すると——「強め合う干渉」（「建設的干渉」）が、位相がずれると「弱め合う干渉」（「破壊的干渉」）が起こる。二つの干渉する光波の場合は、強め合う干渉によって明るくなり、弱め合う干渉によって暗くなる。

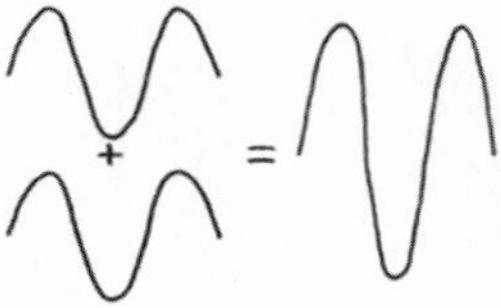

強め合う干渉
（明）

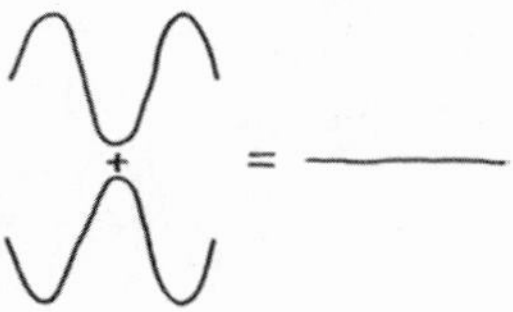

弱め合う干渉
（暗）

周期的な波を一つ、壁に狭い間隔でスリットのように二本開けた隙間に通して、波源を二つつくったところを思い浮かべてみよう。波がこのスリットを通過すると、壁の反対側には池に石を投げ入れるとできるようなさざ波が広がる。二つの波の重なる位置には、強め合う干渉と弱め合う干渉による規則的な模様が現れる。光波の場合、スリットの向こう側に立てたスクリーンに干渉縞と呼ばれる明暗の縞模様が映る。これは、隙間を通った光やずらりと並んだ物体にはね返った光が見せる広がりと干渉、すなわち回折の一例である。

こうしたいっさいは一九世紀前半には理解されていた。干渉縞は波ならばこその現象だ。では、二重スリットめがけて波ではなく粒子を放つと、たとえばサンドブラスターで砂粒を吹き付けるとどうなるか？　当たった砂粒でスク

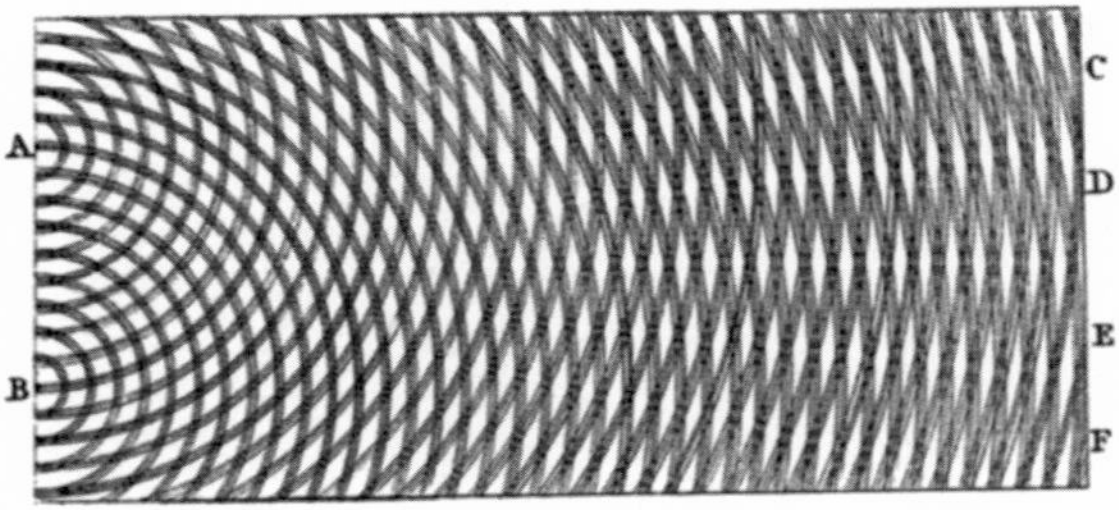

イギリスの科学者トマス・ヤングは、二重スリットを通る光の回折を1800年代の初頭に初めて説明した。図は、光がスリットAとBを通過してできる干渉縞——C〜Fは暗い帯——をヤングが描いたものだ。彼はこの図を1803年に王立協会で披露している。

リーンに二つのスリットの陰影が浮かび上がるのがせいぜいだ。スリットは砂粒の通り道を制限しているにすぎない。

だが、ルイ・ド・ブロイが正しく、量子粒子が波のような性質を見せるとしたら？　それなら粒子による干渉縞が浮かび上がるかもしれない。そして、実際にそうなる。

量子「粒子」の干渉と回折は、ニュージャージー州のベル研究所に勤めていた物理学者クリントン・デイヴィソンとレスター・ガーマーによって、一九二三〜二七年にかけて初めて観測された。二人が求めていたのは、高温の金属電極から放たれ電場で加速された電子のビームが、波のように干渉を起こす様子だった。ただし、実際に使っていたのは二重スリットではない。彼らが目にしたのは、波がその波長に近い間隔で並ぶ物体に反射して起こすような干渉だった。ずらりと並んださまざまな元素に波が反射すると、互いに干渉してやはり「明るい」領域と「暗い」領域をつくるのである。

ド・ブロイが唱えたところによれば、こうしてつくられたビームに含まれる電子の波長は、金属結晶格子に含まれる原子の間隔に近い。デイヴィソンとガーマーは、ニッケル片めがけて放った電子が確かに回折することを発見したのだった。イギリスの物理学者ジョージ・パジェット・トムソンもこの効果

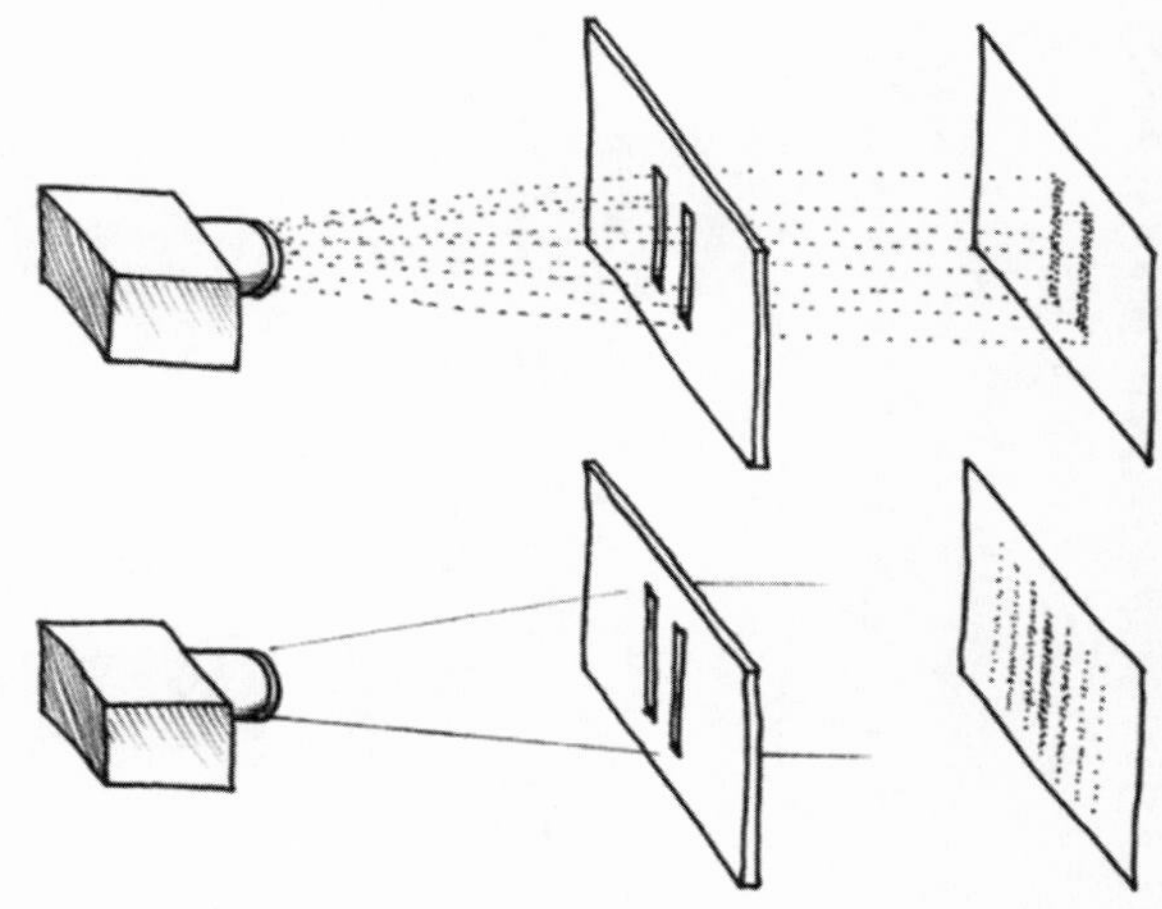

二重スリット実験を古典粒子で行っても、粒子の当たった場所という形で二本のスリットの投影ができるだけだ（上）。ところが、量子粒子の場合、二重スリットの通過によって縞模様ができる。粒子が多数当たってできた帯が、当たった数が事実上ゼロの空白地帯で隔てられた、波の場合のような干渉縞になるのである（下）。

をほぼ同時期に実証しており、デイヴィソンとトムソンはド・ブロイの大胆な学位論文を実証した業績で一九三七年のノーベル物理学賞を共同受賞した[*3]（当のド・ブロイは一九二九年に受賞していた）。

デイヴィソン＝ガーマーの実験は、電子に波動と粒子の二重性があることの実証だと紹介されることが多い。だが、先ほど見たとおり、そう表現しても取り立てて役には立たない。その理由は二重スリット実験そのものが明かしている。

＊3　なぜガーマーは選ばれなかったのか？　彼はチームの一員にすぎず、当時それは栄光の分け前にはあずかれないことを意味していた。彼は温厚で、反感は抱いていなかったようである。

電子の二重スリット実験を行うと干渉縞が見られる。向こう側に蛍光スクリーンを置けば、そこに電子が達したことを明るく光る点として示せる。昔の「ブラウン管」テレビの画面で用いられていた現象だ。光子でやっても同じ結果になるが、ここでは電子を取り上げる。光子より電子のほうが、私たちには質量などを持つ粒子と捉えやすいからだ。

非常に弱い電子ビームをつくり、電子が平均して一度に一個しかスリットを通らないとしよう。それぞれ一個ずつ放たれ、スクリーンに一個ずつ当たり、次が放たれるのは前の電子が当たってからである。したがって、スクリーンに電子ビームの強い部分や弱い部分を示す明暗の干渉縞は映らず、電子一個が当たるたびに点が一個またたくだけだ。こうなるともう波ではなく粒……なのでは?

さあ、確かめてみよう。実験を続けながら、電子が当たった位置の記録を取り続ける。すると驚いたことに、一度に検出される電子は一粒なのに、時間が経つにつれて、当たった位置から浮かび上がってくる模様に、当たった密度の高い帯と低い帯が交互に現れてくるのだ。これは、出力を絞ったサンドブラスターで同じ実験をした場合に予想されるスリット二本の単純な「陰影」ではない。紛うことなき干渉縞である。

この結果は粒子の性質としては説明がつかず、「電子波」の観点から説明するしかない。それに、明るいビームに含まれる電子なら、波のようにふるまって二重スリットで回折しうると考えても納得できるかもしれないが、スクリーンに映る個々の明るい点をもって粒子と見なせる何かが、スリットを一か所ずつ通って波のような干渉を起こせる、というのも理解に苦しむ。「波のようにふるまう」電子は自身と干渉できると結論せざるをえないのだ。

だが、そのためには個々の電子が両方のスリットを通過すると考えなければならない。なにしろ、干渉が生じるためには電子の波源がスリットの反対側に二つ要る。いったい何が起こっているのだ？　なぜ電子は、スリットに達する前後では粒子のようにふるまい、スリットを通過するときには広がった波になるのだ？

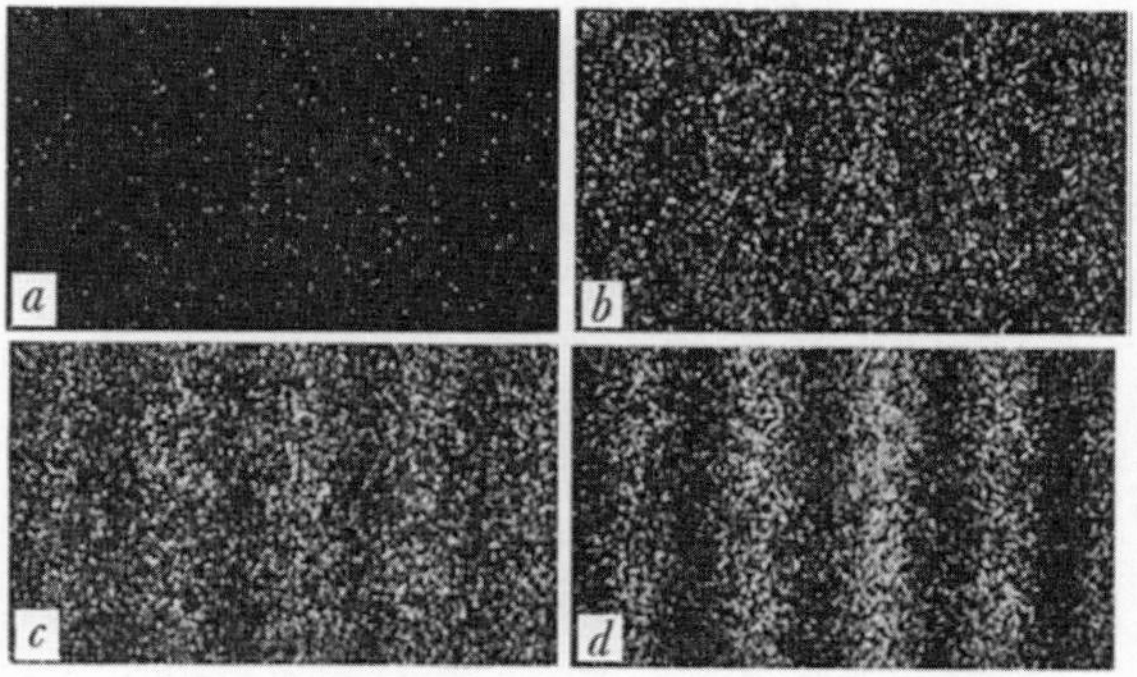

弱い電子ビームを用いた二重スリット実験において、粒子がスクリーンに当たった痕跡がぽつぽつと累積されるにつれて（aからdへ）、当初ランダムな痕跡に見えていたもの（a）が明暗を持つ干渉縞になっていく（d）。上図は1987年に日本の物理学者、外村彰（とのむらあきら）らが実際に行った実験の結果である。

いや、それがこの現象の正しい見方のはずがない。

もっとスマートに行こう。粒子のようにふるまう電子を、空間内でピンポイントにスリットの前後両方で検出できるなら、スリット自体の内部で同じことをやってみては？　あるいは、片方のスリットの先に検出器を置き、電子が通過したら通知されるようにしてみるとかどうだろうか？　電子を実際に捕まえることなく電子の通過を感知する装置を使おう。片方のスリットの検出器が電子を検出できなくても、電子の衝突に由来する明るい点がスクリーンに映り、電子がもう片方のスリットを通ったに違いないとわかる。

このような実験の用意をして、電子、光子、原子などの量子粒子の経路を測定することは可能だ。そして、粒子がどちらのスリットを通過したかを確かに検出はできる。
問題は、そうすると干渉縞が消えることである。代わりに、二重スリットが通り道の制限となって、スクリーンに明るい帯が二本できる。粒子は粒子らしくふるまっており、「粒子」が両方のスリットを一度に通るという謎には出くわさない。

今度は、電子検出器をオフにしたとしよう。スリットには何もせず、通過する電子にも何もせず、経路を検出できないようにしただけだ。ところが、電子の観測をやめるというこの決断によって、干渉縞が再び現れる。

本当に、これが実際に起こることである。この実験は数え切れないほど行われてきた。

電子はひねくれているのか？　どちらのスリットを通ったかを探ろうとしない限り、電子は一度に両方を通ったかのようにふるまう。だが、通ったスリットをはっきりさせようとすると、片方しか通らない。測定を行うというだけの行為が、電子の経路をふさいだり経路に作用を及ぼしたりしているはずはないとは間違いなく思えるのに、波を粒子に変えているように見えるのだ。

私たちにはそう見えている。こちらが経路を見ていないとき、電子は本当に両方のスリットを一度に通過するのか？　見ているときは、本当に波から粒子に変わるのか？　量子力学に対するボーアの見方によるなら、どちらも誤った問いだ。行った測定の背後にある何か微視的な記述を求めているからである。ボーアに言わせれば、量子力学にそれを定式化できるような要素はない。シュレーディンガー方程式とはそういうものではない。あの式は測定の結果を予測するだけである、と。

粒子が特定のスリットを通ったかどうかを監視する場合としない場合とについて——選択した経路の

推定はそれこそさまざまな方法で可能だ――二重スリット実験で目にするはずの結果を量子論に基づき計算すると、先ほど説明したとおりの結果が予測される。なぜなら、見ていない場合、電子の波動関数は各スリットを通る電子の波動関数の線形結合――二つの「経路」の重ね合わせ――として記述でき、見ている場合にはできないからである。

こうした観測結果になりうるシナリオを、粒子と波を持ち出してイメージしようとすると、行き詰まる。観測されていることを波がなぜか魔法のように察して粒子に変わることにするという展開に直面せざるをえなくなるからだ。だが、実験の記述にシュレーディンガー方程式をただ使う分には、正しい結果が予想される。

よってそこでやめるべき、とボーアは言う。

> 量子世界というものはない。あるのは量子物理学の抽象的な記述だけだ。物理学の仕事は自然の様相を明らかにすることであるという考えは間違っている。物理学の関心事は自然について言えることである。

これを中心的信条とするのがいわゆる量子力学のコペンハーゲン解釈で、デンマークの首都でボーアらによって一九二〇年代に打ち立てられた[*4]。この解釈は、「何が起こっているか」は語らず、量子力学に関して正当に問える物事を限定している。

額面どおりに受け取ると、かなりおかしな話に聞こえる。記述しているはずの系について何か語れるとは思えないなら、なぜ量子力学のような数学的理論をつくるのか？　だが、ボーアはこう主張する。量子力学が語っているのはもっと意味のある事柄、さらに言えば意味を持ちうる唯一の事柄だ。その系の精査を試みると見いだされるであろうこと、すなわち測定結果についてである。

納得のいく完結した話だとはとうてい思えないが、どうだろう？　感覚的には、電子銃を出てスクリーンに当たるまで決まった経路を取る電子について語れるはずに思える。

これは経験をもとに根深く染みついた直感だ。雲に突っ込んだ飛行機が反対側から出てきたのを見て、隠れていたあいだに特殊な経路を通ってきたのではないかと疑うなど、はっきり言ってばかげている。

ところが、電子や光子のスケールでは経路という概念が壊れだす。面白いことに、すっかり壊れてくれたほうが受け入れやすいかもしれない。電子がどこに顔を出すかがまったくわからなければ、どうやってそこに顔を出したかと聞かれてもあきらめるしかない。だが、そうした物体の経路を測定することはできる。発生源からスクリーンまでのどこかに検出器を置けば、私たちの直感が正しいことを確かめられるだろう。途中に物体があって向きをそらしていない限り、電子は総じて一直線の経路を取っているように見える。だが、そうした測定をやめて粒子の好きにさせたとたん、粒子は経路という概念を無意味にするようにふるまうことができる。たとえば、「両方のスリットを一度に通った」と言わざるをえなくする。

どうやら、測定という行為そのものに何か不可解なところがありそうだ。

最後に警告を一つ。一九五〇年代から六〇年代にかけて、リチャード・ファインマン、ジュリアン・シュウィンガー、朝永振一郎によって、量子電磁力学と呼ばれる量子論が定式化されている。その定式化においては、空間内を移動する量子粒子の取る経路として、最短の直線だけではなく*あらゆる可能性*を考慮する。言ってみれば、量子電磁力学の方程式には全経路に対応する項が——それがどれほど複雑で常軌を逸したことに思えようと——含まれている。ところが、すべての項をたし上げると大部分が互いに相殺し、波動関数は空間内のほとんどにおいて振幅が実質ゼロとなる。それをもって、量子電磁力学は二重スリット実験で電子や粒子が両方のスリットを通ったことを本当に示している、と言われることがある。すべての経路を「一度に」通っているからだ。

だが、このイメージは*数学上のメタファー*にすぎない。考えうる経路をすべて通る粒子をイメージしたいならかまわないが、粒子が本当にそうしていると示すことは決してできない。量子電磁力学をそう解釈することは、量子力学に関して古典的な物語を語る試みになっている。電子や光子は考えうる*すべての経路を取ってはいない*。取っていると想像することは、単なる間違いでは済まされない。量子力学

＊4　うるさいことを言うと、「コペンハーゲン解釈」を定まった盤石な解釈として扱うべきではない。量子力学のいくつかほかの解釈と同様、その立場については提唱者に応じて異なる表現がなされていた。ボーアの見方とハイゼンベルグの見方は同一視できない、といった具合である。コペンハーゲン解釈のニュアンスが人によって違うという状況は、今日この立場を好む者たちについても言える。だが、「コペンハーゲン解釈」に関して本書で述べる事柄は概して、共通認識されている中核的な内容である。

に関する考え方として本質的に間違っている。
ならばどう考えるのが正しいのか？　いい質問だ。

第5章 何が「起こる」かは、それについて何を見いだすかによる

量子力学の不可解に思えるところはすべて測定に行き着く。

私たちが見ると、量子系はあるふるまいを示す。見ていないと、別のふるまいを示す。そのうえ、見るにしても方法が違うと互いに相容れなさそうな答えが導き出されることがある。系をある方法で見るとこうなるのに対し、同じ系を別の方法で見るとそうなるうえに、こうはならないのだ。物体は片方のスリットを通った、いや、物体は両方のスリットを通った、という具合に。

いったいどういうことだ？　観測の仕方——あるいはそもそも観測するかどうか——に応じて「自然のふるまい方」が変わるなど、何がどうなっている？

量子力学という新しい物理学の黎明期、この問題はよく「観測者の役割」の面から論じられていた。観測者に役割があることからして深刻な問題だった。科学という概念そのものに異議が申し立てられたようなものだったからだ。何を目にするかが何を問うかに左右されるなら、客観的な世界という概念はどうなる？　そこを支配している法則は、私たちがその解明を試みるかどうかによらず同じではないのか？　ハイゼンベルクに言わせれば、科学はこの世界をこっそり垣間見る手段ではなくなり、「人と自然の相互作用をテーマとする舞台の役者の一人」と化したのである。

だがこれでは、科学的な成果は観測環境次第だと言っているように思える。科学実験の本質は、結果を得た特定の条件によらず一般化できる知識をもたらすことのはずだ。そうでなければ何の意味がある？　仮に私が（数千人の同僚とともに）CERN（セルン）の大型ハドロン衝突型加速器（LHC）で二個の陽子をもろに衝突（スマッシュ・オン）させて新たな粒子を目撃したなら、「LHCで陽子を衝突させると発生する新粒子の発見」程度にとどまらない結論に至りたい（さもないと「LHCスマシオン」のような素粒子名で我慢せざるをえなくなる）。この新粒子は自然の特徴の一つであって、その実験に限られた話ではないと考えたい。実験がその枠を超えた問いに何の答えも出せないなら、科学を営むことなどほぼ不可能だ。

観測という行為が結果に影響を与えると聞いたところで、そもそも驚きも意外さも感じないかもしれないが、ごもっとも。行動科学ではそういうことがよくある。たとえば、カードゲームに興じている人がどれだけ良心的なものかを明らかにしようとしているとする。プレーヤーの誰かにしばらく席をはずすよう指示し、その人がカードをテーブルに伏せて出ていく。対戦相手はのぞき見るだろうか？　もちろんそんなことはしない、と誰もが口を揃える。こうした実験をラボで行えば、プレーヤーは誰もが良心的にふるまうだろう。だが、この状況をカードに興じる普通の（各人の行動をつぶさに監視できない）場面で観察すれば、誰かがのぞき見たに違いないことを明らかに示す統計的な証拠があがる。

自分が見られているとわかっている（か、そうと怪しんでいる）場合、プレーヤーは間違いなくふるまいを変える。不思議なことは何もなく、観測の影響を受けない客観的現実という発想が脅かされることもない。この観測者効果を排除できるよう、もっとうまく観測する必要があるだけのこと。手続きの問題である。

人は見られているとそれとわかる（か、少なくともそうと怪しむ）ようだ。だが、電子や光子は違う！とはいえ、知覚のない系でも似たような観測者効果が生じかねないことは想像に難くない。殺菌効果のある薬剤の溶液があるとしよう。ただし、使用前に分光計を使ってその薬剤の有無をチェックすると、殺菌剤として機能しなくなる。見ないときだけ機能するのだ。これは奇妙か？ そうでもない。分光計を使うと溶液にレーザービームが照射される。よって、レーザーが何らかの形で溶液を乱す可能性がある。光が、そして分子の有無を調べたことが、一部の分子を実際に壊したかもしれないのだ。ならば、分子の存在を確かめる行為そのものが当の分子を破壊したことになる。

観測という行為には量子系に対しても同じような物理的効果があって、性質やふるまいを変えるのだろうか？

そうなりうる仕組みを見て取るのはきわめて難しい。どのような効果があるにせよ、具体的な観測方法は関係なさそうだからだ。たとえば、二重スリット実験の場合、電子や光子が通ったスリットの検出法にもいくつかあるが、結果は必ず同じで、干渉縞が消える。違いの元は検出の手段ではなく検出という事実らしいのだ。粒子間の既知の相互作用というレベルでうまくいっている物理学理論のなかに、これを説明できるものがあるとは考えにくい。

コペンハーゲン解釈によれば、この「観測者効果」は量子力学の数学的な構造からして当然予期されることだ。不可解に思えるなら、それは私たちが結果を予測するにとどまらず、物理的な原因を無理やり問うているからにすぎない。だが、量子力学は（ボーアに言わせれば）原因を教えるとは一言も言っていない。

これは一般に道具主義者の見方と呼ばれている。おおまかに言えば、量子論が差し出しているのは規定であって過程の説明ではない、という立場だ。これには多くの研究者が敗北感を覚え、意気消沈する。私が溶液中の分子を確かめるべくレーザーで分光測定を行うとしたら、それは対象の分子について何か言えるようになるはずだと考えてのこと。自分の理論では「レーザー光は緑色光の波長においてより暗くなるだろう」としか言えず、その原因である分子レベルの過程について何か結論を出すことが禁じられるなら、何の意味もなさそうな気がするだろう。なぜそれでもなお測定するのだ？　いや、実験とその背後にある現実との結び付きを語れるようになる必要は当然ある、のでは？

⚛

観測事実と対象そのものとの関係については、哲学者が昔から考え続けてきている。一八世紀、デイヴィッド・ヒュームは、私たちには因果関係の解釈について確かなことは決して言えない、と主張した。

私たちはAに続いて必ずBが起こっているようだと気づくと、AがBを引き起こしたと推論するかもしれないが、その正しさは証明できないというのである。イマヌエル・カントは『純粋理性批判』（一七八一年）（中山元訳、光文社古典新訳文庫など）でさらに踏み込み、私たちは経験による仲介のない世界にはアクセスできないと述べた。彼は世界「そのもの」を「本体」界、または「物自体」と呼んだ。だが、私たちに知ることのできるのは「現象」界だけで、こちらについては、五感を使って、そして理解のための精神的な手段を使って記録する。それゆえ、私たちの世界観は誤りを免れない知覚と推論の力に囚われている。推論の精度が上がると、現象界は変わる。たいていの科学者は本能的に、経験と意識は副次的な現象のはずだと感じている。それらは仲介役でしかなく、現実とはどういう意味たりえるかについて考えをまとめるうえで大切な要素ではないはずというわけだ。だが、一部の哲学者、有名なところではエトムント・フッサール（と、それに先立つウィリアム・ジェイムズ）に始まる現象学派が、実際にそうやってまとめようと試みてきた。今では、量子力学の解釈に取り組んでいる物理学者の数名が彼らの考えに興味を示している。

　私たちには知覚情報が頼りなので、いかなる物自体からも少し離れた立場にある。これについては今日では大半の科学者が受け入れるだろう。私たちの精神にできるのは、知覚情報を使って世界について独自のイメージを作り上げることだけであり、出来上がるイメージは元から「そこにある」何かの近似や理想化にならざるをえない。スティーヴン・ホーキングは「私たちに知りうる唯一の現実は精神的概念だ。モデルに依らず現実を検証する方法はない」と記している。

　ただ、これは大した譲歩ではない。科学者はえてして無意識に、哲学者が素朴実在論と呼ぶものをこれまでどおり信じて取り組むことが多い。素朴実在論では、「そこにある」客観的な世界について知覚が語る内容は、知覚には制約や欠陥が多々あるとはいえ、額面どおりに受け取れると想定する。カントの考えに感化されていたボーアはさらに踏み込んで、経験によって――言ってみれば測定によって――明らかになる世界こそが、現実の名に唯一値するものだと語った。

形而上学的なごまかしだと思えるかもしれない。経験が示す先の何にもアクセスできないなら、より深い層を「現実」とみなすかどうか、どちらを選んだところで違いがあるのか？　だが、コペンハーゲン解釈によれば、測定という行為は測定される現実を積極的につくり出す。あらかじめ存在している客観的な現実という概念は捨てて、多彩な可能性の中から測定や観測が特定の現実を具現化することを受け入れなければならないのだ。ボーアの若き同僚でやはりコペンハーゲン学派だったパスクアル・ヨルダンは、「観測は測定されるべきものを乱すばかりか、それをつくり出す。……私たちは［量子粒子に］決まった位置を取るよう強いている」のであり、言い換えると、「測定結果は私たち自身がつくり出している」と言う。

これはかなり極端だ。異端だと言いたくなる者もいるだろう（実際にいた）。

「測定問題」も量子力学でよく誤解されている概念の一つである。乱さずに調べられるものなどなく、したがって科学はすっかり主観的になっている。そんな意味だと解釈されることが多いが、この前半部も後半部も正確とは言いがたい。

科学はほぼ総じて量子測定問題とはまったく縁がなく、意味のあるいかなる目的に照らしても、「そこにある」世界に関する客観的な探求であることに変わりはない。原子の域においてさえ、対象を著しく乱す恐れなしに測定できるのが普通であり、こちらが結果を決めているなどという心配はまったく不要だ。通常、擾乱（じょうらん）はきわめて小さく、取るにたらない。たとえば、実験室で新素材の強度を測定すれば、その素材本来の性質を示す信頼にたる値が得られ、建築や人工骨でどれほどの性能を発揮しそうかについて、実用的な予測ができる。実験法の選択が結果に影響することはない（少なくとも、実験計画がよくできていれば）。私たちの介入で系の特性がわずかに乱れたとしても、その乱れは評価して把握できる。

それに、量子測定問題とは測定対象を「乱す」かどうかの問題だ、という理解を**コペンハーゲン解釈はきっぱり否定している**。この理解は、調べている系には決まった性質または特性があるが、それをこちらが粗雑な測定で台無しにして変えている、という前提に立っている。それに対し、コペンハーゲン解釈は測定して**はじめて**、系に決まった性質や特性が表れると主張する。極端な見解になると、このことには測定するまで「系」というものはないという含みがある、とまで言う。

ということは、異なる測定は異なる現実を生むという話になる。異なる結果ではない。異なる現実だ。そのうえ、その現実どうしが相容れるとは限らない。だから量子論の解釈の議論はパラドックスや不一致を呼ぶことが多いのだ。ただ、「パラドックス」という言葉は使われすぎだし、そのうえ「論理的な矛盾」ではなく「説明や理解の難しい物事」という意味のこともある。それでもなお、そうした「パラドックス」には、量子力学が直感を惑わす理由を示すうえで重要な役割がある。パラドックスは概して、答えとして「イエス」と「ノー」が同時に許されているかのように結果を並べて見せる。それをどう理解するにしろ、あきらめて「奇妙」と形容する以上を志すべきだ。

ボーアのいわゆる道具主義者の見方について、正確さを欠く説明がよくなされている。彼は、量子論の予測を物体間の相互作用からなる（少なくとも**何かしら**からなる）背後の層と関連付けることは拒んだが、そうした何らかの層が存在することを否定したわけではない。「量子現実」とはどういう意味たりえるかについて新たな見方が要る。そう唱えていたのだ。

従来の見方において、科学実験とは結果を生む現象を調べて解明するものである。物理学や生物学では多くの場合、観測は巨視的なスケールで行い、その理解をより小さなスケール——原子や分子や細胞の動きと相互作用など——の観点で試みる。これは科学の営み方として理にかなっており、生産的だ。私のコーヒーカップやわが家の窓からの眺めは——そしてこの私も——もっと小さなスケールで働いている何かしらの過程や効果から生まれた、という主張は意味をなしている。この場合の階層は**逐次的**だ。あるスケールでの性質や原理は、そのさらに下層で働いている性質や原理から立ち現れる。コーヒーカップの硬さ、脆さ、不透明さは、大量に集まって構造をなしている原子や分子を切り口に理解できる。

ところが、量子力学はこの階層を乱す。ボーアの見方によれば、二重スリットのような量子実験は、背後にある微視的な過程から生まれた巨視的な結果、としての検討ができない。巨視的な過程はそれ以上単純化できない現象であって、より根本的でより小さなスケールでの「原因」では説明できないものと捉える必要があるのだ。

そうなると、科学における実験の成り立ちに関する標準的な見方がこじれ、場合によっては崩壊する。二重スリット実験で言えば、私たちはおのずと、電子や光子の決まった軌道上の運動なり、波のような干渉なり、そうした類いの何かを現象とみなし、そうした現象の結果——スクリーンに干渉縞をなして並んでいるようにもいないようにも見える粒子状の衝突痕——を観測結果とみなす。ボーアに言わせればそれは違う。理解する必要のある現象は実験全体だ。開けるスリットを片方と両方のどちらにしようと、片方のスリットに粒子検出器を仕掛けようと仕掛けなかろうと、背後にある同じ現象の異なる現れを調べる実験にはなっていない。それらは異なる現象である。違う物事を見ているのだから、一見矛盾する結果が得られて不思議はないのだ。紙切れと金箔に火をつけて同じふるまいを示すと予想するのはもうよすべきである、と。

この知的戦略にははっとさせられるが、はぐらかされた気もする。発想の転換がなんとも大胆で、見方によってはごまかしにも思える。ある実験である結果が得られるが、装置にささいに思える修正を施すと別の結果が得られる。にもかかわらず、そのわずかな変更がなぜそれほど大きな結果の違いを生むのかと問うても仕方がない、とボーアは言う。二つの事例で同じものを見ていないからだ。二つの実験の構成要素の違い（検出器をそこではなくここに配置した）が取るにたらなさそうに見えても、結果が違うのだから、過程そのものが根本的に違うと言い切るのである。だが、ボーアの線引きに従うと、正しい問いに的を絞りやすくなる。彼の言うには、何が決定的に変わったかと言えば、私たちによる見方だ。よって、結果に違いを生んだ要因を「粒子はどこへ行ったのか」という切り口で解き明かそうとするのではなく、「私たちによる見方がなぜ重要なのか」と問うべきである。

すると、「この事例で得られた情報には、あの事例で得られなかった何が含まれているのか?」というそう深い疑問が湧いてくる。思うに、量子力学の理解向上にゆくゆくつながるのはこちらの問いであり、「粒子が取った経路はどれか?」ではない。

ボーアの規定はきわめて厳格である。それどころか、信じたとしても尊重するのは多かれ少なかれ不可能だ。科学者はいつだって電子を、原子や分子のあいだを動き回り、金属線を伝わり、虚空を飛んでいく小さなボールであるかのように語る。原子を原子核とその周りを回る電子からなる小さな太陽系だとする発想と同様、これは都合のいい作り話にすぎず、本当はそういうものではないとわかっている、などと言って済ませられればいいのだが、〝硬いボールのような電子〟は都合のいい作り話どころではない。そのままで非常に応用が効き、状況によっては電子をそう捉えても科学に対して何の冒涜にもならなさそうだ。これは量子力学の、最も腹立たしいとまでは言わなくとも、最も厄介な側面に数えられている。何が言えて何が言えないかに関する量子力学の主張を、普段は無視しろと求められているかに思える。この世界――電子、あるいは硬いボール――を巡る私たちの経験は、細かいことを気にせずイメージを思い描く権利を求めよと促す。

光子の量子力学上の性質を研究している実験家なら誰でも、実験計画においては、たとえば粒子の軌道を現実の客観的な現象として思い描く必要がある。光子は空間を移動するとき一直線の経路を通ると仮定し、それに基づいて鏡やレンズの配置を考える。経路の終点には普通、検出器が置かれる。ボーア派の純粋主義者ならこう言うだろう。「光子が検出器に達するまで、その経路について語ったり考えたりする権利はない。検出されるまで、経路というものに意味はない」。それに対し、実験家はこう反論するかもしれない。「だからどうした？　こうやって実験するとうまくいくんだ！」ロラン・オムネが述べたとおり、量子力学にも当然関わってくる「実験物理学では、検証の対象である理論が宣告している禁止令を見事に無視した流儀で推論が進められている」。オムネに言わせれば、ボーアが「実験家に禁止している事柄が多すぎて、実験家は仕事にならなくなっている」のである。

実験家はボーア派に対し、さらに踏み込んでこう言いたくなるかもしれない。「光子が一直線に移動することを疑っているようだが、検出器をここに、経路上に置いて検出されるのは何だ？　光子だ！　経路上で検出器を少しばかり遠ざけても、やはり光子が検出される。これは検出器に達するまで続けても結果は同じだ。だが、少しばかり脇へずらすと、何も検出されない。これは経路というものに関する定義を満たさないのか？」

ボーア派ならどう返すか、もうお察しかもしれない。「それは何の証明にもなっていない。終点にある検出器を使った実験とは同じではないからだ。別の現象である」

議論は行き詰まったようだ。実験環境に用いた仮定は、その実験を行うことでは証明できず、別の実験を行ってはじめて証明できるというのだから。

はぐらかされたように聞こえる？　まったくそのとおり。

オムネが次のようなうまい解決を提案している。確かに、くだんの実験で光子が直線（という設計の場合にその）経路を取ったことが真であるとは、光子が検出器に達するまで決して言い切れない。だが、量子力学の諸原理を用いれば、実際に真だとすると論理的な矛盾に出くわす確率がゼロと言えるほど小さいと示せる。量子力学の解釈の最低条件に数えられているのは、それが「真」だと（はどういう意味かはともかく）証明できることではなく、それが一貫していると示せることである。

⚛

とはいえ、もしかすると実験面での工夫がまだたりないのかもしれない。自然には私たちが——たとえば二重スリットを通る光子や電子の経路を——測定しているかどうかが「わかる」らしく、それに応じてふるまいを変える。こちらが光子の経路をのぞき見ようとしているかどうかをまるで察知できるかのように。

ならば、出し抜いてやろうではないか！

具体的には、自然をだましてスリットを片方か両方か選択するまで待ち、相手に手の内を明かさせたあとに経路を測定するのだ。

言ってみれば、光子がスリットを通り過ぎるまで経路を測定しないようにするのである。検出器をスリットのはるか先に置くだけでは事たりない。置いてあるかどうか、自然はなぜか前もってわかるらしいのだから。なので、光子がスリットを通ったと確実にわかるまで検出器は配置しない。これならこちらの意図をのぞき見できる魔法の窓は存在しないのでは？

これは生易しい実験ではない。なにしろ、光子は光速で移動する。光子がスリットを通ってからスクリーンに当たるまで時間はわずかしかなく、そのあいだに検出器のスイッチを入れて経路を判定できなければならない。だが、最新の光学技術を用いると、この超高速の早業を実現できる。これは「遅延選択実験」として知られている。

この類いの実験を最初に提案したのはアインシュタインで、測定する手段という大事な問題はぎりぎりまで後回しにし、結果がすでに確定していると予想できそうになってから考える、という思考実験だった。ではこの場合、ボーアの「観測者によって決まる現実」はどうなる？

ボーアは自信たっぷりにこう主張した。そんな実験をしても役に立たないだろう。自然はだまされないに違いない。実験装置を前もって構成しておこうが、粒子が「移動中」――古典的な見方で言えば、どちらの経路を取るか粒子が決めたあと――になるまで構成を先延ばしにしようが、違いは生じない。得られる結果はこれまでの実験と同じだ。

ボーアがそう言い切れると思ったのは、量子力学がそう予測していそうだったからである。だが、わけがわからない！　これではのちにジョン・ホイーラーが指摘したように、逆因果律が働いていることを意味していそうに思える。ある時点で起こっている出来事がそれより前に起こった出来事に影響を及ぼしているというわけだ。スリットを通過したあとの光子を捕まえ、通過したのはスリットの一方だったのか両方だったのかを確かめることを通じ、どちらだったのかを私たちが決めている。そう見えるのである。ホイーラーに言わせれば、私たちは遅延光子検出器を挿入するかどうかという形で、「その光子のすでに確定した歴史について私たちに語る権利のある物事に対し、避けがたい影響力を持っている」

ここで、ホイーラーが表現にかなり気を遣っていることに注意されたい。私たちの影響が及ぶ対象は、その光子の確定済みの歴史ではなく、それについて語る権利のある物事である。なぜなら、確定済みの歴史を私たちが実際に変えたわけではなく、観測している現象が何かについての見方を私たちがすっかり変えなければならないからだ、とホイーラーは言う。

実際、光子の「経路」について語ることは間違っている。正しい言い方をするなら……その現象について語ることは増幅［すなわち古典的な装置での測定］という不可逆な作用によって完結するまで意味がない。「いかなる基本現象も、記録（観測）された現象となるまで現象ではない」

ボーアの言うように、量子実験が現象の精査ではなく現象そのものなのであれば、起こった現象については実験がなされて測定されるまで――メーターの針が読み取り値を指すまで――語れない。実際の出来事として語れるようにするためには見る必要がある。

人間の知覚を超えたところで何かが起こっている、という発想は私たちにとって自然だ。細胞は忙しく生化学を営み、タンパク質をつくったり感染症と闘ったりしている。空気中の分子は目には見えないがぶつかり合っており、無数の分子が人知れず表面に作用を及ぼした結果、私たちにも感知できる圧が生まれている。私たちはそうした現象に介入して測定を行える。だが、こちらが何かをしようとしまいとその微視的な現象は続く、という想定は正当化される。

ところが、ボーアやホイーラーの見方によれば、それについて語る何かしらの権利が私たちにある基本的な量子現象は、私たちが測定を行うまで存在しない。「検出器へ達するまでのあいだに、レーザーから放たれた光子に何が起こったのか?」という問いに、「わからない、見ていなかった」と答えて済ますことはできず、「見ていなかったから、その問いには意味がない」と言わねばならないのだ。あるいはもしかすると、「いや、測定後ならそれについて話ができる」と言うべきか。サッカーの試合は終了の笛が鳴ってはじめて有効な概念となるかのように。[*1]

この捉え方は衝撃的だ。なにしろ、測定という物理的行為に依存していない。私たちの知識の獲得に関連して、深いところで何かが作用しているというのである。量子論に関してボーアに次ぐ洞察力を持っていたと思われるカール・フォン・ヴァイツゼッカーが、次のように鋭く指摘している(傍点は本書著者)。

どの量[経路など]が決定されるか、決定されないかを定義するのは、物体と測定装置との物理的な相互作用ではまったくなく、気づくという行為である。

⚛

遅延選択実験に関する自身の予測に、ボーアはいつもどおり自信を持っていた。で、そのとおりだっ

*1 ボーアはこの喩えを喜んでくれると思いたい。彼はゴールキーパーだったし、弟の数学者ハラルトはデンマーク代表でプレーしたこともある。

たのか？　確かめるには実際にやってみるしかない。この実験は、ホイーラーが一九七〇年代後半に二重スリット実験を模したレーザー光子実験を提案したことで実現への道が拓けた。光子が通った経路を確実に検出できる位置に、特定の経路を通ったように見えたあとで、検出器をいったいどうやって挿入するのか、というやっかいな問題をうまく避けたのだった。

ホイーラーの構想は次のとおりである。光子をレーザービームの形で、経路から四五度傾けた鏡に当てる。鏡（M_1）は光が一部反射して一部透過する「ハーフミラー」で、入射した光子の（ランダムな）五〇％が反射し、残りは透過する。ゆえにビームスプリッターの役目を果たし、直進し続ける経路（A）と直角に曲がる経路（B）にビームを分ける。どちらの経路にも普通の鏡を置き、ビームを交点に向けて反射させる。光子がどちらの経路を通ったかは、二個の高感度光子検出器D_AとD_Bで監視する。すると、光子の半分がAを、もう半分がBを、ランダムに通っていくことが確かめられる。

ここで、別のハーフミラー（M_2）を二本のビームの交点に置く。すると二本のビームで干渉が起こって干渉縞の明暗模様ができ、光子がAとBのどちらを通ってきたのかわからなくなる。二個の検出器については、それぞれ経路AまたはB上に配置されたまま、干渉縞がそれぞれ明るい帯または暗い帯になるようにできる。すると、光子を一個ずつ装置に通すと一〇〇％の確率でD_Aに達し、D_Bには何も記録されない。

これにより、光子の検出データにはM_2がある場合（D_A＝一〇〇％、D_B＝〇％）とない場合（D_A＝D_B＝五〇％）とでまったく予想どおりの違いが生じる。後者の場合は、光子が単一の経路を通ったと確実に言える。D_AとD_Bのどちらかに等確率で達するからだ。だが、M_2を置くと経路を判断できなくなる。

何が起ころうとD_Aが一〇〇%の確率で光子を記録するだろう。この結果から、光子が両方の経路を通って自身と干渉したことが示唆される。

この遅延選択実験を実現するには、光子がM_1を確実に通過した**あとで**、すなわち光子が経路をどちらかだけに決めたはずのタイミングを見計らって（この段階ではM_2はまだ挿入されておらず、両方ではないはず）、M_2を挿入できなければならない。これは最新の光ファイバー技術を用いると実現できる。ボーアが正しければ、光子がM_1に達した（二重スリット実験でスリット通過に相当）ときの装置が「干渉なし」の構成だったとしても、干渉したことに対応する検出データが得られるはずである。

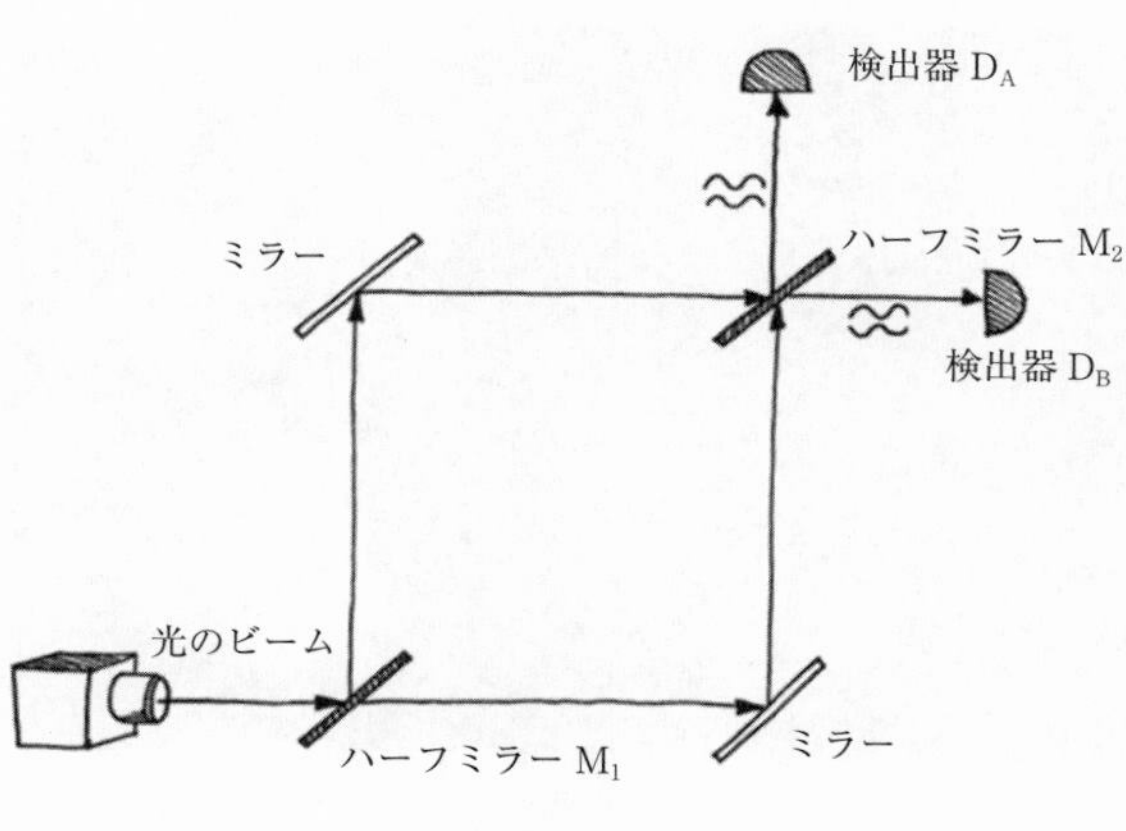

ジョン・ホイーラーの遅延選択実験。

この実験が初めてホイーラーの構想どおりに行われたのは一九八〇年代後半だった。以来、数多くのバリエーションが試されてきている。そのどれもが、介入したところでそれが測定前であれば、確かに違いが出ないことを示している。自然にはこちらの意図が必ず「わかる」らしいのだ。あるいは、薄気味の悪さはそれほどではないがやはり混乱させるジョン・ホイーラーの言葉をもう一度掲げよう。

「いかなる現象も、観測された現象となるまで現象ではない」

どうしたらこんなことがありうる？　測定がなされているとき実際には何が起こっているのだ？　コペンハーゲン解釈はそういったことは問うなと命ずる。だが、この禁止令が何を隠し立てしているのか、今ではより厳密に表現できる。

しばらく「現実」のことは忘れよう。これはあまりに厄介な概念だ（哲学者にとっては今に始まった話ではない）。測定がなされると理論上は何が起こるのか、とだけ問うことにする。測定がなされるまで、量子系はシュレーディンガー方程式に従ってふるまう。この式は、系の波動関数が時間とともにどう変わるかを記述する。ざっくり言うと、量子論は「その変化は波のように滑らか」と言うだけだ。波の振幅はある時点でここは大きくあそこは小さく、しばらくするとその逆、という具合である。

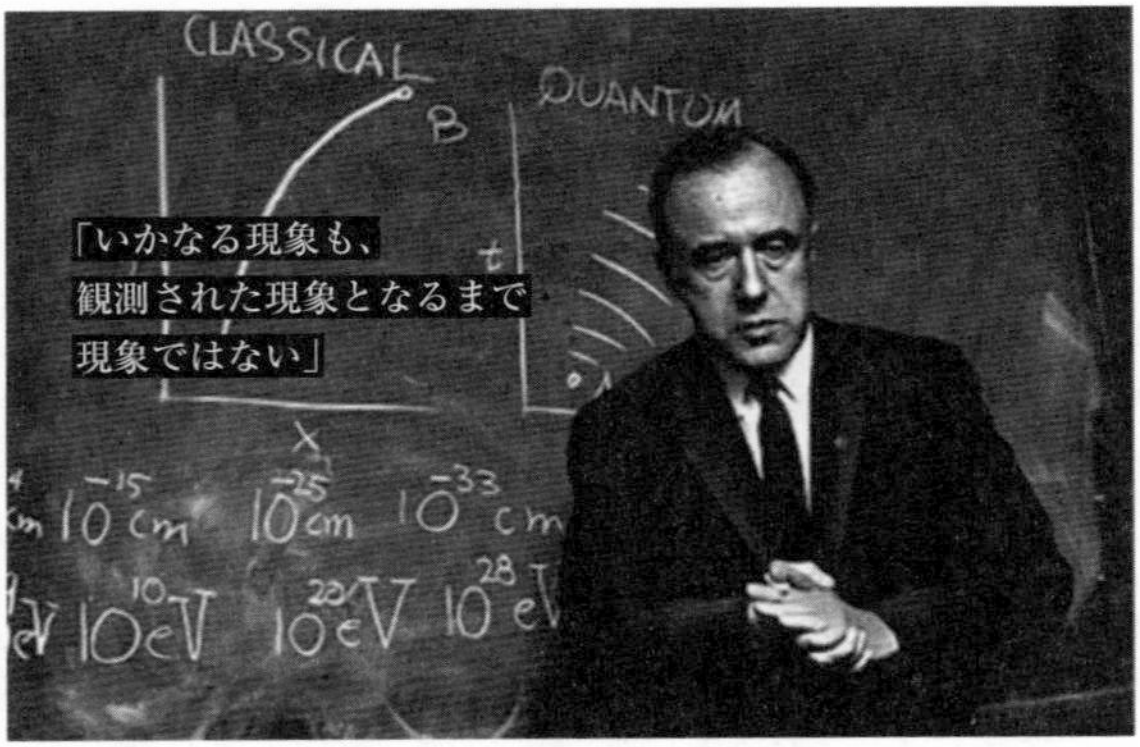

CLASSICAL
QUANTUM
B
「いかなる現象も、
観測された現象となるまで
現象ではない」

量子系の性質の一つは、時間的な変化があっても状態間の違いが保たれることだ。たとえばこういうことである。古典的には、二つの状態にスタート段階で違いがあると、ともに同じ影響を受けても状態はその後も違う。まったく同じテニスボールを二個、同じ角度、違うスピードで投げ上げたとしよう。するとスピードの遅いほうが速いほうより必ず先に手前で落ち、その場所とタイミングは完璧に予測できる。これは当たり前に思える。基本的に「系がその状態を『理由もなく』変えることはない」ということだ。

同じ原理が量子系ではかなり違う様相を呈する。量子系は確率に支配されており、えてしてランダムだからだ。計算できるのは、「量子テニスボール」がさまざまな場所にさまざまなタイミングで落ちる確率だけであり、個々の実験で実際にどうなるかは知りえない。それでも、量子的な出来事の起こりうる結果の確率をすべて足し合わせると1になるはずだとは言える。平たく言えば、起こりうる物事のどれかが必ず起こる。

これは本質的に系の情報に関する主張だ。情報は決して失われないというのである。結果の確率に支配されている状況では、次のようなケースで情報が失われかねない。目の前に置かれた二個のカップにコインが一枚ずつ隠されている。コインは両方表か両方裏で、どちらであるかは確率五〇％だと知らされている。ここで、こちらからは見えないところで誰かが片方のコインを裏返したとしよう。それでも、同じ確率で、左のカップの中が表で右のカップの中が裏、またはその逆であることがわかる。情報が失われていないことは数学的に示せる。

では、両方のカップの中でコインを振って向きをランダムに変えたらどうなるか？　すると、表／表、裏／裏、表／裏、裏／表というどの組み合わせも確率二五％になる。情報が失われたことをやはり数学的に示せる（大ざっぱに言えば、前のケースでは一部の組み合わせを自信を持って排除できたが、今回はできない)。

先ほどのようにして情報が保持される過程は専門用語で「ユニタリー」だと形容される。対して、カップを振ることは非ユニタリー変換だ。シュレーディンガー方程式に従う量子系の時間発展(系が時間とともに変わること)は厳格にユニタリーである。しかし、量子測定がこのユニタリー性を破るらしい。波動関数の滑らかな移り変わりを無理やり乱暴に壊すのである。

ということで、測定前の系は波動関数で完全に記述でき、それを使って、可能性のあるさまざまな測定結果の確率をそれぞれ計算できる。ここで、取りうる状態A、B、Cの重ね合わせになっている系を考えてみよう。量子力学によると、この場合の波動関数にはユニタリーに変わり続けること以外に何もできず、取りうる三つの状態が保たれる。

だが、測定が別のことをする。波動関数で表されていたこれらの可能性を一つに「収縮」(ハイゼンベルクによる当初の用語は「縮約」)させるのだ。ここで、状態A、B、Cに対応する値を持つ量子物体において、ある性質の見られる確率が測定前はそれぞれ一〇%、七〇%、二〇%だったとする。そして、測定を一回行ったところ、結果としてたとえばCが得られたとしよう。その場合、AとBはどうなった? 今や確率が変わったと考えざるをえない。Cについては一〇〇%、AとBについては〇%だ。そのうえ、AとBは取り戻せない。そのまま測定を繰り返しても、得られる結果はCだけである。[*2]

この唐突な変化をもたらしたのは? 理論的に予測される何かではない。シュレーディンガー方程式には波動関数の収縮を許す要素も説明する要素もない。A/B/Cで始まった状態を、波動関数のユニタリーな発展を経てCだけで終えることはできないのだ。次のような粗い説明で雰囲気は十分伝わるだろう。赤、黄、青の絵の具をひとたび混ぜたら、どう調整しても純粋な青にはできない。そして、何か魔法のような処理で純粋な青に本当になったなら、赤みや黄みを少しでも取り戻す方法は（あらためて混ぜ直すこと以外には）まったくない。

問題はここだ。量子力学の基本的な数学機構にはユニタリー性がある。波動関数の時間発展を記述しているシュレーディンガー方程式によれば、変化は必ずやユニタリーだ。ところが、系の何らかの性質を直接測定すべく量子系になされるいかなる実験も、私たちが「波動関数の収縮」と呼ばざるをえない事態を引き起こす。答えを一つに絞るのである。そして、それは必然的に非ユニタリー過程であり、したがって波動関数で理論上できそうなこととは相容れない。

このように、量子力学がユニタリーだと想定する理由はいくらでもあるのに、実験で観測されるのは非ユニタリーな結果である。だから測定問題は私たちをこうも戸惑わせる。

初期のコペンハーゲン学派は、波動関数の収縮が非ユニタリーに見えるのは測定とはとにかくそういうものだから、と主張していた。一種の公理に仕立てて問題を無意味にしようとしたのだ。しかし、こ

＊2　AとBを取り戻すには、量子物体を元の状態と同じになるよう用意し直すしかない。放っておけばひとりでにそうなるものではないのだ。あらためてそう用意されれば、再びAとBとCの三つすべてが、可能性のある測定結果となる。

れでは波動関数の収縮は魔法で起こるという説明と大差ない。理論はなかったのである。

ボーアにとって波動関数の収縮とは、ユニタリーな量子世界と私たちが観測や測定を行う日々の現実との違いを示す象徴にほぼ等しかった。測定はその定義からして古典的でなければならず、人間とやり取りできるそれなりに大きな装置を要する。私たちから見て、世界は現象——起こる物事——でできており、現象は測定されてはじめて存在する。その意味で、波動関数の収縮とは、量子状態を観測された現象へと変える過程に私たちが付けた名称にすぎない。

ならば、波動関数の収縮とは知識を生成する何かということになる。答えが明らかになる過程ではなく、答えがつくられる過程なのだ。結果を確実に予測することは概してできないが、量子力学は特定の結果となる確率を計算するための手法を用意している。私たちにはこれしか望めない。

⚛

重ね合わせや可能性がどれだけあろうと、測定さえなされなければ、シュレーディンガー方程式のユニタリーな発展を壊す要素は何もなさそうである。では、私たちが見ていないとき、巨視的なスケールでは何が起こっているのか？　アインシュタインは年下の物理学者アブラハム・パイス相手に、ボーアの立場が持つ意味合いを巡って憤懣をぶちまけたことがある。パイスはのちにこう記している。「ある日、散歩の途中でアインシュタインが急に立ち止まってこちらを向き、私にこう訊ねた。月が存在するのは自分が見ているときだけだと本気で信じるか？」

波動関数が収縮する原因として「見る」に焦点を当てることには、重要なのは実は「測定」――巨視的な装置との相互作用――ではなく、フォン・ヴァイツゼッカーの言う「気づくという行為」だという意味合いがあった。意識に対して出来事の記録が求められているように思えたのだ。

本当だろうか？　波動関数の収縮場所と考えるべきは測定装置の内部か、それとも人間たる実験者の頭の中か？　波動関数の収縮は、量子事象から巨視的測定装置を経て実験者が結果を読み取って実験ノートに記録するまでのうち、どの時点で起こったと見なすべきなのか？　この問題をヴェルナー・ハイゼンベルクが検討したことから、私たちが量子世界と古典世界を区別する段階は「ハイゼンベルク・カット」と呼ばれている。では、それはどこなのか？

ボーアとハイゼンベルクで見解が違う。ハイゼンベルクにとって、この「カット」は何か（波動関数の収縮など）が起こるかどうかの物理的な境目ではなく、測定している系から測定される対象を切り分けるために私たちが恣意的に選ぶ場所だ。カットの位置は、量子物体に**近すぎない**限り、そして選んだ位置をもとに過程を数学的に記述できる限り、ほぼ自由に決めていい。

ボーアはこの都合の良さに満足せず、カットの位置は私たちが実験で何を問うことにしたかに応じて違ってくるが、問いを決めるとカットも決まる、と考えた。カットとは、過程のなかで、選んだ問いへの明確な答えを得られる位置だ。「波動関数の収縮がここで起こった」と言えそうな場所である。この見解は、結局はすべてどのような実験を行うかに帰着する、というボーアの信念の証と言える。実験を示さない限り、言えることは大してないのである。

ボーアの見方は、あと少しのところで何かに手が届かないときのようないら立ちを催させる。「では、測定を行うと量子力学は破綻するのですか?」と尋ねられたボーアがイエスと答えるかどうかは(少なくとも私には)到底わからない。だが、「波動関数の収縮は非ユニタリーですから、シュレーディンガー方程式と食い違うじゃないですか!」という抗議の声が上がりそうだ。こちらにはこう答えるかもしれない。「なるほど、ですが波動関数の収縮は測定を行うときに持ち出す概念にすぎません。それに、測定は必然的に古典的な過程ですから、量子数学は当てはめられません。測定とは知識の獲得方法にほかならないのです――ですから、測定が古典的ではないなら、実験で量子系に関する知識は何も得られません」

そう言われると、「なんだよ、ボーア、問題を避けたな」などと吐き捨てて足音も荒くその場を立ち去り、量子力学の別な考え方を探したくなるだろう。実にもっともながら、大勢がそうした。今なお大勢がそうしている。

⚛

第6章 量子論の解釈の仕方にもいろいろある（そして、どれもどうも意味をなさない）

「コペンハーゲン解釈」は量子力学の「正統」な見方だと言われることがある。だが、実のところそうでもない。最も支持されている解釈かもしれないが、その支持は圧倒的ではない。量子論に定説はない。

それに、前にも触れたが、そのコペンハーゲン解釈も一つの定まった見解には至っていない。ここまでコペンハーゲン解釈という言葉をかなり無神経に使ってきたが、修飾語を長々と連ねて区別するには本書は短すぎるので、以降も同じ調子で扱う。一部の者に言わせれば、「コペンハーゲン学派」が何か核となる信念を共有していたことなどないし、（私がわりと説得力を感じている見解だが）そもそも「コペンハーゲン解釈」という概念は、おおむねヴェルナー・ハイゼンベルクによって一九五〇年代につくりあげられたものである。その目的は、一九四一年にドイツの原爆開発計画について議論すべく、占領

下にあったデンマークの首都で恩師ボーアと会ったときに、袂を分かつという苦い経験をしていたハイゼンベルクが、「コペンハーゲン一家」に再び取り入るためだったらしい。だが、コペンハーゲン解釈に基づく見解を望むなら、ニールス・ボーア本人の助言をもらうに限る。そして、この解釈について議論したいなら、ボーアとの議論は避けられない。

アインシュタインも思い知ったとおり、それは楽しいものではない。ボーアの著述はもったいぶっており、往々にして意味が取りにくい。彼には文才がなく、下書きを何度も執拗に書き直したものだが、文章は大して改善されなかった。とはいえ、ボーアの著述が読みにくいのは、自分の意味するところを言葉にするうえで非常に気を遣ったからでもある。彼はこう述べている。

「私たちはこうした言葉を正しく、すなわちあいまいなところなく一貫性をもって使うことを学ぶ必要がある」

問題は、あいまいなところなく一貫性を保つことが、または自分の言わんとするところを言葉にすることが、あるいはもしかすると自分の言わんとするところをわかることさえも、量子力学では不可能に近いことである。相手は言葉を欺く概念だ。アメリカの物理学者デイヴィッド・ボームがうまいことこう表現している。

ボーアの文章の特徴は、暗黙の度合いがきわめて高くバランスが入念に調整された語り口だ。そのせいで彼の著述は実に読みにくいが、量子論の何とも微妙な内容と調和してもいる。

ボーアはときとして頑固で、教条的で、不可解だった。だが、確信を持って言える物事に限りがあると示した点で称賛に値する。彼の直感は本人が数学的に、場合によっては意味論的に正当化できる範囲を超越していたのではないかと考える者もいる。フォン・ヴァイツゼッカーの言葉を借りれば、「ボーアは基本的に正しかったのだが、その理由を自分でもわかっていなかった」

現在では、量子力学に対するボーアの認識がいかなる意味でも「正しい」ことはありえないと明らかになっている。あまりに厳格だし、今なら理解されているいくつかの事柄が、彼にはわかりえなかっただろうからだ。それでも、問題がどこにあるのかという点では正しかった。そしておそらく、その理由をわかっていなかった。

それでも、のらりくらりとかわすようなコペンハーゲン解釈の優位性を、よく言ってせいぜい単なる歴史の偶然、悪く言えば効果的な(積極的でさえある)マーケティングの成果と見なす研究者もいる。ノーベル物理学賞を受賞したマレー・ゲル=マンは、ボーアは一世代分の物理学者を「洗脳」して量子力学の諸問題は解決済みと思い込ませたと糾弾した。コペンハーゲン解釈には麻痺して無批判になるような

「鎮静」効果がある、と彼は言う。

コペンハーゲン解釈に反対ではなくても、この解釈が現在優勢なのは本当に偶然だったのか、それとも不屈のボーアに導かれた支持者による巧みな策略だったのかは、考えてみる必要がある。物理学者にして哲学者でもあるジェイムズ・クッシングによると、定式化ということなら一九二〇年代に、対抗馬の少なくとも一つに同程度の可能性があったようだ。そちらが定式化に至っていたら、(コペンハーゲン解釈を頑として受け入れようとしなかった) アインシュタインやシュレーディンガーの支持を勝ち取り、定説になっていただろうと彼は言う。だが、そうはならなかった。「コペンハーゲン解釈が真っ先に頂点に立ち、それを引きずり降ろす理由が現役の科学者の大半になかったようである」

本書でここまでコペンハーゲン解釈に繰り返し言及してきたのは、量子力学のいわゆる奇妙さを本気で理解する必要性を説くためである。私が洗脳されていてこの解釈が正しいと確信したからではない(と自分では思っている)し、ひょっとして正しいのではとひそかに思っているわけではもちろんない。解釈の問題がどこにあるかの見極め方を、そして確かに言えることとそうした確信を手放すべきところとの線の引き方を、ボーアの捉え方が最もはっきり表現しているからだ。知識の限界に関して明快だという点で優れているのである。私たちは、量子系の測定が波動関数を収縮させているようだとはわかっている。だが、収縮が実際に起こっている仕組みや理由、そしてそもそも本当に起こっているかどうかについては間違いなくわかっていない。

この長所はコペンハーゲン解釈の欠点でもある。それ以上の精査を許さないので、波動関数の収縮は謎のままであるうえ、この謎には答えを求める余地がそもそも理論上ない。コペンハーゲン解釈の認識は確かに一貫しているが、厄介な問いに関わることを拒むなら、一貫性を保つことは難しくない。ボーアの見解は絶望の教えだとか、安っぽい言い訳だとか、そう一部から見られているのも無理はない。なにしろ、測定の瞬間に宇宙が魔法と区別のつかないことをする。そんな話を受け入れろと言うのである。

では、ほかにどう捉えられるのか？　クッシングは次のように指摘する。コペンハーゲン解釈は偶然性を認めるだけのものではない。そこには、量子力学に絡んで私たちには不可解だと思われる現象を扱う**わかりやすい手はない**という意味合いがある。何を試そうと、この事実は消え去らない。したがって、解釈が増殖しているという事態は、量子力学の欠点ではなく必然である。彫刻を余さず鑑賞するにはさまざまな角度から見なければならないのとまさに同じで、私たちにはいろいろな見方が必要なのである。

そのどれを受け入れがたいと思うにしても、それは好みの問題にすぎないかもしれない。そんな意見もある。現段階ではおそらくそのとおりだ。いずれにしても、研究者が特定の説を支持する理由は、本人が自覚しているよりもはるかに漫然としており主観的に違いない。その気になれば、これだと思う解釈を選んでその理由をいかにも論理的に披露できるだろう。だが、そこには直感がかなり働いているはずだ。結局、自分の先入観や偏見を最もくすぐる見方に説得力を感じたり納得したりするのかもしれない。量子論に対するアインシュタイン、ボーア、ハイゼンベルク、シュレーディンガー、ホイーラー、ファインマンの考えからは、それぞれの個性が垣間見える。私たちの場合も、量子論に対する感覚には各自の個性が少しばかり顔を出しているに違いない。

量子力学という記号だらけの不可解な鎧の陰に隠れた客観的な現実を取り戻したい。これは心の奥底で絶えず感じられてきた衝動だ。とびきり創意に富む取り戻し方もいくつかあって、その一つをデイヴィッド・ボームが提唱している。彼は一九四〇年代にカリフォルニアでJ・ロバート・オッペンハイマーのもとで仕事をしたのち、プリンストンでアインシュタインとともに研究を進めた。ボームは、ルイ・ド・ブロイが唱えた量子物体の「波動と粒子の二重性」を、排他的な選択の問題ではなく補完的な協力関係だと認識して、こう主張した。量子実体の作用を記述するには、粒子と波がどちらも実在していることが必要である。粒子はどの古典物体ともたがわず確定的であり、波がその運動を先導する（この波は「パイロット波」と呼ばれることもある）。すると、粒子の運動はすっかり決定論的となり、粒子は確定した位置と軌道を持つものと見なせるようになるが、波の性質に由来して未知のランダムな変動を伴う。ゆえに、粒子の性質に何か不確定なところがあるならそれは古典的な意味でのことだ。私たちは詳細をすべて知っているわけではない（し、知ることもできない）。

パイロット波というこの謎めいた存在は、あたりに広がるきわめて敏感な（そしてあらためて強調するが純粋に仮想的な）場――「量子ポテンシャル」――に見られる振動のことである。パイロット波は、従来なら力とみなされそうな何も使わずに粒子を導ける。つまり、エネルギー源が要らない。電磁力や重力のようなおなじみの力とは違って、距離が遠ざかっても影響は弱まらない。[*1] さらに、広がるものである波は環境の情報を集め、それを一瞬にして粒子に「供給」することで、運動の軌道をしかるべく指示する。運動は古典力学でよく見られる滑らかな直線に似た軌道を取る必要がなく、そのおかげで、量子粒子が示すような、実験に左右されて非局所的に見えるふるまいを実現できる。粒子の経路を探ろう

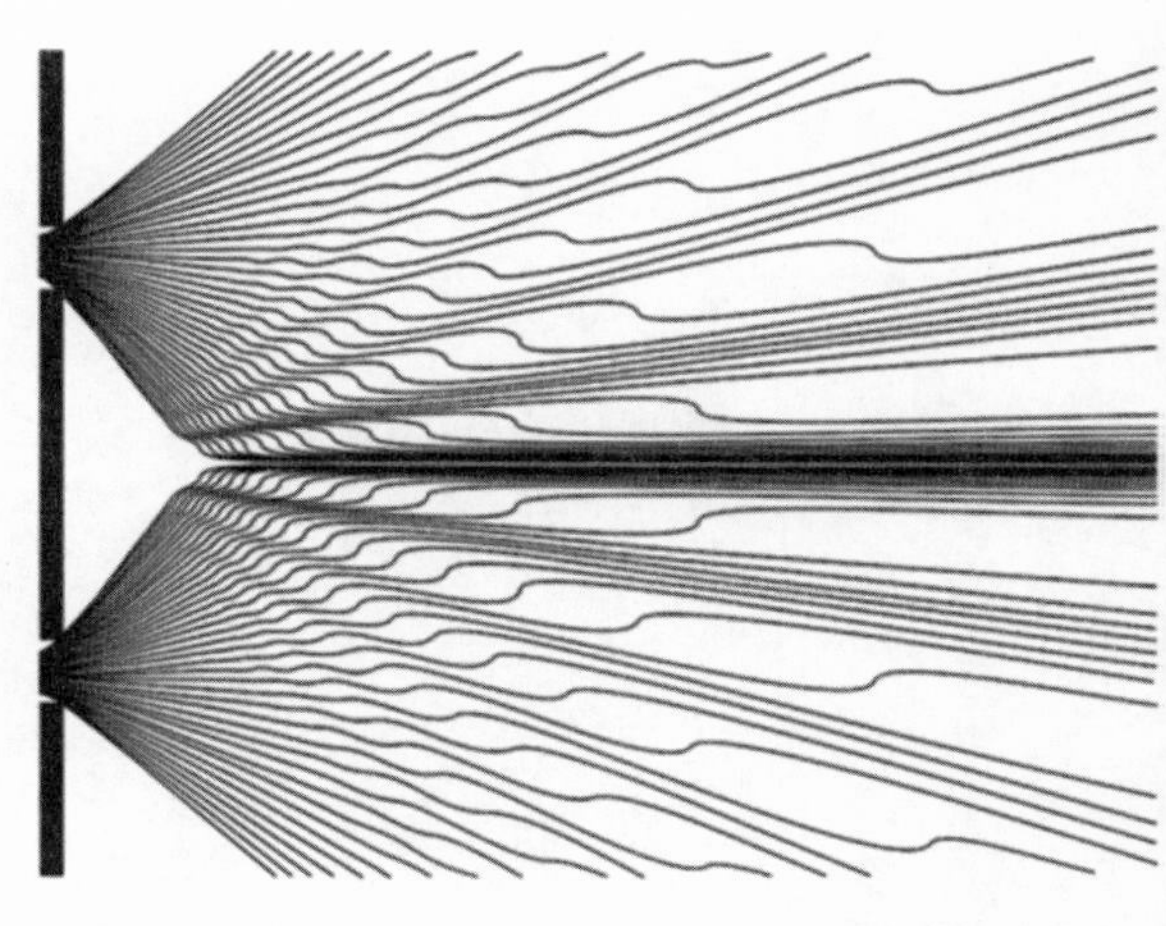

二重スリット実験においてボームの「パイロット波」に導かれる粒子の軌道。波の場合のような干渉縞を示す。

とすると、干渉に似たふるまいがパイロット波によって生じても、それを壊すという形で量子ポテンシャルが乱され、量子二重スリット実験で見られる結果を説明する。

ボームはこのようにして、量子の微視的な世界に粒子の古典的なイメージを持ち込んだ。だが、背後にある現実をこうして取り戻す代償として、あらゆる「量子性」を奇跡のような量子ポテンシャルに詰め込まなければならなかった。

量子ポテンシャルという発想に、明らかにありえない点はない。だが、根拠のかけらもない。そのうえ、ボームにとって、量子ポテンシャルは量子力学が厳格に要請していそうに見えるレベルを超えた途方もない力を持っていた。量子ポテンシャルが粒子に伝える「活性情報」には精神活動と似たところがある

＊1　ただし、量子ポテンシャルのこのふるまいは〝光よりも速く送れる信号はない〟という特殊相対性理論の禁止令を破っていない。量子ポテンシャルは非常に敏感であり、それを操作して情報を送るいかなる試みも、予測のまったくつかない効果をもたらして元の内容を乱す。

と彼は考え、宇宙全体を意識のある一つの有機体のようなものになぞらえている。これが「内蔵秩序」という統一性を与えており、人間が認識できる「顕前秩序」を支えている。思考はこの宇宙に、量子ポテンシャルにも似たつながりを持った総体的な実体として存在しており、それを「私の思考、あなたの思考のように……区別することは間違っており、誤解を招く」

この神秘主義まがいの現実観を打ち出して以来、ボームはニューエイジ運動で今なお人気だ——それが量子論とはどういうものかに関する深遠な、ともすると難解な、見解の仇となることもあるが。彼の影響と遺産は重要であり、ド・ブロイ＝ボーム解釈とも呼ばれるものには今なお支持者がいる。しかし、その良さはわかりにくい。特定の場所に存在する粒子という、背後にある現実を取り戻している点で、このモデルは頼もしく見える。だが代償として、量子ポテンシャルを介して粒子に量子性を無理やり与えなければならない。これを良い取引と見なした物理学者や哲学者はわずかだった。客観的な現実を却下しているらしき量子論からそれを何としても取り戻したいと願っていたアインシュタインにさえ、ボームのアイデアは「あまりに安っぽい」と映った。退ける理由としては、予測される粒子の経路が奇異で、これまで観測されてきたどれとも違うことがまず挙げられる。この点に対しては、経路はあのように見えるだけだ、なぜなら量子ポテンシャルの非局所性のせいで見え方は当てにならないから、と言う者もいたが、少々都合の良すぎる弁解に聞こえるかもしれない。とはいえ、ボームによる記述は少なくとも、古典的な粒子を復活させるためにはどのような魔法が要るかを教えている。

ここまで見てきたとおり、波動関数の収縮の問題は、収縮を記述するための規定が量子力学のどこにもないことにある。手作業で付け加えなければならないのだ。ということは、もしかして量子力学には何かが欠けているのではないか？「収縮」を目にしているようなら、数式を足して記述したらどうだろうか？　科学では普通のことでは？

話がそう単純だったらいいのだが！　量子系になされてきたどの測定結果も、そのままのシュレーディンガー方程式と矛盾しておらず、ほかに何の小細工も要らない。波動関数の収縮を強いる何かを方程式に付け加えたら、この見事な調和を乱すことになりはしないか？

そうとは限らない。一九八五年、イタリアの物理学者ジャンカルロ・ギラルディ、アルベルト・リミニ、トゥリオ・ウェバー（以降「ＧＲＷ」と略記）がシュレーディンガー方程式の修正案を提唱し、数学的パラメーターを適切に選ぶと、それが微視的な世界での有効性を保ちつつ、巨視的な世界では波動関数の収縮を強いることを示した。

ＧＲＷはランダムに起こる過程を記述する項を式に付け加えた。その過程においては、厳密に決まった位置を持つ単一状態へ唐突に飛び移るまで、量子重ね合わせに対する「刺激」が延々と繰り返される。これは有り体に言えばでっちあげだ。そうなるためには数学的にどのような関数が要るかを突き止めてつぎ足したにすぎない。

要点は、この「局所化項」を収縮の起こる時間尺度に合わせて自由に調整できることである。おかげで、物体が大きいほど局所化が素早く起こる。付け加えられた効果の「強度」を適切に選べば、巨視的な系は事実上ただちに局所化される一方で、電子のような典型的な量子系では収縮が数十億年経っても自発的には起こらず、現実問題として目にすることは決してない。ただし、粒子が測定のために巨視的な装置と結合されれば、微視的な粒子でも波動関数の収縮は確かに起こる。

都合のいいことばかり言っていないか、とお思いならそのとおり。だが、それでは反論にならない。シュレーディンガー方程式のGRW改訂版の「収縮」項が、一方で微視的な量子性を、他方で巨視的な古典性を与えるようにたまたま微調整されているはずなどない、という明らかな根拠はない。

問題はむしろ、そのような効果が存在する証拠がまったくないことだ。「でも、波動関数の収縮を私たちは実際に目にしているじゃないか！」とおっしゃるかもしれないが、それは違う。私たちが目にしているのは、量子系では混じりっけなしのシュレーディンガー方程式が、巨視的な系では決定論的な古典物理学が、それぞれ何の問題もなく機能しているところだ。波動関数の収縮はこの二つをつぎはぎするための概念的なごまかしでしかない。たとえば原子の放射性崩壊とは違って、観測された物理過程ではない。

ところが、量子力学のGRWによる修正版には実際にそうした過程のようなものという含みがある。だとすると、それは物理学において今なお未知の現象、いずれ検出できるようになるはずの過程だ。こうした性質を前提とするモデルは一括りに客観的収縮モデルと呼ばれており、GRWモデルはその一つにすぎなくなっている。

客観的収縮モデルにはほかにも、一九八〇年代および九〇年代にイギリスの数理物理学者ロジャー・ペンローズとハンガリーの物理学者ラヨシュ・ディオシがそれぞれ独立に考案した別のモデルがある。二人は、収縮は重力による擾乱的な影響で誘発されうると唱えた。この見解において、古典的なふるまいは大きさ——厳密に言うと質量——の直接的な結果だ。大ざっぱに言うと、物体が十分大きくて、感知可能な重力を及ぼすなら、重力を通じてその物体の位置を「感じている」別の物体が測定のような影響を受けて、状態の量子重ね合わせが壊れるのである。

客観的収縮は必然的に、量子力学のユニタリー性——大まかに言えば、当初の異なっていた状態が異なったままであり続けること——の崩壊を意味する。ペンローズに言わせると、量子の世界のユニタリー性に聖域などない。「どこまでも」当てはまっている必要はないのだ。それどころか、明らかにそうなっていない。クリケットのボールを量子重ね合わせにはできないのだから。したがって、客観的収縮は解釈の困難を避けるための見苦しい修正ではなく、その他すべての科学的仮説と同様、観測された事柄を由来としている。そう彼は主張する。

この発想には、実験で検証できるという際立った長所がある。量子力学の一つの「解釈」ではなく、理論の直接的な延長なのである。一部の研究者は、重力の影響を受ける程度に大きい物体で量子効果を探すという形で、ペンローズ＝ディオシ・モデルが検証可能になることを期待している。そうした計画はえてして野心的で、極端な環境と並外れた精度の測定装置が必要となる。ウィーン大学のマルクス・アスペルマイヤーらは、ＭＡＱＲＯとよばれる実験を無重力の人工衛星上で実施したいと考えている。そこでは、大きさ約一〇〇〇億分の一メートル——これでも量子世界では大きい——の粒子を量子重ね合わせ状態に置き、重ね合わせがどれほど早く消えるかをレーザーで計測して、地球の重力下での同じ状況と比較しようとしている。ペンローズ＝ディオシ・モデルによれば、消える速さは標準的な量子力学での予測とは異なるはずである。

波動関数の収縮の最も物議を醸す、悪名高いと言っても差し支えなさそうな扱いは、すっかりなしにすることだ。巨視的なスケールで数ある中から選択肢を一つ選んでいるように見えるだけ、と幻想扱いするのである。この量子力学のいわゆる多世界解釈ないしエヴェレット解釈についてはのちほど詳しく取り上げるが、重要な特徴は量子力学が当てはまる対象にいかなる制約も認めないことだ。個々の光子や電子と同様に宇宙全体も対象であり、ゆえに宇宙にも波動関数を割り振れる。

こう表現される主張が何を意味しうるのか、いまひとつはっきりしない。原理上書き下せない話だからだ（あとで見ていくが、多世界解釈の問題の深さはこんなものではない）。それでもなお、宇宙波動関数という発想は宇宙論者のあいだで人気があり、その背景には、ビッグバンが始まった瞬間の宇宙全体は原子一つよりも小さく、その瞬間についてはどうしても量子力学的な何かと見なさなければならない、という至極真っ当な理由がある。

そのような波動関数には、宇宙について考えられる限りのあらゆる状態が含まれていることが必要となる。だが、そのすべてが現実となるわけではない。具体的に言えば、巨視的なスケールにおいて特定の古典状態が許されているだけだ。なぜか？　一九八〇年代に物理学者ロバート・グリフィスが、その後グリフィスとは別にロラン・オムネが、そしてマレー・ゲル＝マンとジェイムズ・ハートルが考案した、量子力学のいわゆる「一貫した歴史」解釈によると、選択肢は論理だけで絞れる。言い換えると、量子力学はあれだのこれだのという結果の選択には構わず、それらの確率だけを気にするが、それでもなお、何が起こるにしてもその前に起こったことと一貫していなければならないと合理的に言える。論理的な一貫性にこうした条件があるということは、すべての歴史に確率を割り振れるわけではないということだ。量子力学は、特定の歴史が一貫しているかいないかという二つの可能性の区別を許すのである。

この認識に基づくと、二重スリット実験に関して言えることをはっきりさせられる。普通、粒子の経路を測定しないなら（ひいては、粒子によるスクリーン上の輝点から干渉縞が立ち現れるなら）、粒子がどちらのスリットを通ったのかはわからず、両方を通ってきたに違いないと考えざるをえない。それに対し、「一貫した歴史」解釈では、経路について意味を持って語ることはまったくできない。なぜなら、粒子がどちらの経路を取ることについても量子力学の数式で確率を割り振ることが形式上できないからだ。「粒子が両方のスリットを通ったから干渉縞が出た」のではなく、「干渉縞が出る結果には粒子の経路について意味のある定義はない」のである。観測された結果にあいまいな微視的解釈を押しつけようという姿勢は断じて間違っている。結果によっては、論理的に意味のある微視的解釈がないのだから。

「一貫した歴史」解釈は、ボーアが量子力学では何が語れて何が語れないとしたかを考えるうえで、明快な目安となる。一部の問いを禁じているのは、それについて何を言っていいのか見当もつかないからではなく、量子力学にはその答えを与える数式がないとわかっているからだ。リンゴの味が簡単な計算でわかると期待されても、そんなことが無理なのと似たようなことである。この件に関して「一貫した歴史」解釈は貴重な手法だ。だが、ほかの解釈をしのぐ物理的なイメージをもたらすには至っておらず、その点ではほかの一部の解釈といくらか一貫している。

ハンガリー出身の数理物理学者ジョン・フォン・ノイマンは波動関数の収縮を量子力学の「正式な」一部だと真っ先に認めた口で、一九三二年に書いた量子力学の教科書にもそれを盛り込んでいる。彼は、収縮は観測者の介入を通じて起こると指摘し、観測という行為そのものと関係があるに違いないと考えた。その流れで、同胞のユージン・ウィグナーが収縮は量子系における**意識**の介入に端を発するという説を唱えた。私たち自身の精神からつくられるというのである。やけくそな発想であることは確かだ。量子が古典になる時間と場所を、放っておくといつまでも決まらないので、決めてしまう試みである。

ウィグナーはこの発想を、今では「ウィグナーの友人」と呼ばれている思考実験として提示した。ウィグナーが量子状態の重ね合わせを測定しているとしよう。起こりうる結果は観測可能な輝点が光る（量子系がある特定の波動関数で記述される状態になったことを示す）か、光らない（別の波動関数で記述される状態になったことを示す）かだ。どちらの結果が現実となったかは輝点が記録された（か、されなかった）ことで初めて意味をもって判断でき、それをもって状態の重ね合わせが壊れたと見なせる。

この実験では、ウィグナーが友人を残して実験室を出た後、観測を友人が行ったとする。この状況を量子力学の観点から考えると、ウィグナーは波動関数が収縮したかどうかについて、友人から結果を聞くまでは意味のあることを言えない。その時点までウィグナーが結果を知らないというだけの話ではない。ウィグナーがどちらかの結果を本当の出来事として語れるようにするための規定を、量子論は何も用意していないのだ。

この見方では、ウィグナーが情報を引き出すまでは実験をした友人が重ね合わせの状態にある。だが、ここで無限後退に陥るようだ。当のウィグナーも、隣の建物で結果の知らせを待ち焦がれているまた別の友人に結果を伝えるまでは、重ね合わせの状態にあるのか？　波動関数の収縮は結果の知らせとともに地球全体に広がるのか？　収縮が起こるタイミングは誰が「決める」というのだ？

この発想にはほかにもさまざまな問題がつきまとう。たとえば、何をもって意識的な観測とするのか？　量子実験の読み取り値を指すメーターを見ている犬は――電球の点灯を眺めているだけでもよければ犬でも記録できるし、ある意味レポートもできる――波動関数を収縮させるのか？　それを言うならショウジョウバエを訓練して、量子実験の結果に応じた刺激に反応させて……

いずれにしても、意識が関わってくるのはどの段階なのだ？　それに、どの段階だったとしても、精神、脳、意識に関する理論がいまだないのに、あらゆる量子的可能性を単一の確実性へと変える責任をどうしたら合理的に精神に負わせられるというのだ？

特に、精神が波動関数の収縮を引き起こすというなら、現実のその他すべてとは違った何らかの特徴を精神に与える必要がありそうである。精神をシュレーディンガー方程式に従わない非物理的な実体に仕立てるためだ。でなければ量子現象に対し、ほかにはできない何かをどうやってしているというのか？

もしかすると最大の問題は、波動関数の収縮が、意識を持つ存在による介入に依存しているなら、地球に知的生命が進化する前はどうなっていたかだ。地球は量子重ね合わせが何らかの形で連鎖して形成されたのだろうか？

意識が引き起こす波動関数の収縮に依存するような宇宙の進化については、ジョン・ホイーラーが尋常ならざる見方を示している。もしも「気づく」こと――観測――が現象を報告するばかりか、実際に現象をつくりだして、「起こったかもしれないこと」の中から「起こったこと」を具現化するなら、「気づく」能力のある何かが存在すれば、数ある可能な過去を一つの決まった歴史に変えられるのでは？　私たちが量子事象――過去に数え切れないほどの粒子によってなされた相互作用――を記録してはじめて、それらは実際の事象になるのではないだろうか？　ホイーラーが考案した遅延選択実験（84ページを参照）の宇宙版では、遠い銀河の重力で光の経路が曲げられることを利用して、そのまた向こうにある天体からの光子が地球上の検出器に達しうる経路を二つ用意する。直線経路と曲げられた経路だ。「レンズ効果」を発揮している銀河あたりを光子が通過したのは何十億年も前のはず。にもかかわらず、検出器の手前にビームスプリッターを置いて、光子が自己干渉しうるかどうかを測定することで、片方と両方のどちらの経路を取るかについてさかのぼって語れるかどうかを私たちが確定させるのだ。

より一般的に言えば、私たちは物事が今どうなっているかに「気づく」という形で、それらが過去に取った数多くの量子経路のどれかを選択しているのかもしれない。この意味では、私たちはその誕生をもって始まった宇宙の進化に関与するようになったことになる。

この捉え方をすることで、宇宙の進化過程に関して言えることが無意味にならずどう変わるのか、私にはよくわからない。月とその存在を示すあらゆる地質学的証拠は――誰が？　最初のヒト属？　ティラノサウルス？――が空を見上げて月を見た瞬間に実在へと変わったのだ、と言われてもよく理解できない。ホイーラーの「参加型宇宙」はむしろ、量子論で言う観測とはどのような意味たりえるかを探るための思考実験として活かされる。

ボーアの差し止め命令は、いかなる客観的な量子現実についても、特定の実験における効果という枠を超えて語ることを禁じているが、禁止はそこまでで、古典領域では客観性が取り戻されるとしている。ではなぜ、物理法則が一式切り替わらなければならないのだ？　ボーアは量子と古典は根本的に異なる経験領域だと主張し、この断絶を「相補性」という用語で埋めた。ボーアによれば、この世界は排他的な存在を持つ相補的な要素で構成されており、それらを一度に知ることはできない。ある意味そのとおりという気もするが、それらしい標語を唱えても断絶の言い訳にはならなかった。

量子力学のまた別の解釈が、この安易な逃げを拒んでいる。それは「量子ベイズ主義」や「Ｑビズム」（「キュービズム」と発音）と呼ばれており、物理学者のカールトン・ケイヴズ、クリストファー・フックス、リュディガー・シャックによって二〇〇〇年代初頭に定式化された。Ｑビズムはコペンハーゲン学派よりもコペンハーゲン学派らしい解釈と言える。ボーアによれば、量子力学の目的は現実について語ることではなく、測定の結果を予測することだ。Ｑビズムでは、この哲学がそこにあるすべてへと拡張される。量子か古典かを問わず、観測者の意識的知覚の外にある**すべて**だ。

言い換えると、Ｑビズムにおいて量子力学は、観測者の外部を何もかも記述するのに用いられる。よって、シュレーディンガーの猫やウィグナーの友人など、巨視的な状態や物体の重ね合わせを語ってまったく差し支えない。だが、そうした物事を決して観測することのない私たちに、それらの意味など語れるはずがないのでは？　それが、Ｑビズムにならできる。Ｑビズムでは、量子力学の対象はひとえに結果に関する信念、つまり観測者ごとに異なる信念である。信念は観測者の意識に作用するまで事実として現実になることはなく、よって事実は観測者ごとに固有だ（ただし、異なる観測者どうしが同じ事実について見解が一致することはありうる）。

この概念のヒントとなったのが、一八世紀にイギリスの数学者で聖職者でもあったトーマス・ベイズによって考案された標準的なベイズ確率論だ。ベイズ統計において、確率はこの世界での出来事の客観的な状態について定義されるものではなく、起こるかもしれない物事に対する個人の信念の度合いを定量化するもの、さらには新たな情報が手に入るたびに更新していくものである。

ただし、Qビストの認識は「人が違えば知っている物事も違う」のような底の浅いものとはほど遠い。それどころか、自己以外について意味を持って語れる物事はないと言う。何とも唯我論的に聞こえるが、実はそうでもない。Qビズムは、みずからの意識に閉じ込められているという私たちの避けがたい状況の真実を受け入れているだけと言える。各自の主観的経験の外にある実在は何も否定しないが、それに関する私たちの知識は否定する。

量子力学では一般に、量子状態は何らかの意味で実在しており、その状態について何を知りうるかは数式が教えるとされている。だが、Qビズムにおいて、客観的な状態というものはない。フックスに言わせれば、「量子状態が表しているのは観測者個人が持つ情報と見込み、そして信念の度合い」だ。こう認識すると、「あらゆる量子測定事象を、既存の何かを明るみに出すことではなく、ちょっとした『創造の瞬間』と見なせるようになる」。

状態の客観性に関するこの概念を、これまで量子の域とされてきた世界の先まで広げると、量子力学のパラドックスと映っていたいくつかが消えてなくなる。Qビストに言わせると、ウィグナーの友人はウィグナーの立場では重ね合わせであり、それはウィグナーがまだ友人を観測しておらず、友人が目にした実験結果を知らないからだ。一方、友人は当人から見て重ね合わせの状態にはなく、不可解な「一度に二状態」は経験していない。

これも小手先の細工のように感じる。そのうえ、最も厳格なコペンハーゲン解釈よりも、この世界を捉えどころも語りようもないものにしている。量子世界に関してボーアが禁じたすべて——測定できる物事の枠を超えて何らかの客観的な現実をイメージすること——が今度は古典世界にも適用されるのだ。なぜそのような犠牲を払う？　客観的な現実——決まった性質をこちらが見る前から持っている何か——はどう見ても古典世界のスケールで存在していそうなのに？　Qビズムは検証不能な詭弁に逃げ込んでいるだけ？　すべてを奇妙にすることで「奇妙さ」を払いのけることがどうして妥当と言えるのだ？

これは正しい見方ではない。Qビズムは時に、現実を私たちの精神がつくり出した単なる幻想だと捉える、という究極の自己中心思考だと思われているが、それは違う。Qビズムは純粋に量子力学の一解釈だ。つまり、この理論を解釈しているにすぎず、その範囲を超える物事にはまったく触れていない。そのような客観的世界が実在しており、量子力学はそれを納得するために私たちが必要とする枠組み、と主張しているだけである。Qビストに言わせると、この枠組みがそのような形を取っているのは、この世界における私たちの介入がこの世界の性質として重要だからだ。私たちは起こる物事に影響を及ぼしている。これは、起こる物事を私たちがすべて決めているという意味ではないし、ほとんど決めているということですらない。それどころか、私たちにはほぼ何事にも影響力がない。だが、影響力がある場合には、この世界の現実の一部である性質に触れ、その性質が生み出す物事に一枚かむ。

かくしてQビズムは、量子力学の悪名高き「観測者効果」をひときわ捉えがたい形で取り込んでおり、量子力学を、私たちのような意志決定因子が関心を寄せたこの宇宙の微小な断片と相互作用する、という状況に限って理解に必要となる理論に仕立てている。

そう言われても、Qビズムは難題やパラドックスを乗り越えるべく量子力学を目減りさせている、と不満かもしれない。Qビズムは現実について経験の枠を越えて語ることを拒む。ならば、実質的に定義の話になるが、枠の外について知ることはどうしたら望めるというのだ？ それに、越えた先に何があるのか、この世界を量子力学が必要となる場所にしているのは何かについて、Qビズムは沈黙を決めてはいない。フックスの言葉を借りると、私たちに垣間見える範囲で言えば、この世界は融通の利かない決定論的な仕組みで凝り固まっているわけではない。「この世界には創造的ないし斬新なところが」、法則として立ち現れてもおかしくない無法さがある。こちらをじらすようなこの認識については本書の終わりで立ち返ろう。

⚛

ほとんど注目されなかったものの実は影響の大きかった量子力学の「解釈」が、アッシャー・ペレスとクリストファー・フックスによってまとめられて、二〇〇〇年に「量子力学に『解釈』は要らない

（*Quantum Mechanics Needs No 'Interpretation'*）」と題して発表された。一部の研究者はこう主張する。量子力学はすっかり解決済みだ。解釈上の困難は何も残っていないし、解決を待つあいまいな事柄や根本的な問題はない、と。この立場は、いくつかの既知の事実をそのまま受け入れるよう求める。それらが量子力学に欠かせない見解だからではなく、量子力学による説明を期待できる範囲外だからである。

具体的には、出来事が実在することと、それらが特定の確率で起こることを受け入れる必要がある。アインシュタインなら〝神は賽を振るが、賽は最終的にいずれかの面を上にして止まる〟などと表現したかもしれない。だとすると、量子力学による確率の予測は現状で精いっぱいということだ。ある出来事がこれこれの確率で起こるだろうと量子力学が言うなら、その発生に対する私たちの確信の度合いを高めるべく付け加えられることはない。ないせいで、ほかで厄介ごとが持ち上がらないとも限らない。何が「実際に起こっている」のかについては、あるいは心身問題や自由意思については、確かに問うてかまわないのだが、これらは哲学の問題であって物理学の問題ではない。「このあたりでやめておけたはずなのだが」というのは、「完全性」を認めるこの見方の支持者、物理学者のバートホールト＝ゲオルク・エングラートだ。

形式主義の数学記号に本来よりも多くの意味を授ける慣習が論客に幅広く見られる。とりわけ、シュレーディンガーの波動関数が物理的対象の記述に使う数学的手段にすぎないことを忘れて、あるいは受け入れるのを拒んで、そのものを物理的対象と見なしたがる願望が共通して見られる。

だが、量子論を巡る討議や論争は「擬似問題の研究に無駄に注がれている熱心な努力」だと、エングラートと同様に確信しているのは少数派である。理由の大半はエングラート本人のコメントに書かれている。シュレーディンガー方程式が物理的対象を記述するための手段なのはそのとおり。だが、問題の核心はそもそも「物理的対象」について語ることを必要としている点だ。そのせいで、私たちはどうしても対象の性質を考えたくなる。一つの答えは、この問いをシュレーディンガー方程式そのものに戻って考えること。対象について言えるのはこれだけだ。ところが、方程式は対象を記述するための手段にすぎない。私たちには数学的な手段という枠を超えて対象そのものに目を向けることが許されているはずでは？　なるほど、だがそうした場合に行き着く先はどこなのだ？　と議論は終わらない。

フックスとペレスの言葉を借りれば、科学に求めていいのは、実験で検証するための予測ができる理論を私たちに授けることだけだ。それが自立した「現実」のモデルをも提供できるなら、それに越したことはない。だが、と彼らはこう続ける。

> 論理的に言って、現実に関するそうした世界観が必ず手に入るとは限らない。この世界が現実を経験的な活動とは独立に認識することができないようになっているなら、そういう心づもりも必要だ。

だが、この制約を受け入れたとしても、量子力学から得られる洞察を私たちが絞り尽くしたあとなのかどうかは明らかではない。幸運なあてずっぽうと独創的な仕掛けからなるこの寄せ集めが、存在論的に言って不可解な形式主義から魔法のように現れいでたこの驚異的な精度を誇る厄介な理論が、この件に関する最終見解である可能性は低そうだ。

ここ数十年の量子力学研究は実験も理論も、数ある解釈の絞り込みに貢献するには至っていない。それどころか、さらなる増殖を促してきた可能性もある。デイヴィッド・マーミンは皮肉交じりに、新たな解釈は次々と現れるが消え去る解釈は一つもないと言う。

だが、近年の研究によって、数々の問いの焦点が狭まるとともに、ボーアやアインシュタインらが目を向けなかった領域に注目が集まってきた。ボーアとアインシュタインによる主張の重要性が今なお(彼らの時代の誰のよりも)高いことには畏敬の念を覚える。なにしろ、二人が何について議論していたのかは、当時の二人に望めたであろうよりも、今だからこそはっきり見て取れる。

第7章 どのような問いも、答えは「イエス」だ（「ノー」でない限り）

量子力学は「奇妙」に思えるかもしれないが、非論理的ではない。なじみのない新たな論理を採用しているだけのことである。それを把握できれば――それが量子力学の仕組みなのだと受け入れられれば――量子世界を奇妙に思うことはなくなり、異なる伝統と慣習を持ち、独自の美しい一貫性を秘めた、どこかの異郷でしかなくなる。

量子論理は、抽象的で数学的な状態から具体的で観測可能な測定結果へと至る道筋を記述する。ところで、なぜそのためにルールが要るのだろうか？　日常世界では状態から観測結果まで道案内などなくてもまっしぐらだ。私のカップの状態を記述する性質の一つとして、色は緑である。私がカップの色を「測定」すると、というかここでは単に私がカップを見ると、カップの緑が私によって「緑だ」と記録される。言葉にするとばかばかしくさえ響く。要は、私のカップが緑だから私には緑に見える、と言っているだけのことだ。

古典的な状態から測定や観測へ（「性質Xの状態にあるので、測定するとXが得られる」）というこの自明な規定が、量子力学ではまったくもって自明とは言えないものに置き換わる。ご存じのように、状態は波動関数で記述されており、量子系について知りうることはそこにすべて含まれている。よって、測定できるなら、そのどこかにある。ないなら、測定できない。いかなる「である」の主張も諦めさせられる。

それにしても、「でありうる」はどのようにして「である」に変わるのだろう？

まず、量子状態をなす性質とは何「である」かを問うてみよう。私たちは（物理学者でない限り、かもしれないが）普通、この世界を物の集まりと見なす。そこには樹木、人々、空気、恒星や惑星などがあり、それぞれ固有の色、重さ、においなどの性質を持っている。ややあいまいな性質もあるし（質感とか）、物と環境とによる相互作用の複雑な現れという性質もある（光沢とか）。だが、普通はそれら、[*1]

＊1　ここで私はわざと唯物論的になり、人間にとっての価値をこの世界にもたらしている数量や抽象概念を無視している。量子力学にはそれらについて何も言うことがないわけだし、私たちの大半にとって大事な事柄については黙して語らない「万物の理論」に関して、一部の科学者が大風呂敷を広げるのをやめたとしても、そのことを残念に思う必要はないだろうから。

すなわち「物」そのものを（「物自体」をとまではいかない）より基本的な物に還元することで、たとえば素材の構造を天然で九〇種かそこらある原子の並びとして突き止めるなどして分析できる。

物が日常生活レベルで示すどの性質を取っても、それが微視的なスケールでも意味がなければならない理由は自明ではない。実際、意味を持たない性質はある。電子には色がないし、明確な大きさもないようなものだ。だが、質量、速度、エネルギー、電荷といったおなじみの性質は持っている。同様に、微視的なスケールで現れる一部の性質には、巨視的なスケール（少なくとも日常生活レベル）での重要性がない。陽子や中性子の基本構成要素であるクォークには「カラー」（「色荷」）と呼ばれる性質があるが、それは赤いリンゴや緑の葉という意味でのカラーとは何の関係もなく、クォークの種類とその相互作用の仕方を区別するためのラベルに過ぎない。物理学者がとても汚い意味のスラングを持ちだして名付けた可能性もあったのだ。その概念にふさわしい既存の言葉がなかったので（良くも悪くも）借りてきたのである。

ふさわしい既存の言葉がなかった量子スケールの性質はほかにもある。それは「スピン」と呼ばれている。クォークの「カラー」と同様、なじみのある言葉がなじみのない意味として使い回されているのだが、スピンについては選ばれた理由があって、詳しく見ていく価値がある。不必要に混乱を招きそうな用語選択を正当化するためだけではない。量子論の歴史とは、量子論を語るために古典的な語り口に手を伸ばす誘惑と格闘した物語であり、その理由がここでも見て取れるからだ。

導入当初のスピンは、電子に「ラベルを付ける」ための方便でしかなく、このラベルが指す性質については何の概念もなかった。原子内の電子は量子化されたエネルギーを持っている、というニールス・

ボーアによる一九一三年の提案には、エネルギー状態が「殻」をなして並ぶという条件が含まれていた。大ざっぱに言うと、外側の殻になるほど、そこにある電子の持つエネルギーが大きくなる。のちにわかったことだが、殻には下位構造があって、それぞれ種類の違う電子軌道(オービット)を持っている。専門用語では「オービタル」(「軌道のようなもの」の意)と呼ばれており、それは先に触れたとおり、電子は原子核の周りを惑星や衛星の場合と同じように一般的な意味で回っているわけではないからである。というわけで、電子は殻とオービタルの種類、そして等価のオービタルのうち具体的にどのオービタルを占めるかに応じて識別される。この三種類のラベルは「量子数」と呼ばれており、どれも文字どおり数でしかない。たとえば、原子の一番目の殻は量子「殻」数(nで表記)1だ。

一九二四年、ヴォルフガング・パウリは原子に含まれる電子には四種類目の量子数を割り振る必要があると主張した。パウリが言うには、原子スペクトルの特性——電子が異なるエネルギー状態間を飛び移るという形で、原子が光を吸収したり放射したりするふるまい——は各電子のオービタルが電子を二個まで収められると想定することで説明できる。三種類の量子数で電子の殻と、オービタルの種類と、そのうちの具体的なオービタルを指定するだけでは、各オービタルに含まれる電子のペアは同じラベルになってしまう。区別する手掛かりがほかにないのだ。だが、ペアをなす二個にラベルを付ける四種類目の量子数があれば、原子内の各電子が量子数の一意の「バーコード」を持つことになり、全体として量子状態を指定できる。パウリは、二個の電子が同じ量子状態を占めることはできないと唱えた。どの電子も、属している原子で一意となる組み合わせの量子数を持つ必要があるのだ。

パウリは、この法則で化学元素の周期表の構造を説明できることに気がついた。元素の並びは、オー

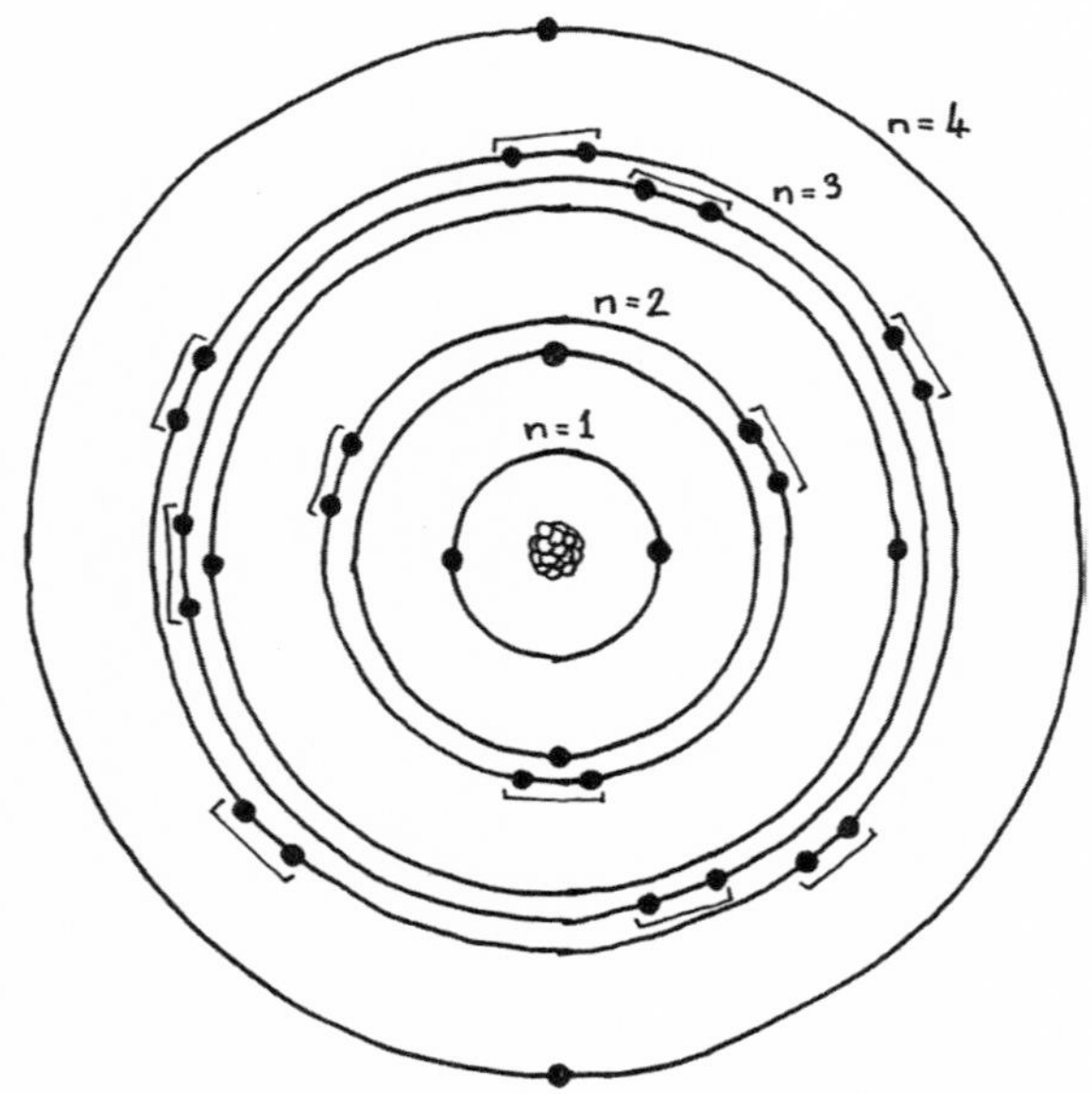

原子内部における電子配置の大まかな図。電子は中心にある原子核を囲んで殻をなしており、どの殻にも量子数（n）が割り振られている。それぞれの殻には（別の2種類の量子数で示される）独特なオービタルからなる下位構造があり、それぞれのオービタルは電子を2個収容できる（図の黒い点）。4種類目の量子数（スピン）は、各オービタルで対をなす2個の電子を区別する。この図はきわめて模式的だ。電子の本来の軌道は円形ではなく、空間内にもっと複雑な形状で広がっている。この図は亜鉛の電子構成である。

ビタル当たり最大二個の電子で殻とオービタルが徐々に埋まっていく順にまとまっている。表の左から右へ元素を追って見ていくと、各元素の原子が一つ前の元素の原子より電子を一個多く持っており、その電子はエネルギーが最も低い次の「枠」を埋めている。新たな殻が埋まるたび、表では新たな行が始まって次の元素がそこに収まる。そして、周期表の――パウリの原理以前は謎めいた経験的事実にすぎなかった――整然とした構造は、殻と副殻が電子をいくつ収容できるかで決まる。

物理学で物事はこうして進む。観測された結果に合わせるために性質をこしらえ、その性質が何に対応しているのかについてはあとで悩んでいいのだ。では、パウリの新たな量子番号が指していたのは電子のいったいどのような性質だったのか？　翌年、オランダの物理学者へオルへ・ウーレンベックとサムエル・ハウトスミットが一つの答えを出した。ウーレンベックが、電子は回転する独楽よろしく回って（スピンして）おり、パウリの四番目の量子数は電子が時計回りと反時計回りのどちらなのかを指しているのでは、と考えたのだ。そして、ハウトスミットと共にこのアイデアを一九二五年に論文にまとめた。

同じ着想は同年、ドイツで研究に携わっていた若きドイツ系アメリカ人科学者ラルフ・クローニヒも思いついていた。だが、スピンする電子という概念をパウリからきっぱり退けられたことから、まったく発表しようとしなかった。ウーレンベックとハウトスミットの論文が活発な議論を呼び始めてようやく、クローニヒは信念を貫く勇気を持つべきだったと思い知った（パウリも同世代でまだ若かったのだが、その知性と歯に衣着せぬ物言いですでに恐れられており、逆らうにはたいへんな勇気が必要だった）。

電子が帯電した状態でスピンしているボールだったなら、磁性を示すはずである。これは、電気と磁気は絡み合っている、というマイケル・ファラデーによる一九世紀初期の発見に基づく帰結だ。この関係のおかげで、交流電流を使うと電磁モーターを回す磁力を誘導できるし、逆に、水や空気の流れを使うなどして何かの力で磁石を回すとタービンに電流を誘導できる。

全体として磁性を示す原子もある。二人のドイツ人物理学者オットー・シュテルンとヴァルター・ゲルラッハは一九二二年、原子が極性を、専門用語で言えば「磁気モーメント」を持ちうることを発見した。ここでの「モーメント」は、「回転を引き起こす力」という力学的な意味で用いられている。磁性を持つ原子が二個の磁石のあいだを進み、N／S極によってつくられた磁場を通ると、かかっている磁場に対する原子の磁極の向きに応じて磁力を受ける。原子はこの力で当初の経路から逸れる。

電子のスピンという概念が確立されると、この「シュテルン＝ゲルラッハの実験」に関する理解が、原子内の電子が持つ磁性を切り口として急速に進んだ。原子全体の磁気モーメントは、電子の磁気モーメントの和になる。各オービタルは電子を二個収容していることがあり、その場合のスピンは互いに逆向きだ。ということは、磁気モーメントの向きが逆なので打ち消し合う。だが、電子が対をなしていないオービタルが原子にあると、それが原子全体の磁気モーメントに寄与しうる。のちに明らかになったことだが、原子核も陽子と中性子（やはりスピンを持っている）の具体的な組み合わせに応じて磁気モーメントを持ちうる。原子全体の磁気モーメントは、電子と原子核が持つ磁気モーメントの組み合わせで決まる。

電子が実際にもスピンしている荷電粒子なら、電子が磁気モーメントを持つと言われても納得がいく。ところが、シュテルンとゲルラッハは、電子の磁気モーメントが量子化されており、所定の値しか取らないことを発見した。より厳密に言うと、取りえる大きさは一つだけで、それよりも大きい値も小さい値も決して取らない。このことは大きな驚きではなかった。量子化は当時すでにそうした粒子の基本性質だと認識されていたからである。当初、量子論はそこが要点だと思われていたのだ。電子の磁気モーメントの量子化については、電子のスピンが二つの値しか取りえないと考えるのが自然な理解だった。電子は決まった速さでスピンしていてほかの速さはなく、向きはある決まった方向かその逆だけ、というわけである。

これらすべてを考え合わせると、直感的に理解できる明快なイメージができあがる。電子は量子化された回転運動でスピンしており、電荷を持っているので磁性を示す。一つだけ問題がある。

スピンの速さは角運動量という量と関連している。角運動量とは回転する物体の運動量のことだ。直線を描いて運動する物体なら線形運動量を持ち、こちらは物体の質量と速度の積に等しい。同様に、角運動量は回転する物体の質量と回転速度との積に関連している。だが、スピンする電子についてのこの関係と磁気モーメントとのつながりを考えると、妙なことが明らかになる。

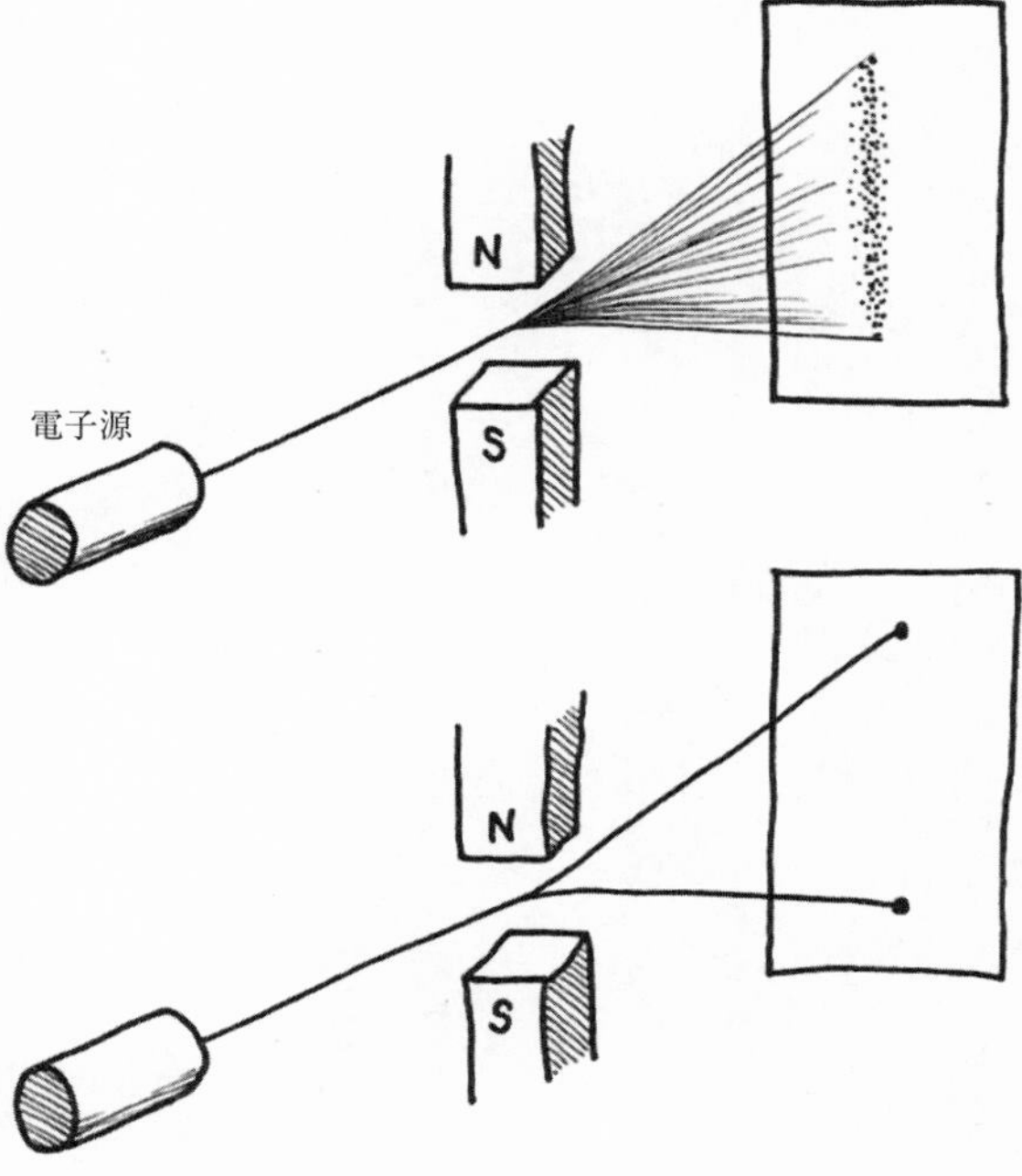

電子のシュテルン＝ゲルラッハの実験。電子のスピンが、ひいては磁気モーメントが、任意の値を取りうるなら、電子軌道の磁場による逸脱は幅を持つことが予想される（上）。だが実際には、ある方向またはその逆方向に決まった量だけ逸れる。これは、スピンが量子化されていて可能な2値のどちらかしか取れず、それぞれ向きが真逆だからだ（下）。

古典的な力学と電磁理論を持ち出してこの関係を分析すると、電子は**二回転**させないと元の状態に戻らないと結論せざるをえないのだ。

この表現はまったく意味をなしていない。そもそも一回転とは物体を元の状態に戻すことだ。「まるまる一回転させても『半分』しか回っていない」とはどういう意味たりえるのか、想像もつかない。

とにかく言えることとして、電子は普通の意味でのスピンはしていない。磁気モーメントをつくるために電子がいったい何を「**して**いる」のかはわかっていない。古典物理学からは帯電している物体を回転させて磁性をつくる仕組みが感覚的にわかるが、電子でそれが起こっているとはとうてい思えない。引き合いに出せる日常的なイメージはないのだ。よって、電子を「丸一回転」させるためにまるまる二回転が必要だから電子の量子スピンは奇妙だ、という記述を（ときどきなされているので）どこかで読んでも、あまり気にすることはない。量子スピンの思い描き方がわかっていないだけである。量子スピンは、粒子を外部の磁場に磁石のごとく反応させる性質であり、それ以上の説明は**ない**。対応する古典的な事物はない。量子的なスピンは古典的なスピンが引き起こす効果にある面では似ているが、「古典的にイメージしようという試みは、どれも大いなる的外れとなるだろう」とレオナルド・サスキンドは言う。

量子論においてスピンの持つ重要性は深遠だ。素粒子は二種類にはっきり分類できることがわかっている。スピン量子数が整数（0、1、2……）のものと、半整数（1/2）のものだ。[*2]

前者は「ボゾン（ボース粒子）」と呼ばれている。基本的な力の「キャリア」粒子（運び手）はすべてこれで、グルーオン（原子核を構成する粒子をつなぎとめている強い核力を伝える）、いわゆるウィークボゾン（放射性ベータ崩壊に絡む弱い核力を伝える）、光子（電磁力を伝える）などがそうだ。ヒッグスボゾン（ヒッグス粒子）という名前も聞いたことがあるだろう。これは粒子が質量の一部を獲得する仕組みに絡んでおり、スピンがゼロだと知られている今のところ唯一の素粒子である。一方、半整数スピンの粒子が電子、陽子、中性子（陽子と中性子はクォークと呼ばれるフェルミオンでできている）などの「フェルミオン（フェルミ粒子）」で、こちらは日常的な物質の構成要素だ。

かくして、素粒子はスピンで二グループに分けられる。なぜそういうものなのかは誰も知らない。だが、ジュネーブのＣＥＲＮ（欧州原子核研究機構）のＬＨＣ（大型ハドロン衝突型加速器）のような装置を使って、素粒子物理学の標準モデルの先を探ることで、ひょっとすると超対称性と呼ばれる物理学の新原理からボゾンとフェルミオンの基本関係が発見されるかもしれない、と多くの物理学者が期待を寄せている。

⚛

本書において「スピンが量子化されている」とは、スピンによって誘導される磁気モーメントを測定

＊2　スピンが3/2、5/2……の素粒子は、原理上は存在しうるが観測されたことはない。スピン3/2の粒子のことを、この宇宙の質量の約五分の四をなす謎の物質「ダークマター」の候補だ、あるいは（いまだ捕らえどころのない）量子重力理論の構成要素だ、と予想する理論もある。

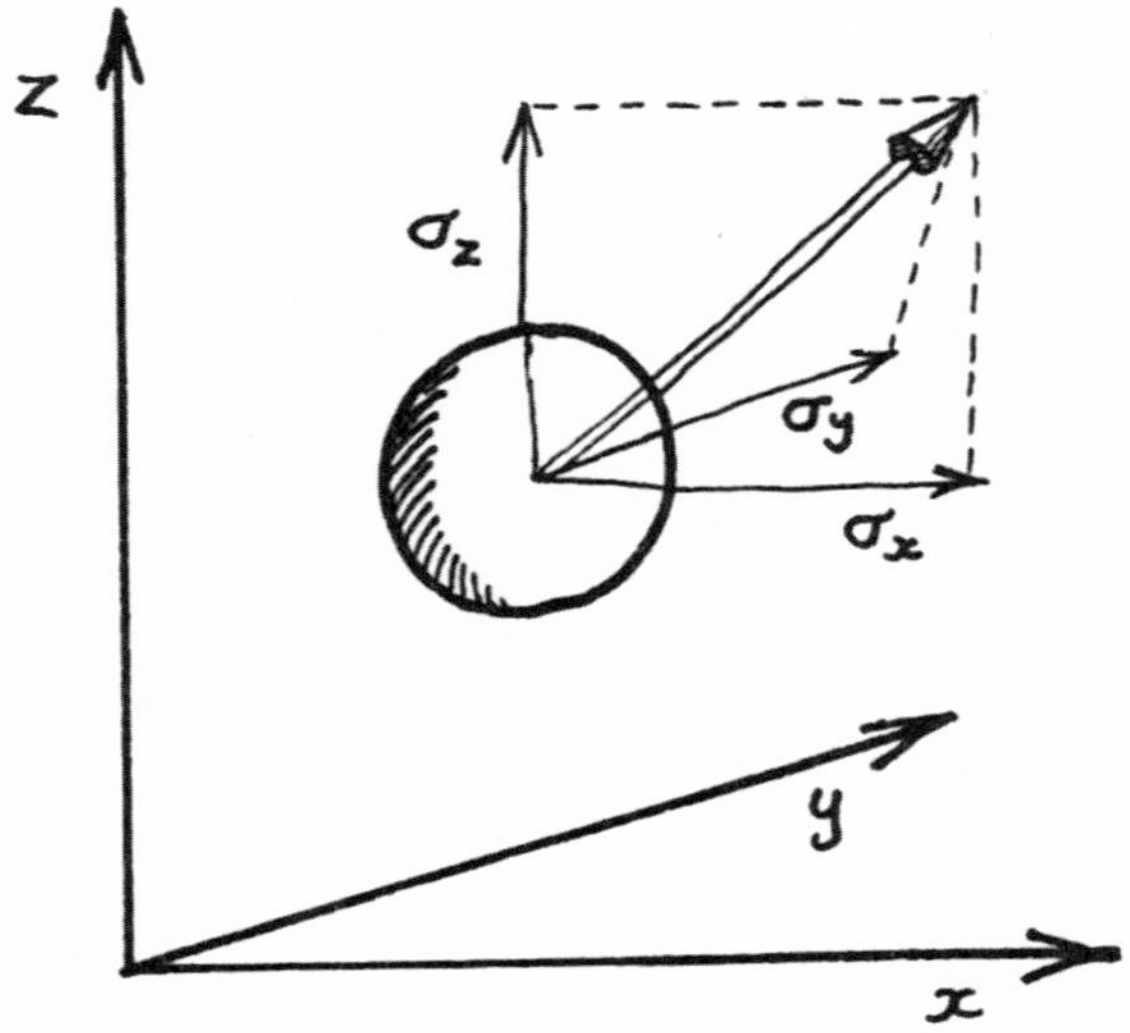

電子のスピン成分を古典的に捉えるとしたらこうなる。スピンは任意の方向を向いており、σ_x、σ_y、σ_zの３成分は空間の各軸方向に投げかけられるスピンの影だ。だが、そうしたイメージに何らかの物理的な実在を割り振れるかどうかは定かでない。装置をどの向きにして測定しても、スピン成分の測定値としてはスピンの量子である±1/2という値しか得られないからだ。

する場合、取りうる値の大きさは一つだけで向きは可能な二つのどちらか、という意味だ。ざっくり言うと、スピンは単一「サイズ」で真逆の向きがありうる。大ざっぱに「上向きスピン」と「下向きスピン」と呼んでいい。わかりやすそうに聞こえるかもしれない。なんといっても、こうした離散的な量子化こそ量子力学の肝なのでは？「量子化」とは量子力学的な量が特定の値を取ってそれ以外は取らないことを意味する、とされていることも多いが厳密に言うと違う。量子化とは調べている系の性質ではなく、系に対して行う測定の性質である。

たとえば、電子のスピンを測定しようとしているとする。先ほど述べたとおり、測定されるスピンの**大きさ**が1/2であろうことはわかっている（単位は気にしなくていい）。測定したいのは方向だ。

基準となる枠組み、空間的な方向の目安とする座標を定義しよう。ここでは、上下の向きをz、二つの水平（南北と東西と言ってもいい）の向きをxおよびyとする。一般に、電子のスピンはx、y、zないしそのどこかあいだの向きを指しうる。このスピンは概念的に各向きの三成分に分けられるので、向きをσ（シグマ）で表してそれぞれσ_x、σ_y、σ_zとしよう。スピンを空間内でどこかの向きを指している旗竿のようなものと思い浮かべると、各成分は、それぞれの軸のほうへ光を当てると竿が落とす影の長さに当たる。スピンがz方向上向きなら、σ_zは+1/2、σ_xとσ_yはゼロだ。

電子のスピンの向きを磁場の中で調整することで、電子に特定のスピン状態を「用意」できる。これは、針に沿って磁石を動かして、鉄原子の磁気モーメントの向きをすべて揃えるようなことである。実際にz方向「上向き」に揃えたとする。向きの揃えられた電子のどれかでσ_zを測定すると、値は+1/2になると予想される。

そして、そのとおりになる！　量子実験でも予想どおりの結果が得られることはある（そうなるように実験を構成したので）。

電子のスピンのz成分は、シュテルン＝ゲルラッハの実験で簡単に測定できる。磁場がz方向を向くように配置された二個の磁石のあいだに電子ビームを向ける。電子はスピンの向きが揃えられているので、磁場によってすべて同じ向きに進路を逸らされ、ビームが曲がる。対照的に、スピンの向きがz方向についてランダムになるように電子を用意したなら、ビームはきれいに二手に分かれ、「上向きスピン」（+1/2）の電子と「下向きスピン」（−1/2）の電子は同じ分量だけ互いに逆方向へ、それぞれ逸れるだろう。

ここで、スピンのx成分（σ_x）の値を調べることにする。値はゼロに違いない。スピンの向きがz

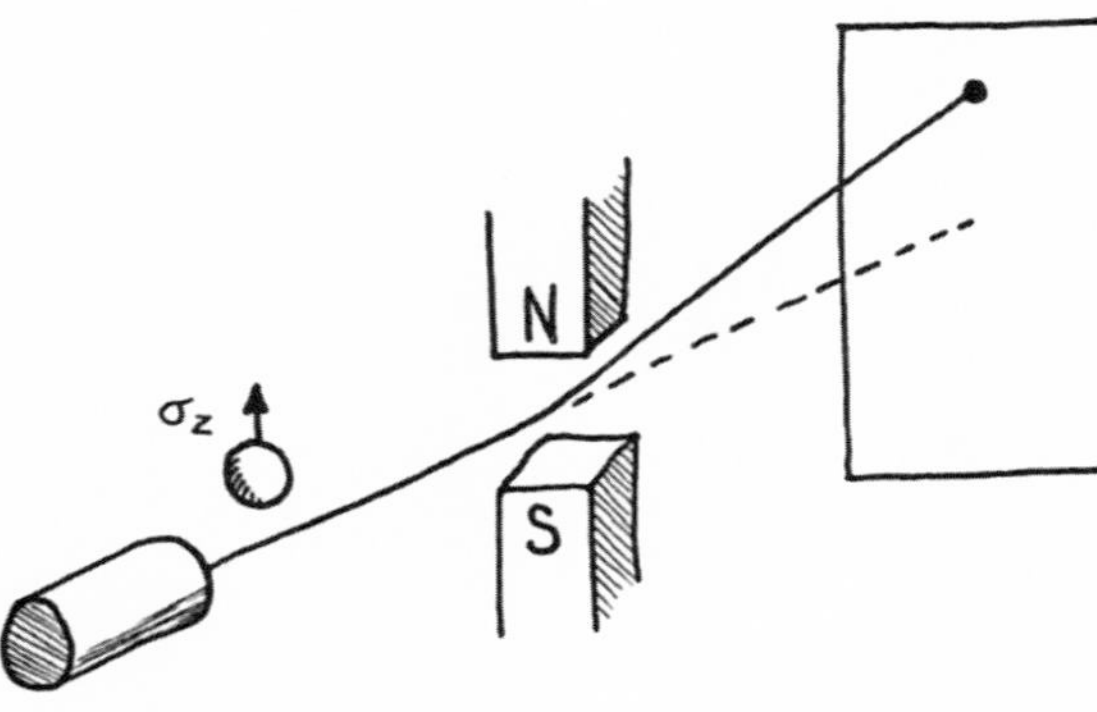

$\sigma_z = +1/2$で用意されたスピンのσ_zを測定すると、予想どおりの結果が得られる。このシュテルン=ゲルラッハの実験において、ビームは決まって上へと逸らさせる。

方向になるように用意したのだから、x方向に落ちる「影」の「長さ」はゼロのはずだ。

試してみよう。最初のσ_z測定で逸らされた粒子ビームをそのまま、x方向の水平磁場をつくるように配置した二個の磁石のあいだに通す。第二のシュテルン＝ゲルラッハの実験だ。σ_xがゼロなら、進路は逸らされないはず。ところが逸らされる。ビームがきれいに二手に分かれるのだ。これは各電子のσ_x成分の値が+1/2か-1/2であること、そしてその内訳は平均すると等しいことを示している。この二つがランダムに混在するのだ。

何が起こったのか？　この結果は量子化の必然的な帰結にすぎない。粒子のスピンのどの成分を測定しても、値は±1/2のはずだ。それだけが許された値だからである。量子化とはまさにこういう意味だ。そして、「古典的」な予想は平均として満たされる。どの電子を測定しても、まず測定するσ_zは（予想どおり）+1/2、次のσ_xはランダムに+1/2または-1/2となる。よって、この実験を繰り返し何度も行うと、多数測定したσ_xの平均が確かにゼロとなる。

このように、古典的な類推から予想される結果は測定を繰り返すと確かめられるが、個々の測定ではことごとく裏切られる。こちらがスピンをあらかじめz方向に向けたので、x（およびy）成分はゼロになる「べき」だが、量子化されているのでスピンの測定値は必ず+1/2か−1/2になることを装置が「わかって」おり、次善の策として該当成分の平均値をゼロにすることで手を打った。まるでそんな風にも思える。

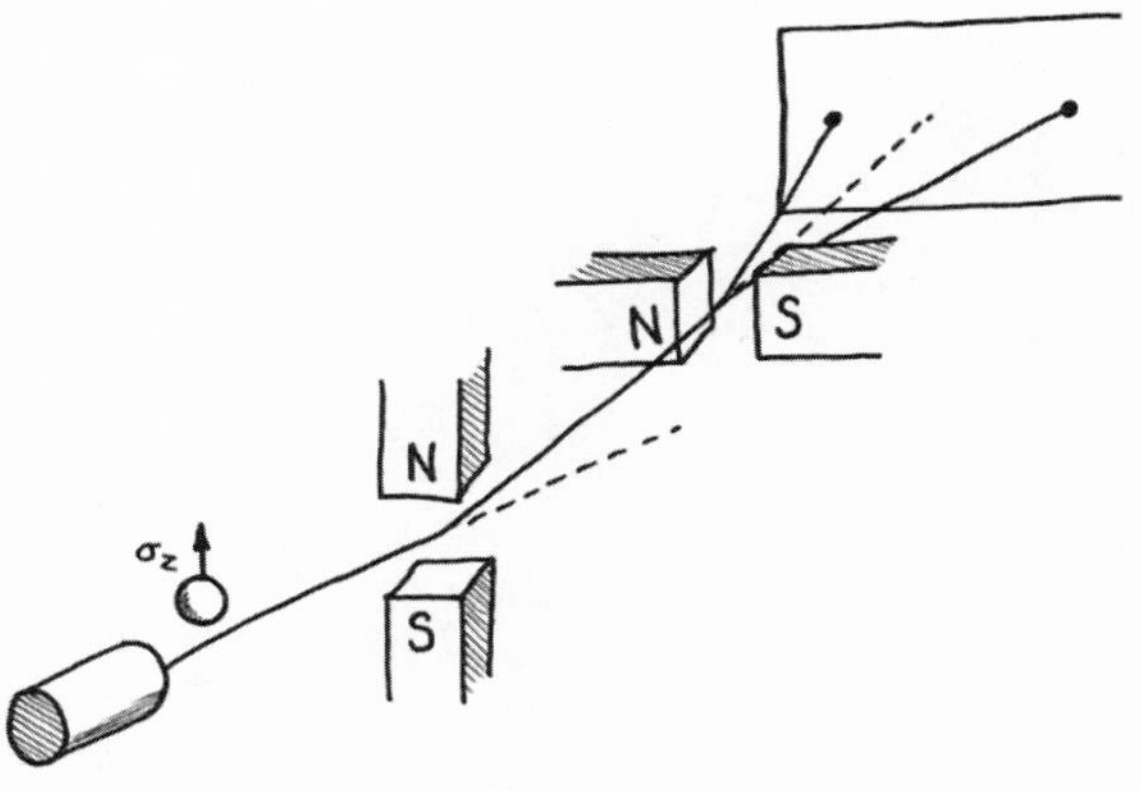

スピンを測定して得られる値は±1/2だけだ。よって、スピンのσ_z成分が+1/2、σ_x成分が0で用意されても、σ_xの測定では±1/2という2つの値が均等に得られ、平均した値が0となる。

σ_xの測定で値として±1/2がランダムに得られるなら、σ_zをもう一度、適切な向きの磁石を使った第三のシュテルン＝ゲルラッハの実験で測定するとどうなるか？すると今度は値として±1/2がランダムに得られる。σ_xを測定するとσ_zが乱されるのだ。最初のσ_z測定を省き、σ_xとσ_zだけをこの順に測定してもそうなる。つまり、電子をあらかじめσ_zを+1/2の状態に用意した場合、それを測定してからほかを測定するならσ_zとして+1/2が確率一〇〇％で得られる。だが、σ_xを先に測定してからσ_zを測定すると、初期状態は同じなのに、+1/2になる確率は五〇％しかなくなる。測定の順序が問題になるのである。

いや、もしかするとスピンは測定すると必ず乱れ、その後の測定はすべてランダムな結果になったりしないのか？　では、σ_zを二回続けて測定して確かめてみよう。すると、問題はない。第一の測定で所定の向き（$+1/2$）だった電子のスピンは第二でも同じ向きのままだ（やはり$+1/2$）。

σ_zが$+1/2$の状態で用意された電子を捕まえて、あえてσ_xを測定すると、スピンの向きが乱されてしまうかのように見える（同じことはσ_yについても言える）。だが、これはどうも納得がいかない。どれもやっている実験は同じで、スピンのシュテルン＝ゲルラッハ測定だ。なぜスピンを乱す測定（x方向）と乱さない測定（向きがたまたまz方向であることを除けばまったく同じ）があるのだ？（平均すると）得られるべき答えを、ひいては測定中のスピンの向きを乱すかどうかを、装置が「わかっている」かのようである。

どうやらここでは古典世界とは違う論理が働いている。この量子論理の何が妙かと言えば、ここまで見てきたとおり、測定の順序が問題になりうることだ。σ_zを測定してからσ_xを測定すると、σ_xを測定してからσ_zを測定した場合とは結果が違ってくる。順序に応じて違ってくるというこの結果の持つ意味は深い。

第8章 すべてを一度に知ることはできない

量子物理学についてたいていの人が知っていそうな物事を一つあげるなら、不確定であることだろう。量子世界には、そのすべてをとことん詳しく知ることを阻むあいまいさがある（と私たちは聞かされている）。九〇年以上前にヴェルナー・ハイゼンベルクが有名な「不確定性原理」で述べたことだ。

だが、ハイゼンベルクの発見は誤解されていることが多い。量子世界の何ものも正確には測定できない（たぶん私たちは測定したいものをどうやっても乱してしまうから）、あるいは——より巧妙な勘違いだが——何かを極めて正確に測定したいなら、その他すべての値が相応に不明瞭になることを受け入れなければならない。そんな意味合いがこの原理にあると受け取られていることがあるが、どちらも正しくない。

こうした誤解が生じるのは大衆に科学リテラシーが悲しいほど欠けているから、とは言えない。不確定性原理は実際にかなり難しい話であり、門外漢がその言わんとするところを取り違えても驚きはない。そこへ、覚えやすい名称が問題の悪化に拍車を掛けている。この名称は、ハイゼンベルクがその帰結を一九二七年に導き出した不穏な時期と呼応していた。二つの大戦の狭間だったあの当時、ドイツは極度のインフレと政治危機で足元が揺らぎ、ナチズムが台頭しだしていた。そのうえあいにく、思いがけなく発見したこの原理の意味合いを当のハイゼンベルクが理解しきれていなかった。彼による不確定性原理の説明はあいまいで誤解を招くきらいもあり、そのせいで物理学者は今なおこの原理について議論し続けている。彼はみずからを厄介ごとに巻き込んだのだ。

ハイゼンベルクの不確定性原理は、量子的な性質をどれほど正確に測定できるかに対する制約ではない。知りたい性質がどれほど正確に存在しているかに対する制約だ。不可知性原理と名付けられていたほうが良かったかもしれない――[*1]不可「存在」性原理ならなお良かった――が、それはそれで神秘主義的な雰囲気を醸し出したに違いない。

要はこういうことである。量子物体は原理上、観測可能な性質を複数持ちうるのだが、それらすべてを一度に知る（コペンハーゲン学派なら「顕在化させる」と言いそうだ）ことはできない。**一度にすべて存在することはありえない**からだ。そして、どれかを知るという行為が、ほかの値を乱しかねない。先ほど見たとおり、このことはスピンと呼ばれる量子的な性質の空間成分どうしに当てはまる。先ほどは触れなかったが、スピン成分が乱れたり測定順が重要になったりするのは、成分どうしの関係が不確定性原理に支配されているからにほかならない。

では、「不確定性」が本当はどういう意味なのかを見ていこう。

ハイゼンベルクが不確定性原理について論文を書く気になったのは、正確な測定を目指した試みが失敗したからではない。なにしろ彼は理論家だ（そのうえ、実験手法についての理解は怪しかった）。当時の大勢の研究者と同様、ハイゼンベルクが試みていたのは、量子物理に関する実験の結果を巡って当時ほとんどわかっていなかった物事（原子が光を吸収／放出する仕組みなど）を把握できる数式を編み出すという方針で量子世界を理解し、その導く先を確かめることだった。その過程ではえてして、具体的なやり方を誰も知らない「思考実験」が行われた。思考実験はきわめて抽象的かつ知的な営みなのだが、知見に基づくとはいえ、こちらが感心も警戒もしそうなほど臆測に頼っていた。

そうしたわけで、不確定性原理は純粋に数学的な帰結だった。ハイゼンベルクの言うには、量子力学の正しい論理をたどっていくと妙な結論に至る。ある量子系の二つの性質pとqの値を知りたいとしよう。そのために、両方を測定するための実験を考案する。ここで、測定には装置の制約のせいで誤差や不確かさが必ずいくらか付いて回る――これは古典物理学でも同じだ。だが、技術が進歩すれば、精度

＊1　ハイゼンベルクが用いたのは当然ながらドイツ語の単語だ。一九二七年の原論文において、彼は*Ungenauigkeit*（厳密さを欠くこと）と*Unbestimmtheit*（決定されないこと、漫然としていること）の両方を使っている。ということは、「不決定性」のほうが本来の意味に近いのかもしれないが、そもそも翻訳で意味のずれは避けられない。「不確定性」はもしかすると、ニールス・ボーアが好んだ*Unsicherheit*（不確実であること、自信のないこと）に最も近いかもしれない。言葉の使い方にいつもの几帳面さを欠いたかどで、ボーアを正当に非難できそうだ。

は上がる。ところが、不確定性原理によれば、精度の向上には次のような意味で限界がある。実は、pの測定が向上するにつれて、**同時に**突き止められるqの精度に限界があることがわかってくる。pをどれだけ正確に測定できるか（不正確さをΔpと表記する）とqをどれだけ正確に測定できるか（Δq）とは免れがたい反比例の関係にあるのだ。具体的には、ΔpとΔqの積が決して$\frac{h}{4\pi}$未満にならないのである。ここで、πは普通の幾何学における意味と同じで、円の周と直径の長さの比。hはプランク定数と呼ばれる基本定数で、これが量子世界でいわば「粒状性」の尺度を決めている。エネルギーの分割単位がこの「塊」だ（24ページを参照）。hはきわめて小さく、不確定性原理が問題になるのはpとqの測定精度が途方もなく高い場合に限られる。だが、その場合にはこの二つを同時に好きなだけ正確に知ることはできない。

不確定性原理は、pが物体の運動量（質量×速度）でqがその位置、といった場合に当てはまる。不確定性原理についてはあまり面白くないジョークがいくつもあって、その一つがこの制約をよく表している。

ハイゼンベルクがスピード違反で路肩に止められている。警官が尋ねる。「自分が何キロで走っていたか、わかってますか?」

「いいえ」とハイゼンベルクは答える。「ですが、ここがどこかは明確ですよ！」

警官が戸惑いの表情で返す。「時速一七〇キロも出てたんですから」

ハイゼンベルクが両手を上げて嘆く。「なんてことを！　おかげでどこだかわからなくなった！」

数ある科学ジョークの例に漏れず、正確さを追求すると笑える要素がかけらもなくなる。スピード（より正確には運動量）のどのような測定も位置をすっかり不確かにする、ということではない。スピードがより正確にわかるほど、位置がより不確かになるということだ。

だが、もっと大事なこととして、このジョークは不確定性原理に絡んで一般に誤解されている事柄を見事に表現している。ハイゼンベルクはどう考えてもどこかにはいる。具体的にどこなのかを知らないだけだ（「どこだかわからない」とはそういうこと）。だが、この状況をより厳密に表現すると、ハイゼンベルクのスピードが所定の精度の範囲内にあるとわかっているなら、彼の位置は先に紹介した不確定性関係で定義される範囲で未定義だ、となる。言えるのは、彼の位置がその範囲内にあることだけである。ジョークがいっそうつまらなくなる。

さらに、厳密な知識に対するこの制約は、量子力学的な性質のどの組み合わせにも当てはまるわけではない。当てはまるのは「共役（きょうやく）変数」と呼ばれる一部のペアにだけである。位置と運動量は共役変数で、エネルギーと時間もそうだ（が、こちらの不確定性関係は位置と運動量の場合とは微妙に違う）。一方、たとえば粒子の質量と電荷は共役ではなく、同時に好きなだけ高精度で測定できる。二つの変数が共役かどうかの直感的な説明はどうしても思いつかない（が、数式でならもちろん表現できる）。ただ、この「不確定性」には「量子世界は総じてややあいまい」どころではないはるかに厳密な意味があるとは言える。

ハイゼンベルクは、一部の変数にこのような関係があることを実際に観察したわけではないなら、どのようにして見いだしたのだろう？　彼の不確定性原理は数学由来である。導く方法にもいろいろあるが、最も示唆に富むのは、ハイゼンベルク本人による量子力学の数学的な表現、すなわち行列力学かもしれない。これはシュレーディンガーの「波動力学」のライバルで、二つの記述は実は等価なのだが、多くの目的で波動力学のほうがとにかく使いやすい。行列力学を足掛かりに不確定性原理を考えることが示唆に富むのは、この原理は「異質」である量子世界の力で謎のように出現する奇妙なふるまいなどではなく、高校レベルの数学で理解できる数学的論理の帰結だとわかるからだ。

ハイゼンベルクの行列は、物体の量子的な性質を表の形にまとめたものである。基本的に量子状態の書き下し方であり、各状態の変換を記述する演算子を伴っているので、測定可能な数量を予測できる。行列を扱うための演算はすっかり確立されているが、ここではそれが純粋な数字相手の普通の演算とは違うことだけ知っていればいい。二つの数字を乗じる場合、その順序は問題にならず、3×2は2×3と同じだが、行列ではそうとは限らない。二つの行列をMとNとすると、M×Nは必ずしもN×Mと同じにはならない。言い換えると、M×NからN×Mを引いても必ずしもゼロにはならないのだ。計算する順序が重要なのである。

この性質は「非可換性」と呼ばれている。ハイゼンベルクが気づいたのは、量子行列力学では量子状態の特定の性質を明らかにする演算子が可換ではないことだった。この特徴が性質を共役変数にするのである。ハイゼンベルクは、順序の異なる連続演算どうしの差が、不確定性原理が示す精度の限界である$\frac{h}{4\pi}$に等しいと気づいたのだった。

二つの演算——現実世界の「二種類の測定」に対応していると言えよう——を異なる順序で行った結果は異なるはず、とは妙に思えるかもしれない。前述のスピン成分の測定で明らかになったのがこのことである。どれかを先に測定すると、ほかを乱しかねない（言ってみれば「不確か」にしかねない）。だが、そう日常離れした概念ではない。卑近な例が料理だ。ケーキを焼くとき、ベーキングパウダーをほかの材料の後に入れるのと前に入れるのとでは、焼き上がりが違ってくる（実際に試したので私が請け合える）。個人的には、紅茶の入れ方といういかにもイギリスらしい例のほうが適切だと思いたい。カップに紅茶をそそぐ前にミルクを注ぐのと、カップに入った紅茶にミルクを注ぐのでは、風味に違いが出る。眉唾ものと思うかもしれないが、通は誓って確かだと言っており（私は信じる）、真っ当な科学的根拠もあるかもしれない（量子論的な根拠ではないことを念のため申し添えておく）。

⚛

それはそうと、数学の非可換性に由来していると言ったところで不確定性原理の説明にはならない！量子力学の数学を受け入れると導かれるのはそのとおりだが、不確定性原理は現実の実験で観測可能でもある。ハイゼンベルクの時代にはできなかったが、今では装置の技術が十分進んでおり、共役変数の片方の測定精度を上げるほどもう片方が不鮮明になるという形で、その効果が実際に現れている様子を目にできる。それに、測定できる物事について説明がほしいとき、方程式に目を向けても大して満足できないだろう。ほしいのは何が起こっているかがわかる物理的なイメージだ。不鮮明になる原因は何なのか？

数式として表現された量子力学の諸原理を具体的にイメージしようという試みを、ハイゼンベルクは概して軽蔑していた。それを思うと驚きだが、彼はこの問いに答える義務を感じていたようである。そのことは、不確定性原理を発表した論文のタイトル「量子論的な運動学および力学の直観的内容について」（邦訳は湯川秀樹、井上健編纂『世界の名著66現代の科学Ⅱ』中央公論社に所収）にも表れている。具体的にイメージをすることへの日頃からの嫌悪を貫け、と誰かに言われていたらよかったのだが。なにしろ、彼の描いた物理的なイメージは誤解の元となっており、議論を今なおややこしくしている。

ハイゼンベルクによれば、二つの性質を一度に測定する際にどうしても不正確になる原因は、量子粒子の小ささと繊細さだ。対象を乱したり変化させたりせずに測定することが事実上不可能なのである。電子を「見る」ために顕微鏡で光子を当ててはね返らせると、衝突によって電子の経路が変わる。[*2] 光子のビームを明るくするなどして、測定の本質的な不正確さ、ないし「誤差」を減らそうとするほど、その測定で目的の物理量が乱される量、すなわち「擾乱」は大きくなる。ハイゼンベルクによると、不確定性原理の関係は誤差（Δe）と擾乱（Δd）にもあり、積 $\Delta e \times \Delta d$ は $\frac{h}{4\pi}$ 未満にならない。

アメリカの物理学者アール・ヘッセ・ケナードは、不確定性原理の論文が発表されてまもなく、ハイゼンベルクの考案したガンマ線顕微鏡の思考実験が量子論における不確定性を考えるうえで不要であることを示した。速度（より厳密には運動量）と位置の両方の正確な知識に対する制約は、量子粒子ならではの性質であって、実験の制約に起因する成り行きではないのである。

行列の非可換性というわかりにくい物事に根拠を求めたりせず、不確定性原理をより「物理的」に理解する手はある。着想の元は、空間に広がる波のような性質と局在的な粒子の性質を、量子粒子がどちらも示しうることだ。空間の狭い領域で粒子が高確率で見つかる状況を波のような確率分布で実現するには、さまざまな波長の波を組み合わせて、高確率の領域に限って干渉が強まり（59ページ）、それ以外の場所では弱まるようにするとできる。このように局在化された波を「波束」と言う。局在化を強めて粒子の位置の定義域を狭めるには、波を多数足し合わせる必要がある。だが、粒子の運動量は波長で決まる。よって、波が増えるほど運動量の取りうる測定値が増える。

ハイゼンベルクの思考実験からは、量子力学に関するボーアの見解をハイゼンベルクがまだ把握し切れていなかったことがうかがえる。彼の「擾乱」観には、測定対象の粒子は厳密に定義される位置と運動量を実際に持っているが、それらを変えずに正確に測定することが私たちにはどうしてもできない、という意味合いがある。だがそれなら、この困難は共役変数と言わず任意の量子的な性質に当てはまることになる。だが、ボーアによると、量子系について意味を持って言えることはすべてシュレーディンガーの方程式に含まれている。ということは、ある観測可能な量に対して決まった精度を上回る測定は

＊2　かくも小さい物体を「見る」には、ガンマ線のような波長のきわめて短い光子が要る。ハイゼンベルクはそう正しく理解していた。だが、顕微鏡の基本物理にはうとく、一九二三年には博士認定試験に落第しかけたほどで、それから四年が経っても大して進歩していなかった。「ガンマ線顕微鏡」の図をボーアに見せたところ、かのデンマーク人指導教官はハイゼンベルクの議論に見られた思い違いをいくつか訂正してやる必要があった。

できないと数式が言うなら、その量はとにかくそれより高い精度では存在していない。これは不確定性（「それが何かはよくわからない」）と不可知性（「それはこの程度までに限ってそれである」）の違いと言えよう。

ハイゼンベルクの「実験」版不確定性原理——彼の説いた誤差と擾乱の関係——は、それでもなお物理学者の関心を引き続けている。まるであたかも、不確定性原理を用いれば、誤差と擾乱のあいだに一般的な関係が導けるかのよう、言い換えると、$\Delta e \times \Delta d$ が $\frac{h}{4\pi}$ 未満になりえないという条件の制約を受ける関係が導けるかのように。

近年、この発想が激しい議論の的となった。二〇〇三年、日本の物理学者の小澤正直が、誤差と擾乱に関してハイゼンベルクが唱えた制約とされるものは破れるはずだと主張した。彼はこの二つの量の新たな関係を提唱し、そのなかで式に項をもう二つ追加した。$\frac{h}{4\pi}$ よりも小さくなりえないのは $\Delta e \times \Delta d + A + B$（AとBが具体的に何かは気にしなくていい）であり、$\Delta e \times \Delta d$ 自体はそれより小さくなりうるというのである。小澤の新たな関係式は、今では光子と中性子のビームを用いた二つの別個の実験で実証済みだ。どちらの実験でも、測定精度は $\Delta e \times \Delta d$ に関するハイゼンベルクの制約を確かに破っていたのに対し、小澤の制約は破っていなかった。

これらの主張に物言いをつける研究者もいるが、すべては立てる問いに依るようである。誤差と擾乱についてあの複合的な不確定性がどこまで小さくなりうるかに関するハイゼンベルクの制約は、多数の測定の平均について考えると正しいのに対し、それよりも小さい小澤の制約は、特定の量子状態に対する個々の測定について考えた場合の話なのである。前者では実質的に特定の装置の「擾乱力」のようなものを測定しており、後者では個々の状態について私たちにどこまで知りうるかを定量化している。よって、ハイゼンベルクが正しかったかどうかは、彼の意味していたところをどう考えるか（ひょっとすると、彼がそもそもこの違いを認識していたかどうかをどう考えるか）に応じて違ってくる。

この議論で浮き彫りになっているように、量子論とは微小世界における一般化されたあいまいさを記述するものではない。それどころか、この理論に語れることは、こちらが具体的にどのような内容を知りたいと思っているか、そしてそれをどう明らかにするつもりなのかに左右される。「量子不確定性」は、顕微鏡で物体の見え方はどのあたりから不鮮明になるかといった分解能の制約ではなく、ある程度は実験する側によって選択されるものであることがうかがえる。

このことは、量子論とは根本的に情報とその取得方法に関する理論だとする新たな見方と相性がいい。小澤と協力者らによる近年の理論的な研究成果が示唆するところによると、誤差と擾乱との関係とは、量子系においてある性質の情報を取得することが、同じ系の別の性質について保持できる情報をどう劣化させるか、という話の帰結だ。色は赤だとわかっており、重さは一キロだと推定している箱があるとしよう。その重さを厳密に量るなら、箱とその赤さとの結び付きを弱めることになり、重さを量ろうとしている箱の色が赤だとは確証を持って言えなくなる。たとえて言えばそういうことである。重さと色が箱に関して相互依存性のある情報になるのである。

直感的に把握するのが難しいことは私も承知している。だがこの話は、世界についてわかることを左右しているのは根源的な不確かさや制約ではなく私たちの問い方だ、という見方へ量子論の解釈が変わりだしていることの表れなのである。

第9章 量子物体の性質がその物体だけに収まっている必要はない

間違いを証明してやろうという大勢の固い決意を、アインシュタインは甘んじて受け入れていたようだ。相対性理論が発表されてからというもの、厄介者が次々と現れてはその「反証」を試みており、アインシュタインは自分の研究に間違いを見つけたと主張する門外漢からの手紙を受け取っては、その一部にがまん強く返信していた。アインシュタインが間違っていたことを証明できれば、最高レベルの天才ともてはやされること間違いなしであり、その地位を望む者はいくらでもいた（し、今もいる）。「誤解」や「失態」まで取り沙汰されたり、証明が「間違っていた」ことが新聞の見出しになったりするなら、それは超がつくほどの知的名声の証しだ。だが、アインシュタインは実際に数多くの物事について「間違っていた」。計算でいくつかささいな過ちを犯しているし、有名なところでは、膨張する宇宙が予測されるのを避けるために一般相対性理論に細工を加えたら、そのわずか数年後に宇宙はまさに膨張していることが天文学者によって発見されたこともあった。有名な$E = mc^2$の彼による証明の数々にも、ちょっとした失態がいくつか含まれている。なんとまあ、まる一冊を費やしてアインシュタインの間違いをあげつらった本まである。*1

この話のどこにも、二〇世紀最高の科学者というアインシュタインの評価に影響を及ぼす要素はない。天才なら間違いをやらかさないものとお思いなら、創造性と洞察の本質を誤解している。おそらく、天才（という言葉の意味はともかく、そう言われる人）には間違う可能性が人並み以上にあるはずだ。

私たちが嬉々としてアインシュタインの「間違い」にしたがるのが、量子力学の意味するところを彼が受け入れなかったことだ。理由の一つは間違いなく、彼がその疑念を「神は宇宙を相手に賽を振らない」という記憶に残るフレーズで表明したことだろう。若い頃の教育による先入観にとらわれず想像を飛躍させることが、あのアインシュタインにさえできなかった。そう思うと慰めになるという側面もあるのかもしれない。物事の核心にランダムさが——裏を返せば因果関係の欠如が——あるという発想は、人をこの上なく不安にさせる。アインシュタインも同じように本能的にはなかなか是認できなかったと知って、いくらかほっとするのだ。

それはともかく、賽を振らないという言い古されたおなじみの引用は、アインシュタインを昔かたぎの石頭に仕立てている。自分がその創設に大いに貢献した量子論を受け入れられなかったということで。だが、討論相手だったニールス・ボーアは、この新たな発想に抗うアインシュタインにはたびたび失望させられたり途方に暮れさせられたりしたにもかかわらず、彼に頑固な保守派の烙印を押そうとしたことは一切なかったに違いない。というのも、アインシュタインからの挑戦は、量子力学に関する自身の解釈の基盤となる枠組みを定式化して磨きをかけることに間違いなく貢献したし、彼がコペンハーゲン解釈に異議を唱えたのは、頑なに拒んでいたからではなく、ボーアの言うことを人一倍明晰に理解していたからだ。あそこまでよく理解していなかったなら、執拗に抗いたくなるほど心を乱すことはなかったに違いない。

それどころか、現代量子論の文句なしに中核をなす特徴を発見した功績は、大部分がアインシュタインにある。それはシュレーディンガーの言葉を借りれば、「これぞまさに量子力学という性質、古典的な路線での思考からすっかり離れざるをえなくする特徴」だ。アインシュタインが一九三五年に記述し、シュレーディンガーが同年に現在知られている呼び名を付けた、量子もつれのことである。

アインシュタインは本来受けるべき称賛を必ずしも受けていないが、それは理解できる。というのも、量子もつれを「発見」した思考実験は、量子もつれが明らかなパラドックスを呈することを理由に、そうしたふるまいが現実であるはずがないという自身の見解を示そうというものだったからだ。アインシュタインの望みは、みずからが明らかにした量子もつれを葬り去ることだったのである。

量子力学における量子もつれの役割がここ数十年で評価されだしたことで、この分野全体の力点が移りつつある。量子もつれは量子物体に実在する属性であり、そのことは一九七〇年代以降になされた数

＊1　ハンス・C・オハニアンの『*Einstein's Mistakes: The Human Failings of Genius*（アインシュタインの間違い――天才が犯した人間らしい失敗）』のことだ。デイヴィッド・ボダニスの『*Einstein's Greatest Mistake*（アインシュタイン最大の過ち）』は彼の後半生をもっとよく検討して伝記的に描いている。

多くの慎重な実験で実証されてきた。そうした研究は、量子力学に関して「アインシュタインが間違っていた」証拠として繰り返し喧伝されてきた。だがあいにく、議論の大半はアインシュタインが「間違っていた」理由を間違えている。見出しを考えた記者たちは、深遠なる真実の逆もまた深遠なる真実である、というボーアの言葉に耳を傾けるべきだったかもしれない。

⚛

量子もつれに関して知っておくべき大事な点は次のとおりだ。量子もつれの語るところによると、量子物体は、その物体にまるごと存在してはいないような性質を持ちうる。

少なくともこのような表現が可能だが、量子もつれの何たるかについて、これしかないという説明の仕方はない。この概念を正確かつ明晰に伝えられる言葉をやはり私たちは持ち合わせておらず、把握できるようになりだすまではさまざまな見方をする必要がある。

物体の性質がその物体だけにあるわけではない。この言明にはどのような意味がありえるのだろう？私のペンは黒なのだが、その黒さにはこのペンの範囲外のいかなる実在もない。だが、私のペンの黒さに私の鉛筆と一部関連があるとしたら？　鉛筆も黒いと言っているわけではない。ペンの黒さが一部鉛筆にあるという意味である。

大ごととは思えないのでは？　また別の見方をしてみよう。私のペンと鉛筆が量子もつれ状態にある量子物体なら、ペンを調べることで、ペンについてペンから知りうることすべてが明らかになるが、ペンの色はまだよくわからない——なぜならペンの色がすべてペンに存在しているわけではないから。そのようなことである。

ペンと鉛筆を一緒に調べることもできよう。量子もつれ状態にある物体のペアとしてのこの二つについて、わかる物事をすべて測定するのだ。たとえば、共通する「色」は何かを測定できる。だとしても、量子もつれ状態にあるなら、このペアに関する完全な知識——知りうることすべて——は得られるのに、それぞれ何色かといった個々の要素についてはほぼ——ことによるとまったく——何も言えないことがあっておかしくない。私がよく見なかったからではない。量子もつれ状態にあるペンと鉛筆に局在的な性質がない可能性があるからだ。その場合、それぞれの色をこれとは言えない。

量子もつれとはだいたいこのようなことである。単一の物体から確固たる特徴を取り上げかねない量子現象とも言えそうだ。では、量子もつれ登場の経緯を見ていこう。

⚛

量子力学に絡んでアインシュタインの心を何より乱した——神が振る賽を持ち出して追究していた——のが、因果律がランダムさに取って代わられることだった。前の章にも書いたが、垂直スピン成分が「上向き」の状態で粒子を用意しておいて水平成分を測定すると、それぞれぴったり五〇%の確率で「上向き」または「下向き」になる。まったく同じやり方で粒子を用意して次々測定すると、得られる結果は「上向き」、「上向き」、「下向き」、「上向き」、「下向き」、「下向き」……のようになる。なぜどの測定をとっても、値はどちらか一方であってもう一方ではないのか？

この手のランダムさは特別なことではないとお思いかもしれない。針を針先で立てて倒れるにまかせると、倒れる向きはランダムになる。本当に？　倒す前に状態をきわめて精密に測定できるとしよう。すると、そもそも完璧な垂直にはなっておらず、向きを決める偏りが持ち込まれていたことが明らかになるかもしれない。ならばと、立て方を改良する。だが次に、針が完全には対称でないことが判明する。ある側がごくわずかに膨らんでおり、その分だけ重くなっていたのだ。そこで、針を完璧に対称にする。ところが今度は、さまざまな方向からぶつかってくる空気分子の数を正確に検出できるようになり、針をいずれかの向きへ押すごくわずかなバランスの崩れが毎回存在していたとわかる。そこで、真空中で行うことにする――と続く。要は、どの状況もランダムに見えて、実際には偏りを生む定義可能な原因がある。ランダムに見えたのは、系に関する知識が不足していたというだけのことだった。

この手のランダムさは受け入れやすい。目にした物事に因果関係の論理があることを、直接はわからなくとも相変わらず請け合えるからである。一言で言えば、物事は原因があって起こるのだ。だが、本質が確率的であるシュレーディンガー方程式は、さまざまな測定結果が得られる可能性しか予測せず、特定の結果が観測された原因については何の手掛かりももたらさない。シュレーディンガー方程式に言わせれば、量子事象（原子の放射性崩壊など）は事実上わけもなく起こる。ただ・・・・起こるのである。

これは何とも非科学的な話に聞こえ、この世界を説明しようとニュートンのはるか以前から科学者や自然哲学者が苦心して達してきたあらゆる結論に逆行していそうに思える。量子事象には、定義可能な原因が特定の結果を招くというような説明はなく、発生する確率があるだけらしい。これがアインシュタインには不合理と映った。不合理とは思わないふりなど誰ができようか？

この見かけのランダムさは針の倒れるランダムさとまさに同じではないかと彼は考えた。具体的な決定論的原因（これがあれを招く）が本当はあるのだが、それが何なのかは私たちには見えない。スピンの向きは粒子が思い付きでとっさに決めたかのように見えて、実は以前から定まっていたのだが、それが見えていなかった。あるいは、粒子の一部性質には測定結果が運命付けられている、というのである。量子力学を決定論的に描くとされるこの目に見えない性質は、「隠れた変数」の名で知られるようになった。

だが、隠れた変数がその定義からして見えないなら、その存在はどうしたらわかるのだろうか？　一九三五年、アインシュタインはボリス・ポドルスキーとネイサン・ローゼンという若き理論家二人と共同で、隠れた変数が存在しないなら、つまりはコペンハーゲン解釈を受け入れるなら、ありえない物事――あるパラドックス――に直面させられることを示す（と彼らが主張する）思考実験を発表した。アインシュタイン、ポドルスキー、ローゼン（ＥＰＲ）実験では、二個の粒子が互いに関連した量子状態――今で言う量子もつれ状態――になるよう生成される。性質どうしにこのような関連があることから、片方を測定するともう片方についての情報もただちに与えられる。そして、このことが問題となる。

本来のＥＰＲ実験は少々イメージしにくいし、そもそも理解するのが難しい。執筆をロシア人のポドルスキーが担当したせいで、論文がいつものアインシュタインらしい歯切れを欠いていたのだ。アインシュタインはこの件に関する自身の見解がうまく反映されていないことを認めており、シュレーディンガーに宛てた手紙のなかで、「私が本当に望んだような出来にはなっていません」と書いている。

だが、ＥＰＲ思考実験は、一九五一年にデイヴィッド・ボームの手でもっとわかりやすい定式化がなされている。そこでは量子粒子間で、スピンの「上向き」と「下向き」や、光子の垂直偏光と水平偏光など、測定可能な離散値の組を持つ性質の相関をつくる。この相関を、許される二値のどちらか（たとえば「上向き」スピン）を片方の粒子が持つなら、もう片方の粒子がもう一方の値（「下向き」スピン）を持つように設定する。このような相関関係にある偏光を持つ光子の作り方は当時すでに知られていた。原子をエネルギーで刺激して光子を同時に二個、このような量子もつれ状態を持たせて放つ方法があるのだ。そのことから、ボーム版のＥＰＲシナリオは思考実験の色合いが少し薄まって実際にできるかもしれない実験に見えた。

粒子が互いに逆向きに放たれたとしよう。時間がある程度経ったら、片方の性質（偏光やスピン）を測定する。測定結果がどうなるかは測定するまでわからない。だが、結果がひとたびわかれば、もう片方の粒子がもう一方の値を持っていることが確実にわかる。

最初のうち、これは大ごととは思えないかもしれない。手袋を思い浮かべてみよう。片方は左手用、もう片方は右手用だ。ランダムに片方をスコットランドのアバディーンにいるアリス宛てに送り、もう片方を北京にいるボブ（頭文字がＢなら「バイ」でも「ボー」でも私としては構わないのだが、慣例ということで）に送ったとすると、アリスが包みを開けて（たとえば）左手用を目にした瞬間、アリスはボブに送られたのが右手用だと知ることになる。当たり前だ。手袋は配送中ずっとどちらか用だったわけで、どちら宛てにどちらが入っていたのか、アリスとボブはどちらかが見るまで知らなかっただけである。

だが、量子粒子は違う——少なくともボーアはそう主張していた。コペンハーゲン解釈によれば、スピンや光子の偏光は測定にかかるまでは不明確だ。それまでは特定の値を持っていない。だが、ＥＰＲ実験の粒子二個の値には、量子もつれが相関を強いている。よって、この状況でアリスが一方の（たとえば）光子を測定して垂直偏光だと知った場合、彼女は測定を行うことで偏光を顕在化させたことになる。この場合、ボブの光子は水平偏光のはずで、こちらもアリスの測定によって強いられたように思える。また、この変化はアリスが測定した瞬間に起こったはずという結論になることは避けられなさそうだ。

光がアバディーンから北京まで移動するのに四〇分の一秒ほどかかる。今日の光学テクノロジーと高精度の時計をもってすれば、アリスが自分の光子の偏光を測定したあと、かつ光がアバディーンから北京に達する前に、ボブが自分の光子を測定する、という構成は容易に整えられる。そうしてもやはり——量子力学によれば——アリスとボブは光子の向きの相関を観測することになる。アリスの測定結果がボブの光子に光より速く伝わったかのように。

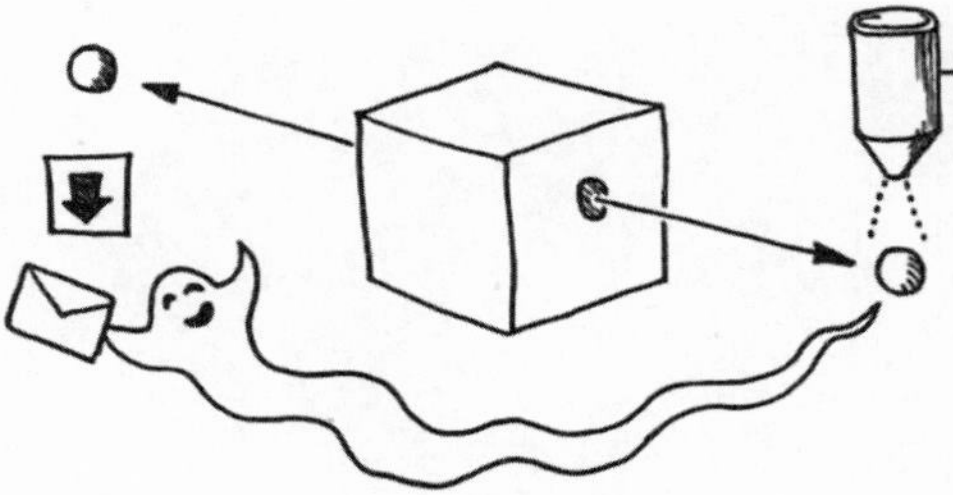

デイヴィッド・ボーム版のEPR実験。量子もつれ状態にある粒子ペアの一方のスピンを測定すると、量子力学によれば、その影響がもう一方のスピンにたちどころに及ぶように見える——２個のあいだで「不気味な」メッセージがやり取りされたかのように。

詳細は異なるが、ＥＰＲの原論文で量子力学による予測とし

て指摘されていたのがこの「瞬時通信」だった。しかしこれは不可能だ、とEPRは述べた。信号が光より速く伝わることはアインシュタインの特殊相対性理論が禁じているからである。もし量子物体は測定されるまで性質というものをまるで持たないというボーアの主張が正しいなら、ありえない効果がEPR実験で発揮されていることになる。アインシュタインの言う「不気味な遠隔作用」だ。これがEPRパラドックスだった。

だが、光子の偏光は隠れた変数によって当初から確定しており、測定が行われて表に出てきただけだとしたら？　それなら問題はない。手袋の例と同じである。

「それゆえ、
量子力学の記述は……
現実の不完全で間接的な
記述だと見なす
必要があると考えたいのです」

あいにく、確定した値を変数に「こっそり」割り振りつつ、変数が測定行為を通じて値をランダムに得ていそうに見せられる隠れた変数は、量子力学にはない。ならば、とEPRは言う。量子力学には何かが欠けているに違いない。一九四八年、アインシュタインはマックス・ボルンに宛てた手紙でこうに述べている。

「それゆえ、量子力学の記述は……現実の不完全で間接的な記述だと見なす必要があると考えたいのです」

⚛

ボーアは検討しているうち、アインシュタインが重大な問題を指摘していることに気がついた。そして解決法を考える過程で、測定とは（ボーアの認識において）何かについての明確な定式化に初めて達して、次のように述べた。測定の「背後」で何らかの仕組みが働いており、この粒子があの粒子と「やり取り」をしている、などと語ることには意味がない。これぞまさしく量子力学が捨て去るよう命じている「背後にある微視的な現象」の例だ。測定こそが現象であり、量子力学はその結果を高い信頼性で予測する。

だが、これは従来の彼の立場を繰り返しているだけに近いうえ、ややはぐらかすようなところがある。それにひきかえ、EPRが唱えていたことはかなり明快に思える。アリスの粒子があり、ボブの粒子があって、片方を観測するともう片方の状態にすぐさま影響を及ぼすように見える。アリスが測定するのは自分の粒子だけ。なぜ、はるかかなたの北京に——測定をそれなりに遅らせればひょっとして別の惑星あるいは別の銀河に――あるボブの粒子もその現象の一部に含めなければならないのだ？

いや、ＥＰＲパラドックスが人を当惑させたなら、結局それは形而上学の一歩手前だったのでは？　実際に実験できたところで、何がわかるのか？　量子もつれ状態にある光子の偏光が予想どおりの相関を示す。そうアリスとボブにわかったとしても、これだけでは働いていたのが量子力学の不気味な遠隔作用なのか、それとも偏光を初めから定めていたアインシュタインの隠れた変数なのかはわからない。この二つの可能性はどうしたら見分けられるのか？

一九六四年、アイルランドの物理学者ジョン・ベルが、実際に見分けられる方法を示した。ベルはジュネーブのＣＥＲＮに素粒子物理学者として常勤しており、量子力学の根源的な問題については片手間で検討していた。「私は量子エンジニアですが、日曜日には原理について考えています」という名言を残しているベルは、ボーアを除くほぼ誰よりも量子力学の諸原理について深く考えていた。

彼はＥＰＲ実験を定式化し直して、既存のテクノロジーで実施できるうえに、量子力学だけでこの状況を本当に記述できる場合と、隠れた変数のような何らかの追加が必要な場合とで、異なる結果が得られる形にした。ベルもアインシュタインと同様、量子力学が十全であることには懐疑的だった。

ベルの提案では、量子もつれ状態にある粒子のペアを繰り返し測定する。測定値を集計した結果が所定の数値範囲から外れたなら、隠れた変数はありえず、量子力学にそうした修正は不要ということになる。

ベルの実験は、量子もつれに隠れた変数が関わっている場合と、量子もつれが現状の量子力学で（それがどれほどおかしなことに思えても）記述されるとおりである場合とで、ペアの粒子間に見られる相関の強さがどれほど違うかを数値的にはっきりさせることに当たる。一見するとこの二つの場合分けは、片方の粒子に対する測定がもう片方に対する測定とどう相関している可能性があるか、という同じ条件を記述していそうに見える。だが、この二つのモデルの予測に見られる違いをあぶり出す手立てを見いだしたのがベルの冴えていたところで、その違いを測定にかけられるのだ。純粋に量子力学的な相関のほうが隠れた変数によって許容される相関よりも強い状況があることを彼は示したのだった。

思い出そう。隠れた変数は物事を定めるので、私たちには測定するまでどちらがどちらかわからなくても、粒子は初めから決まった状態を持っている。手袋の片方が左手用なら、もう片方は右手用のはず。これより強い相関がどうしたら得られるのか、すぐにはピンとこない。だが、こうは言えるかもしれない。粒子にコミュニケーションが許されており、メモを瞬時にやり取りしてそれをもとに状態を決められる。そう見えるのだから、量子力学は実際にさらに強い相関を許している——そして、そのことは測定結果の統計データに現れるはずだ、と。

ベルは、スピンに相関を持たせた粒子（たとえば電子）を中心に分析を組み立てた。アリスとボブは、シュテルン＝ゲルラッハの実験（122ページ）のようなもので磁石を使ってスピンを測定できる。そこでも見たが、磁石とスピンが相対的にどういう向きにあろうと、測定で得られる値は二つ（「上向き」と「下向き」）のどちらかだけだ。

だが、覚えているだろうか。量子測定で見られるランダムさの裏側を見るためには、同じ実験を何度も行ったうえで平均を取らなければならない。前述の例でもそうだったが、垂直方向に用意されたスピンの水平方向成分を測定した場合、個々の測定ではゼロではない「上向き」か「下向き」がランダムに得られるが、平均値はゼロとなる。

ベルの実験はそうしたものだが、測定対象は反相関スピンとして量子もつれ状態にある粒子二個である。ここでの反相関とは、片方が「上向き」ならもう片方は「下向き」であることを指す。粒子のペアには四とおりの結果がありうる。アリスとボブによって測定されうるスピンの組み合わせは（上向き、上向き）、（下向き、下向き）、（上向き、下向き）、（下向き、上向き）だ。最初の二つで粒子のスピンは「完全相関」しており、相関値として+1を割り振る。残り二つは完全反相関だ（−1）。そして、毎回の測定で得られる結果はこの二つだけである。

注目すべきは、ボブの磁石の向きとアリスの磁石の向きの位置関係に応じて相関の強さがどう変わるかの予測が、隠れた変数による描像と量子力学による描像とで異なることだ。磁石を同じ向きにしてそれぞれスピンを測定すると、完全反相関（−1）という結果が毎回得られる（粒子はそうなるように生成されるので）。片方のスピンが「上向き」であれば、もう片方のは「下向き」だ。よって、繰り返し測定した結果の平均も−1となる。どちらかの磁石をもう一方に対して一八〇度回転させると、今度はアリスとボブが必ず同じスピンの向きを測定するようになり、相関は常に+1となる。

一方、アリスの磁石の向きとボブの磁石の向きのなす角度が直角だった場合、スピンに関係が何もなさそうに見え、スピンどうしの相関は平均するとゼロとなる（測定される相関は毎回必ず+1か−1のはずなのだが）。z方向に用意された単一スピンのx成分が平均するとゼロになるのとまさに同じだ。そして前にも見たとおり、これは突き詰めれば不確定性原理から導かれる帰結である。こちらの構成では実質的に、アリスとボブはペアをなす粒子の片方のスピンに関する知識をすっかり放棄しないことには、もう片方のスピンを知ることができない。アリスが自分の粒子を測定すると、その結果を用いてボブの粒子について察することはかなわなくなるし、逆も真である。

これで、相対角が〇度（−1）、九〇度（0）、一八〇度（+1）、二七〇度（0）の場合については相関の平均がわかった。では、中間の角度の場合は？　隠れた変数モデルの場合については、相関の強さは角度に比例すると示せる。だが量子力学モデルの場合、相関の強さは角度のコサインに応じると予測される。三角関数をお忘れだったとしてもご心配なく。関係が直線ではなく曲線というだけのこと。とにかく、予測が違うのだ。

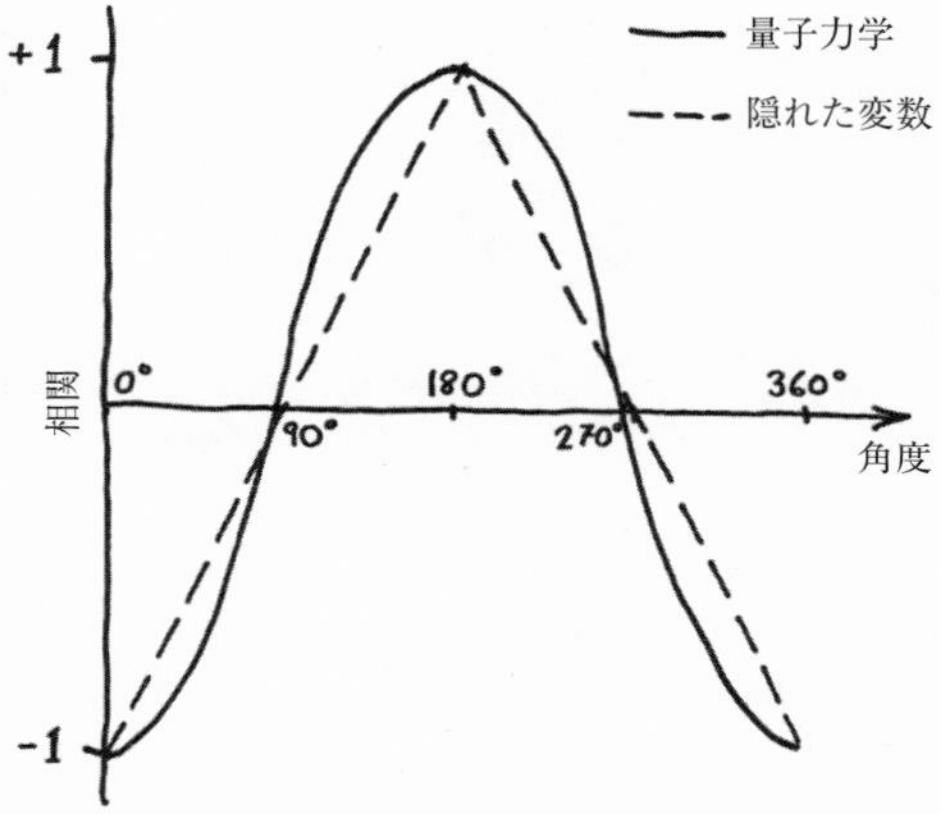

ベルのシナリオをいくらか簡略化したバージョンをご紹介しよう。彼が提唱した構成では、アリスとボブが二つの異なる測定角を毎回切り替えて測定し、考えられる四とおりの測定配置における相関の平均を合算するのだが、その際、隠れた変数モデルの場合に相関の合算が角度によらず+2～−2に収まるような式を用いる。[*2] だが、量子力学モデルでどうなるかを予測すると、結果が+2～−2の範囲外になりうることがわかる。詳細は気にしな

アリスとボブによるスピンの測定結果に見られる相関の平均が、ベルの実験において磁石がなす角度に応じて違っている様子。量子力学による予測は隠れた変数モデルによる予測と、なす角度が90°単位ではない中間部分で違っている。

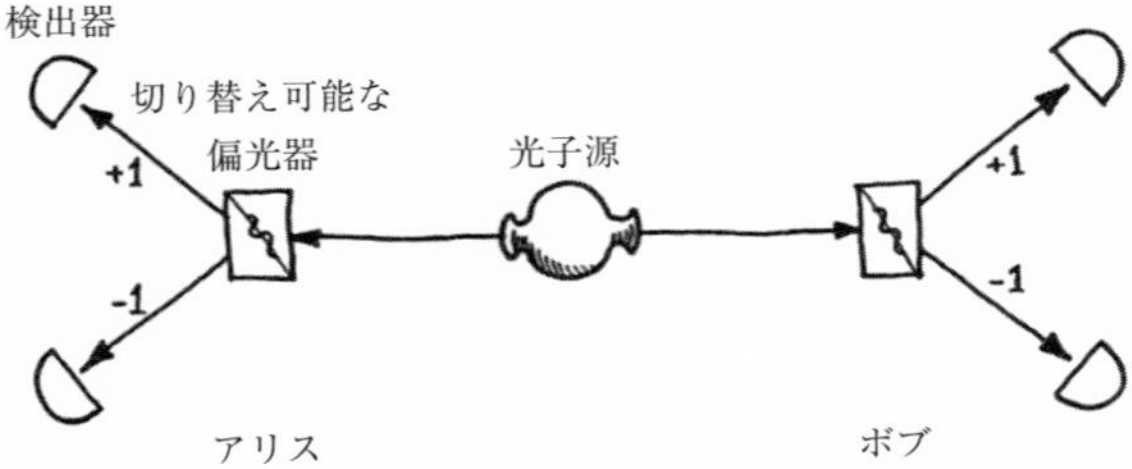

「EPRパラドックス」を検証するためにレーザー光子を用いてベルの実験を実現する方法。アリスとボブは、量子もつれ状態にある２個の光子の偏光に見られる相関（＋1または－1）の測定を同時に行う。実験では、光子２個の偏光を測定する向きのなす相対的な角度が変わるにつれて、この相関がどう変わるかを測定する。各光子の偏光が隠れた変数によって最初から定まっているなら、各実験試行で得られうる４とおりの測定結果に対する所定の和は＋２～－２に収まるはずである。一方、量子力学だけが結果を支配しているなら、和はこの範囲外になりうる。

くていい。基本的な考え方は同じだ。

ここで、ベルの実験のこの説明——毎回四とおりある測定結果、そして量子力学モデルの場合に外れる可能性のある統計データ範囲——についてよく考えてみると、この何がそれほど特異なのかが見えてくる。

ある意味これは、科学の営みとはどういうものかを見事に示す典型例と言えよう。一つの現象に対して相容れない説明が二つあるので、それぞれの与える答えが違うような実験を考え出して、どちらが正しいかを確かめるのである。

さて、問題はこうだ。個々の測定において、量子もつれ状態にある二つのスピンが相関として与える値は+1と−1だけで、ほかの値はありえない。結果の数え上げはこの事実に基づいている。だとするなら、ベルの結果の合算は+2～−2の値に制限されることが保証されそうなものだ。物理法則によってではなく、単純な算術規則によって。そうなるように構成されているのだから。

言い換えると、量子力学による予測は基本演算に反しているように見える。いったいどうしたら違反できるというのだ？

注意が必要なのは、ベルの和の上下限を計算する際、スピンは必ず「上向き」または「下向き」（電子なら+1/2と−1/2のスピン）という値を取ることになっていると想定していることだ。それが何か？　と思うかもしれない。私は先に、量子化されているからとにかくそのはずと説明したではないか、と。

微妙に違う。電子のスピンを測定するたび値は必ず±1/2になるはず、と申し上げた。このことは、スピンどうしの相関の取りうる値は間違いなく+1と−1だけだと意味していそうなもの。だが、どの実験試行でも、この相関を与える可能性は四とおりある。ところが、アリスとボブが測定するのはそのうち二とおりだけだ。二人とも、その二とおりのどちらかを測定するような値に磁石のなす角度を設定しているからである。もう二とおりある可能性のどちらかを測定したとしても、得られる相関値がやはり±1になるとは確実に言える。だが、こちらは測定しなかった。

再び、それが何か？　とお思いかもしれない。測定では何があっても特定の結果しか得られないとわかっているのに、実際に測定しないことでどんな違いが出るというのだ、と。いや、もしかすると測定がたまに±1ではない値をこっそり出すかも、と言っているのではない。私たちに知りうる範囲でそういうことはない。

問題は、測定しない量について何か意味のあることを言えると想定していることだ。だが、コペンハー

＊2　正確に言うと、これは一九六九年にジョン・クラウザー、マイケル・ホーン、アブナー・シモニー、リチャード・ホルトが述べた、ベルの実験の実現方法に対する制約である。

ゲン解釈によると、意味のある言明ができるのは、私たちが実際に測定する物事についてだけである。アッシャー・ペレスの言葉を借りれば、「なされていない実験には結果がない」。測定しない量については意味のあることを言えないのだ。このことが量子力学にベルの制約を破ることを許しているのである。

ボーアは観測されない物事についていかなる意味を考えることも拒んでいたが、それが単なる頑固なこだわりではなかったことをこれ以上明快に示す事例はなさそうだ。彼の言うとおりなら、測定可能な結果はある。だからと言ってコペンハーゲン解釈が正しいということにはならないが、アインシュタインの隠れた変数――に限らず、量子系に含まれる原理上すべてを測定前に定めておくあらゆる試み――が検証に耐えないということにはなりそうだ。

ベルのおかげでＥＰＲ実験を実際に試して、誰が正しいかを明らかにできるようになった。この実験は幾度となく行われてきたが、そのたび必ず、観測された相関統計は量子力学の予測と一致し、アインシュタインの隠れた変数の存在を退けてきた。アインシュタインはみずからの思考実験を、量子力学の致命的欠陥を際立たせるものと考えていたが、どうやらそれは「間違い」だったようである。

ならば、「ＥＰＲパラドックス」と不気味な遠隔作用はどうなるのだろう？

第10章 「不気味な遠隔作用」はない

現代の量子ルネサンスは一九六〇年代に、量子もつれについてのジョン・ベルの成果を機に幕を開けたと言って良いだろう。だが、プランクとアインシュタインが当初の量子力学を立ち上げた一九〇〇年代前半と同様、世界が追いつくまでには少々時間がかかった。

現代のルネサンスについても、アインシュタインの業績は間接的とはいえ、ある程度評価されてしかるべきだ。彼は一九一七年、エネルギー励起状態にある原子の発光を巡る量子論から、そうした状態の原子が多数あるなら、すべての光子を波の揃った状態でなだれのごとく一気に放つことが可能だと予想されることを示した。一九五九年、この効果は「放射の誘導放出による光の増幅」(Light Amplification by Stimulated Emission of Radiation) と名付けられたが、長ったらしいことから語呂のいいレーザー (LASER) という頭字語に圧縮された。一九六〇年代初頭には、この挙動を実験的に実現する方法が、まずはマイクロ波、続いて可視光の場合について明らかにされた。光子を精緻に制御できることから、レーザーは量子力学の思考実験を現実のものにするための中心的手段となって今に至る。量子力学の基礎的な事柄が、臆測を巡らせるだけではなく具体的に調べられだしたのは、何よりレーザーのおかげだ。

一九七〇年代、レーザーは量子もつれに関するベルの実験を実行に移すための手段となった。とはいえ、実験は困難を極めた。最初に試みたのが、カリフォルニア大学バークレー校の二人の物理学者ジョン・クラウザーとスチュワート・フリードマンだ。二人はレーザーを使って、相関のある偏光で量子もつれ状態にした光子ペアを、励起したカルシウム原子からつくりだして、前の章で説明した「四状態」構成を用いて光子間のEPR相関の測定に乗り出した。

クラウザーとフリードマンは、ベルの定理において隠れた変数によって許されているよりも相関が強いことを見いだした。だが、彼らの結果は文句なしではなかった。理由の一つは、試行回数が不十分で統計データに説得力が足りなかったことだ。量子もつれが隠れた変数にではなく量子力学に沿っていることを一九八二年にもっと決定的に実証したのが、パリ第11大学のアラン・アスペらである。量子もつれ状態にある光子の生成と操作には、彼らもレーザーと光ファイバー技術を用いた。

思い出していただきたいのだが、ベルの実験では、さまざまな測定角における粒子間の相関を数え上げる必要がある。ベルの指摘によると、光子の偏光の測定に用いるフィルターが（何か未知のメカニズムで）相互作用をして互いに影響し合い、見かけの量子相関を人為的に高める可能性があったのだが、アスペらはこの抜け穴をふさぐことができた。光子が発生源を出て検出器に達するまでのあいだに、フィルターの向きを素早く変えることができたのだ。光子がひとたび一方のフィルターに向かいだせば、もう一方のフィルターからの影響が先回りしてフィルターの設定を切り替えることはできなかった。ということは、量子力学は正しそうだった。だとすると、量子もつれは私たちに何を語っているのか? EPR実験の謎とは、デイヴィッド・マーミンに言わせると、「得られる相関データに説明がまったく存在しないこと」である。量子力学に差し出せるのは、データを得るための規定まで。本当にそれで十分と言えるのだろうか?

⚛

まずは「パラドックス」に向き合ったほうがよさそうだ。粒子の性質は測定されるまで本当に確定しないなら、確かにEPR実験では粒子どうしが瞬時に通信していそうに見える。観測されていないほうの粒子は、もう一方の測定でどちらのスピンないし偏光が生じたのかをすぐさま「知って」、その逆向きを採用するようなのである。ただし、アインシュタインの考えとは違い、これは「作用」でも「不気味」でもないし、「遠隔」の話でもなく、特殊相対性理論を破ってもいない。

特殊相対論によると、ある場所での出来事は別の場所での出来事に対し、そのあいだを光が伝わるよりも先に因果的な影響を及ぼすことはできない。ここでの「因果的」とは、アリスのする何かがボブの目にすることを決める、という意味である。その場合に限り、アリスは二人の観測結果に見られる相関を用いてボブとのコミュニケーションを図れる。

では、相関のあるスピンを持つ粒子二個を用いたボーム版のEPR実験について考えてみよう。アリスは自分がどのようにして測定するか――スピンを測定するシュテルン＝ゲルラッハの実験であれば磁石の角度――を選択し、そのことはボブの測定結果との相関として現れる。だが二人にできるのは、測定結果を比較して、具体的には通常の手段で情報をやり取りして、そうと推察することだけだ。このやり取りは光速よりも速くは起こりえず、アリスが何を測定したのか、ボブがそれ以上早く知ることはできない。

よってアリスとボブは、一瞬にして起こった――そして確かに不気味な――遠隔作用に見える何かをあとから推論はできるが、幻のようなこの結び付きを使って何らかの情報を光よりも速く送ることはできない。アリスとボブの粒子が反相関状態にあり（向きが真逆の必要がある）、アリスが自分の磁石の向きを工夫するという方法で、たちどころに届くメッセージをボブに送ろうとしているとしよう。ボブが「上向き」スピンを測定したとしても、その理由が、アリスの粒子が「下向き」で、アリスの磁石の向きが自分のと同じだったからか、それともアリスの粒子も「上向き」で、磁石の向きが逆だったからなのか、あるいはアリスの磁石が自分のと直交する向きにあり、アリスの粒子と自分の粒子に相関がないからなのか、ボブにはわからない。その後の測定で「上向き」と「下向き」が次々と得られるが、このデータからはアリスが磁石をどうしているかについては何も導き出せない。

ちょっと待て！　やはりこの場合も、アリスはみずからの選択でボブの結果に影響を及ぼしているのに、アリスの言っていることがボブに理解できていないだけでは？　いや、違う。アリスはどの場合でもボブのスピンを「上向き」にしてはいない。アリスには自分のスピンを決めることすらできないからだ。スピンはランダムに「上向き」か「下向き」になりうる。アリスのする何も、ボブが何を目にするかを決めてはいない。「遠隔作用」はなく、特殊相対性理論は破られていない。

だがそれでも、二人が測定結果を比べると相関が見られるではないか！　この相関の出どころは？　マーミンの言うように、「説明はない」。それともこう言えるだろうか。「量子性」に由来しており、それについてのストーリーはつくれない。

この議論は科学的には妥当だが、相対論破りを否定する議論を論理的に展開していても、実は破っているのではないか、という感覚を内心抱いてしまう。相対論が（すんでのところで）無傷で済んでいるとはいえ、量子もつれにはやはり不可解なところがある――なにしろ、〝今この場〟や〝ここ とあそこ〟についての先入観を揺さぶってくる。時空の感覚を混乱させるのである。

⚛

EPR「パラドックス」に関するアインシュタインによる論理展開のどこが間違っていたのか、明らかになるまでにはずいぶん時間がかかった。その理由は、量子力学ではよくあることだが、まったくの常識と思える物事に問題が埋没しているからだ。

アインシュタインらによる「局所性」の想定はすこぶる理にかなっていた。粒子の性質はその粒子に集中しており、ここで起こることがあそこで起こることに対して、あいだの空間を越えて伝える手段なしでは影響を及ぼせない。自明なことすぎて、前提条件とはとうてい思えない気がする。

だが、量子もつれが混乱させているのはこの局所性だ。だからこそ「不気味な遠隔作用」は捉え方としてまったくもって間違っている。ＥＰＲ実験における粒子Ａと粒子Ｂは、空間内で離れていても別物とは見なせない。量子力学の観点からすると、この二つは量子もつれによって単一の物体となるのである。言い換えると、クリケットボールの赤さがそのクリケットボールだけにあるのとは違って、粒子ＡのスピンはＡにだけ存在するわけではない。量子力学において、粒子は「非局所的」たりえるのである。事の次第については、アインシュタインの想定した局所性を受け入れた場合に限って、粒子Ａの測定が粒子Ｂのスピンに「影響を及ぼす」話として語る必要が生じる。量子の非局所性は、そうした捉え方の代案である。

実際、ここで扱われているのは別種の量子重ね合わせだ。これまで見てきたように、重ね合わせとは、一つの量子物体の測定に対して可能な結果が二つ以上あるのだが、どれになるかは不明で、相対的な確率しかわからない、という状況を指す。量子もつれは、この概念を二個以上の粒子に当てはめた事例だ。たとえば、粒子Ａのスピンが「上向き」でＢのが「下向き」という状態と、その逆である状態との重ね合わせが該当する。粒子は分かれているが、一つの波動関数で記述する必要がある。その波動関数のもつれを解いて、単一粒子の波動関数二つの組み合わせにすることはできない。

量子力学はこうした概念を顔色一つ変えずに受け入れられる。その数式は難なく書き出せる。その意味するところをイメージしようとして問題が起こるのである。

量子の非局所性があまりに直感に反することから、科学者はその検証に手を尽くしてきた。非局所性という幻想を生み出しているにすぎない別の何かを見逃している可能性はないのか？

そうした抜け穴の一つを検証するうえで、アスペの実験は、今なお続けられている数々の検証の序幕にすぎなかった。アスペらが検討して排除した、検出器間で及ぼしうる——高速だが光よりは遅いはずの——影響は、現在では局所性の抜け穴や通信の抜け穴と呼ばれている。呼び名はともかく、どういった影響を及ぼしうるのか？　そうお思いかもしれないが、何とも言えない。量子世界は驚きに満ちている。検討もせずにありえないと言って済ませるわけにはいかない。

光より遅い信号が二台の検出器間を伝わる前に、測定全体を終えられるほどまで検出器どうしを（光子の偏光フィルターも含めて）離すことで、アスペの実験よりも確信を持ってこの抜け穴を排除できる。オーストリアのインスブルック大学の研究者らが一九九八年に達成した実験では、検出器どうしを四〇〇メートル離し、光学技術の神業を駆使して、普通の通信が測定地間を伝わりきる前に測定を完了させていた。実験結果には何の違いも見られなかった。

だが、「選択の自由」という抜け穴もある。これは、粒子そのものが持つ何らかの局所的な性質が、粒子が量子もつれにされる際に「プログラム」されており、それが測定時の検出器の設定に影響を及ぼす、というものだ。こちらを排除した二〇一〇年の実験では、局所性の抜け穴も同時にふさいでいた。検出器どうしを離していたうえに、検出器を光源から離してもいて、光源と検出器の片方は同じカナリア諸島のほかの島に置かれていた。ちなみに、こうした実験は量子もつれのような量子効果に関してまた別の重要性を示している。巨視的に長い距離にわたって効果が保たれることだ。これも一つの理由として、量子力学を「極微」だけを扱う理論と呼ぶのは正確ではない。私とあなたのあいだでも、効果はあなたがどこにいようと保たれる。

一方、「公平抽出性」の抜け穴ないし検出の抜け穴があると、粒子の持つ何らかの局所的な性質が粒子の検出に偏りをもたらし、本当の意味でランダムな標本抽出にならない可能性が残る。どのようなベルの実験でも検出が不完全で、測定されている粒子は一部だけだというのである。信頼できる結果を得るには、測定された一部が全部を代表していなければならない。この抜け穴の可能性を排除するには、見えているのが全体像だと自信を持てるレベルの検出効率が求められる。

粒子の検出効率が低いせいで、量子力学の予測する結果を完璧に摸した結果が得られていたのであれば、それはいかにも運が悪いが、検出技法が向上すれば予測からの逸脱が露わになるだろう。

だがやはり、何とも言えない。そこで、ウィーン大学のアントン・ツァイリンガー率いる研究者らが二〇一三年に調べだした。彼らの手にはもっと効率的な粒子（光子）検出法があり、約七五％を捕捉できていた。しかしこれでもまだ、先に説明したEPR実験でベルの不等式の破れが確かに観測されたと絶対的な自信を持てるほどのしきい値は超えていなかった。だが、ツァイリンガーらはそれに加えてベルの定理の変形を用い、検出されない粒子が及ぼしうる影響を式に巧みに組み入れていた。これにより、量子力学が検証されたと見なせる検出しきい値は六七％にまで下がり、彼らの実験は検出の抜け穴を排除するのに必要な識別能力を持った。そして実際に排除した。

抜け穴はほかに残っていないのか？　可能性を考え出すのがますます難しくなっている。ならば、開いている抜け穴が実験するたび違うとしたら？　そこまでおっしゃるとは、何としてでも隙を見つけてやろうと必死のご様子だ！　とはいえ、検証したほうがよさそうではある。というわけで、現在は複数の抜け穴を一度にふさぐことが勝負となっている。二〇一五年、ロナルド・ハンソン率いるオランダのデルフト工科大学のチームが、通信の抜け穴と検出の抜け穴を巧みな手腕で同時に排除した。検出の抜け穴の回避策としては、量子もつれ状態にある電子を測定した。光子の場合より検出の安定性を高められるのだ。また、通信の抜け穴をふさぐ策として、電子の量子もつれを光子間の量子もつれと結び付けた。その光子を光ファイバー経由で長距離伝送できるのである（彼らの実験では一・三キロ）。オーストリアのチームやコロラド州ボルダーのチームも、同じ抜け穴二つを同時に閉じる実験について報告している。

オランダで得られた結果は、「アインシュタインは間違っていた」、なぜなら「不気味な遠隔作用は現実」だから、という相変わらずの見出しで迎えられた。そろそろやめにしてほしい。

⚛

量子もつれとして現れる、空間を超えた相互依存性が時空を織りなしており、そうしてできた網の目のおかげで時空のある部分を別の部分との関係で語れる。臆測の度合いがきわめて高い理論上のシナリオにおいてだが、そんな説が唱えられている。時空はアインシュタインの一般相対性理論で記述される四次元の構造で、同理論によると特定の形状を持っており、重力を決めるのはこの形状である。質量は時空を湾曲させ、その湾曲部分で生じる物体の運動こそが重力の現れだ。量子力学は一般相対論が与える重力理論とどう両立するのか？　この積年の謎を解く鍵が、先の説によれば量子もつれかもしれないのである。

いくつかの簡素な量子宇宙モデルによると、重力のように見える現象は量子もつれの存在だけからおのずと現れる。物理学者のファン・マルダセナは、空間が二次元でいかなる重力もない、という量子もつれ状態の量子宇宙モデルが、重力の一般相対論的記述に必要な類いの時空の織物に満ちた、「空の」宇宙の三次元モデルで見られるものに似た物理を示すことを証明した。長々しくてややこしいが、要は二次元モデルにおいて量子もつれを取り除くことが、三次元モデルにおいて時空の織物を解きほぐすことに当たるというのだ。あるいは、三次元宇宙における時空と重力は、二次元界面に存在する量子もつれの投影に見える、と表現できるかもしれない。界面全体にこの量子もつれがないと、時空がほどけて三次元宇宙が裂けるのである。

この理論はシンプルすぎて、私たちの宇宙で起こっている物事を記述できず、掲げられている発想はまだ仮説にすぎない。だが、量子力学と一般相対論がどのような関係にあるのかについて、言い換えると、量子論を一般相対論と整合させるために私たちの時空観の何を変える必要があるのかについて、量子もつれと時空とのこの深いつながりが何か語っているのでは？　そう考える研究者は多い。この発想を何十年も前に予感していたデイヴィッド・ボームは、量子論はある秩序をほのめかしており、それは私たちが時空とみなしてきたが実はもっと深みのある何かとどうにかしてつながっている、と述べている。今や研究者によっては、時空は実際に量子もつれによってつくられた相互のつながりでできて・い・る・のではないか、あるいは量子もつれを超える何かがあるのではないか、と考えている。

こうした発想がこれからどう発展するにしても、量子重力理論が巧みな数学的手法からすんなり立ち現れるようなことはなく、量子力学と一般相対論の両方について別の角度から考えることが必要なのでは？　そんな予想が物理学者のあいだで広がっている。時空とは、ある物事が別の物事に影響を及ぼす仕組みを記述するため、そしてこうした相互作用に対する制約を表現するために、私たちが想定した構造でしかない。因果関係を創発させる性質なのだ。そしてここまで見てきたとおり、量子力学は私たちに因果関係に対する先入観を改めるよう迫っている。非局所性、量子もつれ、重ね合わせは、物体が空間的な隔りを気にせず互いに結び付くことを許していそうに見えるばかりか、逆向き因果という幻想（ひょっとして幻想以上？）を生み出したり、二つの出来事の因果的順序の重ね合わせを許したり（どちらが先に来たかを確定できなくする。252ページを参照）、と時間に対して妙なことをしているようにも見える。

この宇宙の因果構造こそ、どちらの理論よりも根源的な概念なのかもしれない。理由についてはあとで見ていくが、理論の公理の物理的な意味合いが強く抽象性と数学色が薄い形で量子力学をゼロから再構築するうえで、この因果構造は良い出発点となる。

⚛

量子非局所性という概念を持ち込んだ定理をジョン・ベルが唱えてから三年後の一九六七年、それに関連したやはり直感に反する量子力学の側面が、数学者のサイモン・コッヘンとエルンスト・シュペッカーによって突き止められた。彼らの成果も同様に根源的なのだが、注目度はベルの定理に比べてわりと最近まではるかに低かった（ベルも当時、コッヘンとシュペッカーと同じことはすでに理解していたのだが、一九六六年に定式化されたベル自身による証明が発表されたのは二人の後だった）。

コッヘンとシュペッカーは、量子測定の結果が状況に依存しうることを指摘した。その意味するところは、同じ系に見えるものに対する別種の実験（たとえば、二重スリット実験の「経路検出器」ありとなし）が異なる結果を与える、という事実とは微妙に違う。量子物体をのぞき見る窓が違えば見えるものも違う、という意味だ。

壺に入った白玉と黒玉を数える場合、白黒どちらを先に数えても、一行五個単位でまとめて数えても、二色を分けて重さを量ってもかまわない。得られる答えは同じだ。だが量子力学の場合は、**問いが同じ**で**あっても**（そこにある黒玉と白玉はそれぞれいくつ？）、得られる答えは測定のやり方に応じて違うことがある。

すでに見たとおり、量子物体を続けざまに測定する際、先に**これ**、あるいは先に**あれ**、などと順序を違えると結果が異なることがある。そしてこれは、観測可能な性質の値を得るために、波動関数に行う各演算が可換ではないという事実（136ページ）の帰結だ。

こうして状況に依存するなら何が起こるかを規定したのがコッヘン＝シュペッカーの定理である。量子力学では測定**しない**ことにした事柄が測定**する**事柄に刻印を残すことがあるのだが、二人の定理も事実上このことから必然的に導かれる。この定理は、量子系を眺めようとして特定の窓を選ぶとそこから何が見えるかを探る。

シュペッカーがこのことを巡って次のような物語を語っている。アッシリアのある賢者が、若い娘を自分の眼鏡にかなわない求婚者と結婚させないようにと、求婚者たちに課題を出した。賢者はふたを閉じた三個の箱を次々と見せる。中には宝石が入っているかもしれないし、いないかもしれない。求婚者は少なくとも空箱を二箱、または宝石入りを二箱、言い当てるよう求められる（この条件について少しばかり考えてみてほしい。こうでなければならない理由がわかるだろう）。そして、選んだ二箱のふたを開けるよう言われ、当たっていれば娘を手に入れる。だが、当てる者がまったく出なかった！　開けた箱の必ず一方が空で、もう一方が宝石入りだったのだ。どうしたらそんなことがありえるのか？　偶然だけでもそのうち誰かが当てるはずではないのか？

　結婚したがっていた娘がとうとうしびれを切らして介入し、ある予言者のけっこうイケメンの息子に代わってふたを開けた。だが、宝石入りか空である二箱のふたを両方は開けず、代わりに、かの息子が宝石入りと予想した二箱の片方と、空と予想した箱のふたを開けたのだ。すると、どちらの予想も当たっていた。説得力に欠ける抗議ののち、賢者はその求婚者が二箱正しく当てたと認め、娘は結婚した。

　賢者がそれまでの求婚者を拒みおおせたのは、箱が量子箱だったからだ。彼は箱を量子もつれ状態にして、開けた片方が宝石入りならもう片方が空になる、またはその逆になるような相関をつくっていた。そのせいで、賢者の要求を満たしつつ予想を的中させることは不可能だった。だが娘は、同じ系を異なる測定で調べることで、予想の正しさを明らかにできたのだった。量子依存性とはこんな感じのことである。*1

　コッヘン＝シュペッカーの定理もベルの定理と同じく、まさに量子力学による予測どおりに見える実験結果をもたらすためには隠れた変数――測定されるかどうかによらず量子物体の性質を定めている表に出ない仮想的な要因――が何であるべきかを語っている。思い出していただきたいのだが、隠れた変数は局所的であり、巨視的な物体の性質とまったく同様、この物体やあの物体に、と具体的に当てはまる。こうした局所的な隠れた変数の存在を確かめるための理論的手段がベルの定理だ。そして、数々の実験が隠れた変数は存在しそうにないと示している。

コッヘンとシュペッカーは、隠れた変数に対していっそう厳しい問題を提起した。調べている量子系だけとの関連を持つ隠れた変数を用いても、量子力学による予測（二個の粒子の性質どうしの相関など）を摸した結果が出せないことを示したのだ。用いるならば、調べるために使う装置との関連を持つ隠れた変数も含めなければならない。言い換えると、「この系にはこれこれの性質がある」とは決して言えず、その系にはそうした性質が特定の実験状況においてあるとしか言えないのである。状況を変えると、隠れた変数の記述全体を変えることになる。

そうしたわけで、物体に関して「何が本当か」を隠れた変数を用いて言うことは、いかなる場合にも決してできない。巨視的なたとえで言えば、「あのボールは赤い」とは言えず、「この丸窓を通して見るとあのボールは赤い」としか言えないのである。そう言える条件下でなら本当に赤い（何かが本当にどうなっているかを言える範囲で）。だが同様に、この角窓から見ると本当に緑だ。ならば、本当は何色なのだ？　コッヘンとシュペッカーによると、私がここに書いた以上の答えはない。[*2] こうも言い換えられよう。量子物体に関する思いつく限りの真偽命題――赤い、時速一六キロで運動している、毎秒一回転している、など――に対し、イエスもしくはノーの確たる答えを同時に与えることはできない。一度にすべてを知ることは——すべてが一度に実在できるわけではないことから——不可能なのである。

腰を据えて考えてみても理解するのが難しい数々の理由によって、量子状況依存性の実験研究は量子非局所性の研究から二〇～三〇年後れを取り、コッヘン＝シュペッカーの定理を明白に立証する実験が初めて行われたのは二〇一一年とつい最近だった。

量子論の非局所性と状況依存性には何か関係があるのでは、とはかなり前から考えられていた。シンガポール国立大学のダゴミール・カスリコウスキーは、この二つは突き詰めれば実は同じことの表現、より根源的な「量子エッセンス」（適切な用語がないのでとりあえず）の異なる側面だと唱えている。量子世界を局所実在論者が記述すると、物体には明確な特徴が物体そのものに元々備わっていることになるが、そうしたいかなる記述もこのエッセンス（が何であれ、それ）は拒む。「ほかの何とも関係なく、ここにあるこれはそういうもの」と——この巨視的な世界で私たちがいつもやっているように——言って済ませることはできない。

カスリコウスキーらは、どうやら非局所性と状況依存性が互いに排他的らしいことを示した。系はあ

＊1　実は、賢者のこの企みを量子力学でまったくこのとおりに実現することはできない。だが、似たような設定は用意できる。量子箱にはあとで立ち戻る。

＊2　色を引き合いに出すこの例を選んだのは、ここで言う「状況依存性」が何たるかの雰囲気を味わっていただくためだ。言うまでもないが、現実には巨視的なボールについても、色を定められるのは当てる照明の種類を指定した場合に限られ、種類の違う光を当てれば色が変わったように見えておかしくない。これは主観的な視覚効果であって、量子状況依存性と本当の意味での結び付きはない。「色」の意味をもっと慎重に定義すれば、それがボールにとって持つ意味合いを状況によらず何か言えるようにはなる。だが、この大ざっぱなたとえでも直観的に理解するための足掛かりにはなるだろう。

る特徴かもう一方かを見せることはできても、両方同時に見せることは決してできないということだ。つまり「量子性」は系に、ベル風の実験で隠れた変数の相関を超えること、または隠れた変数モデルにできるよりも測定の状況依存性を強く示すことの、どちらかを実現させることができる。だが、両方同時にはできない。カスリコウスキーらはこのふるまいを「モノガミー」〔「一夫一婦制」の意〕と呼んでいる。

では、直感に反するあれやこれやのふるまいとして現れうるこの「エッセンス」とは何なのか？　それはわかっていないが、この問いに達したことだけでも私たちの理解にとっては進歩だ。科学では昔から、問題の的確な表現の仕方を見つけることも大事な技量なのだから。

第11章 日常世界は量子世界の人間スケールにおける現れである

量子力学について「たいていの人が知っていそうな」ことを一つ挙げるなら、それは量子世界があいまいで不確かなこと。前にそう申し上げた。実はもう一つある。「たいていの人」がシュレーディンガーの猫のことは耳にしたことがあるだろう。

だからに違いない。これを題材にしたジョークがある。車で走っていたシュレーディンガーを警官が呼び止める。そして車内をのぞき、トランクに何か入っているかとシュレーディンガーに尋ねる。

「猫がいます」とシュレーディンガーが答える。

警官がトランクを開け、声を上げる！「おい！　この猫、死んでるぞ！」

シュレーディンガーが腹を立てて言い返す。「やってくれましたね。なら今はそうです」

ご心配なく。このジョークについても口うるさくこき下ろそうという気はない。それどころか、物理

シュレーディンガーの猫をどの程度まともに取り合うべきか？

学ジョークとして悪くない。少なくとも、今に伝わるほど印象に残るイメージを見つけたという点で、シュレーディンガーはうまくやったとよくわかる。

シュレーディンガーの目的は、この世界を古典と量子に分けようとすると生まれるパラドックスを描き出すことだった。古典世界と量子世界をそうきれいに分けられないとなると、どうなるか？

だが猫には使い道がいろいろあり、シュレーディンガーは大きなものと非常に小さなものとで法則が違うという問題を描いて見せただけではなかった。彼のねらいは、矛盾していたり排他的だったりする状況——たとえば生と死——が共存するという、量子力学の一見論理的な不条理を示すことだった。

シュレーディンガーのたとえは成功しすぎという意見もあろう。あの猫が今なお引き合いに出されているということは、微小スケールにおける量子世界が人間スケールでは古典物理学の世界に変わる、というだけの事実に私たちは相変わらず面食らっているようである。だが、このいわゆる「量子古典遷移」については、今ではほとんど理解されている。研究が進んだおかげで、量子がなぜどのようにして古典になるのか、今ではシュレーディンガーやその時代の科学者よりもはるかに正確に言える。その答えはエレガントでもあるし、思いがけなくもある。

というのも、量子物理学は大きなスケールで別の物理学に取って代わられたりはしない。実際には古典物理学を**生み出している**。この見解において、日々の常識的な現実とは身長一八〇センチ前後の場合における量子力学の見え方というだけのこと。日常の大きさに至るまで量子力学で説明できるのだ。よって問うべきは、なぜ量子世界が「奇妙」なのかではなく、なぜ私たちの世界も奇妙に見えるということにはならないかである。

⚛

微視的と巨視的の狭間を直接のぞき見られる窓がいつか手に入る。シュレーディンガーの頃にそんな発想は奇想天外に思え、この境界領域で何かをコントロールできる可能性などさらに低そうだった。そのため、それがどこかについては何ともあいまいで、議論の余地があったのだが、絶対的に決まっているふりをして支障はなかった。量子古典遷移は二大陸を隔てる大海のようなもので、大海原での線引きを任意におこなっても大陸は紛れもなく区別できる、というわけだ。シュレーディンガーに言わせると、量子の国はランダムで予想がつかないのに対し、古典の国は整然としており確定的だ。原子スケールでのあのカオスの中に見られる統計的な規則性だけに依存しているからである。*1

だが、もはや量子から古典へと目をつむったまま移動する必要はなく、移り変わる眺めのあらゆるニュアンスを捉えながらその道のりをたどれる。技術の進歩のおかげで、量子と古典の境目を「微視的なスケールから出発して上へ」と「巨視的なスケールから出発して下へ」の双方向で探る実験ができるのだ。この二つはメソスケールとも呼ばれる中間的なスケールで出会い、今ではそこで文字どおり量子が古典になる様子を眺められる。

こうして実験できるようになったことで、量子古典遷移を調べられるようになったばかりか、調べることを強いられてもいる。ナノテクノロジーと分子生物学のどちらの現場もこのメソスケールで、標準的な距離はナノメートル（一ミリの一〇〇万分の一）単位、原子の個数は数千〜数百万の単位だ。実用化を目指してこの領域での介入を望んでいる――工学上や医学上の問題を解決したい――なら、使うべき理論は量子物理学か、古典物理学か、どちらも少しずつかを考える必要がある。

だが、量子古典遷移に対する見方を本当に変えたのは、実用面ではなく理論上の進歩だった。量子論の先駆者たちが見逃していた――が、文字どおり身の回りにあった――要素を考慮しなければならないと科学者は気づいたのである。

一九三五年、エルヴィン・シュレーディンガーは「極悪非道」と本人が形容する思考実験を思いついた。目的は量子力学のボーアによる解釈に異を唱えることで、その姿勢にはアインシュタインが抱く疑念と共通点が多かった。この思考実験は、量子もつれを記述したEPR論文の発表後にアインシュタインと交わしたやり取りからその姿を現した。

量子と古典を無理やり厳格に切り分け、観測を両者の区別がなされる過程に仕立てることは、ボーアにしてみればたいへん結構なことだった。だがそれなら、量子世界と巨視的な世界が何の観測もなされず結び付いている場合はどうなる？ シュレーディンガーは「ばかげた事例」を、具体的には、突飛（大きな物体が「一度に二か所にある」など）であるばかりか論理的に両立しなさそうな巨視的な状態の重ね合わせに直面させられる背理法的な想像上の例を探した。アインシュタインは火薬入りの小さな樽が爆発状態と非爆発状態の重ね合わせにある状況を考え、シュレーディンガーは猫でその犠牲を大きくした。

箱には猫と一緒に、量子力学に支配された出来事（原子の放射性崩壊など）の特定の成り行きによってトリガーが引かれると猫の命を奪う機構が入っている。シュレーディンガーが思い描いた機構では、

＊1　シュレーディンガーによると、生物界に例外が見られ、そこではどういうわけか分子スケールで秩序が維持されている。生命は「無秩序からの秩序」ではなく「秩序からの秩序」だと彼は言う。染色体変異のような単一分子の事象は、おそらく量子力学の法則に支配されているが、確たる巨視的効果を生み出せる。いかにしてそうなりうるのかを巡るシュレーディンガーの思索から生まれたのが、一九四四年の著書『生命とは何か』（岡小天・鎮目恭夫訳、岩波文庫）で、その影響を強く受けた同時代の生物学者たちが遺伝子や遺伝の分子原理を解明していった。

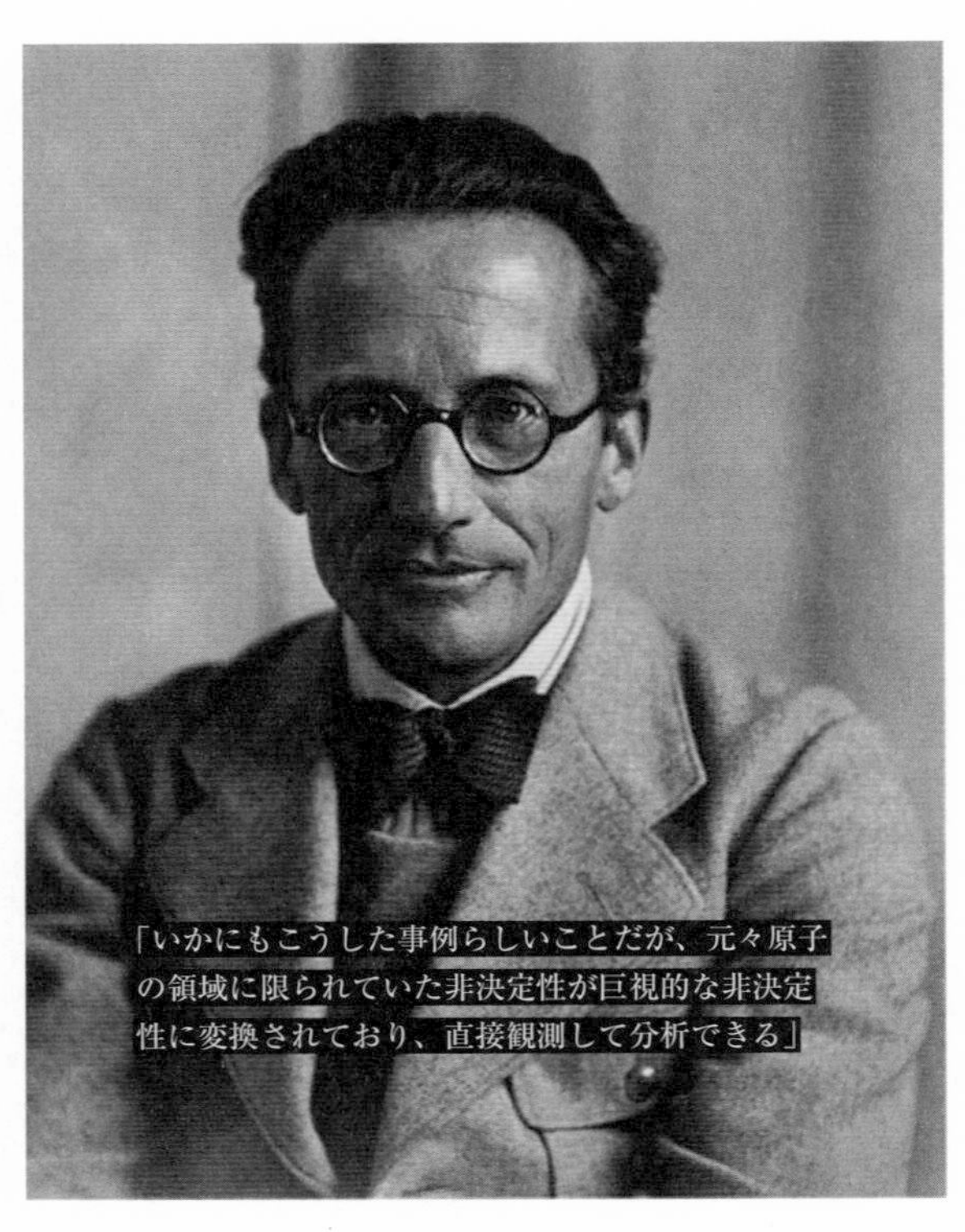

「いかにもこうした事例らしいことだが、元々原子の領域に限られていた非決定性が巨視的な非決定性に変換されており、直接観測して分析できる」

割れると致命的な煙を放つ毒入りの小瓶が使われていたが、量子トリガーとしてはたとえば磁石機構と結合されたスピンを持つ原子を考えると概念的にきれいだ。原子のスピンが「上向き」なら機構によって小瓶が割られるが、「下向き」ならそうはならないようにしておく。そのうえで、スピンが「上向き」と「下向き」の重ね合わせになった原子を用意し、箱のふたを閉じる。この場合、系全体を記述する波動関数は、シュレーディンガーに言わせれば、箱に「生きている猫と死んだ猫が、均等に混ざり合うかうっすら広がるかして入っている」ものにならざるをえない。そして、こちらが猫を測定（あるいはのぞき見）しない限り、波動関数はその状態を保つ。「生きても死んでもいる猫」について記述はできるが、この概念に何か論理的な意味があるかどうかは定かでない。

この定まらないおかしな状況も、じかに目撃するには小さすぎるスケールに隠れているなら、そういうものと受け入れられるかもしれないが、このシナリオではもろに直面させられる。シュレーディンガーはこの状況を次のように表現している。

「いかにもこうした事例らしいことだが、元々原子の領域に限られていた非決定性が巨視的な非決定性に変換されており、直接観測して分析できる」

シュレーディンガーの思考実験は人を惹きつけるが、話を必要以上にややこしくしている。何をもって生きているもしくは死んだ猫とするかは、軽々しくはできない線引きだ。生が厳密にいつ死になるのか、医師でもすんなり決められるとは限らない。もしかすると、「シュレーディンガーの目盛盤」として二つの読み取り値をメーターの針が同時に指す状況を提示したほうが問題は明快だったかもしれない。だが、私たちにはこちらもイメージはできない——メーターの針が心霊写真のように二重になっている感じだろうか？　それはともかく、この思考実験をかくも印象的で心に残り、頭を混乱させ、不条理なものにしているのはもちろん猫である。

このばかげた発想とおさらばする手はあるのだろうか？

⚛

シュレーディンガーの猫は、量子と古典でふるまいの違いは何かを考えさせる。その違いを指摘できない限り、両者の違いは根源的だというボーアの主張を受け入れる理由はないのでは？

そう言われると、明確な位置と速度など、コーヒーカップのような古典物体にはあるが量子物体にあるとは限らない性質や、特定の物体に局在しており空間中に妖しく広がったりはしていない特性を指摘したくなる。あるいは、古典世界は確定した事物——これまたはあれ——で定義されるのに対し、量子世界は（古典的な測定が影響を及ぼすまで）確率的な構造でしかなく、個々の測定結果はたまたま決まる、という指摘も可能かもしれない。だが、この区別の根幹には、量子物体は波のような性質を持っているという事実がある。言い換えると、シュレーディンガー方程式は、量子物体を波であるかのように記述すべしと言っている。確率しか示さない特殊で抽象的な波として、ではあるが。

干渉、重ね合わせ、量子もつれといった量子ならではの現象を生んでいるのはこの波動性だ。こうしたふるまいが現れるのは、量子の「波」どうしに明確に定義される関係がある場合、平たく言えば歩調が合っている場合である。そうした協調は「コヒーレンス」と呼ばれている〔日本語では「可干渉性」とも〕。この概念の出どころは普通の波の科学で、そこでもやはり、秩序ある（二重スリットによるもののような）波の干渉が起こるのは、干渉を起こす波の振動にコヒーレンスがある場合に限られる。そうでなければ山と谷が整然と一致することはなく、そのため規則正しい干渉模様は生まれず、結果としてできる波の振幅はさしたる特徴もなくランダムに変動するだけだ。

同様に、二つの状態の波動関数がコヒーレントでないなら、干渉は起こりえないし、重ね合わせは保てない。したがって、コヒーレンスの喪失（「デコヒーレンス」）が起こるとそうした根源的に量子的な性質が壊れ、状態はれっきとした古典系のようにふるまう。巨視的な古典物体が量子干渉を示すことも状態の重ね合わせとして存在することもないのは、それらの波動関数がコヒーレントでないからである。

直前の文の表現に注意されたい。古典物体が波動関数を持っていると考えることにもやはり意味はある。古典物体も結局は量子物体でできているので、対応する波動関数の組み合わせで表現できる。コーヒーカップのような巨視的な物体がここにもあそこにもある、といった場合の明確に異なる状態の波動関数がコヒーレントでないだけのことだ。「量子性」を発揮する機会をもたらしているのは実質的に量子コヒーレンスである。

コヒーレントな量子状態は——測定がなされないという条件下でも——物体の大きさによらず原理上は保てない、と考える理由は（知られている限りでは）ない。だがどうやら、量子コヒーレンスを壊し、波動関数を「収縮した」ものとして語らざるをえなくしているのは、測定のようである。測定がコヒーレンスを解く仕組みを把握できたなら、測定そのものを量子論の守備範囲に持ち込めるようになり、測定というものを量子論が機能しなくなる境界に仕立てる必要はなくなるだろう。

もしかすると、シュレーディンガーの猫がどうなるかも理解できるかもしれない（が、約束はしない）。

⚛

デコヒーレンスが量子力学の中核概念として登場するのになぜこうも時間がかかったのかは、理解に必要な理論的手段がボーアとアインシュタインの時代にあったことを思うと、簡単には説明できない。もしかすると、ほかで当然と思われている事柄の重要性を見過ごす、というこの分野で起こりやすい事例の一つというだけかもしれない。なにしろ、量子デコヒーレンスの理解に不可欠な要素は、どの科学研究にも存在するがほぼ無視されている普遍的な実体だ。周囲を取り巻く環境である。

この宇宙で現実の系は必ずどこかに存在し、周りをほかの何かに囲まれ、その何かと相互作用する。シュレーディンガーの猫の居場所は密閉された箱の中かもしれないが、猫に生き残る可能性があるならそこには空気があるはずだ。そして、猫は何かでできた面の上にいて熱のやり取りをする。こうしたことはどれも、議論のために無視できそうな詳細に聞こえる。環境はたいていの科学理論や実験分析に含まれてはいても、ちょっとしたランダムな攪乱の元であり、その攪乱は十分注意すれば最小限に抑えておける、としか見られていないことが多い。

だが量子力学において、環境は物事が起こる仕組みの中心的な役割を果たしている。量子のスープから古典物理学が出てくるという幻想を呼び起こしているのがまさに環境なのである。

次のようなことがよく言われている。すなわち、重ね合わせをはじめとする量子状態は繊細で脆い。ノイズの多い環境に置けば、環境による大小さまざまな揺さぶりのせいで脆い量子状態が壊れ、ひいては波動関数が収縮し、重ね合わせがばらける、と。だが、これはあまり正しいとは言えない。ここまで述べてきたとおり、この宇宙の最も根源的な記述はそもそも量子力学がもたらしている。なのに量子状態が脆い理由がどこにある？　そうあっさり破綻するとは、いったいどんな法則なのだ？

実際には破綻していない。量子状態の重ね合わせは脆くない。それどころか、伝播性が強く、えてして急速に広がる。どうやら**そのこと**が量子状態を壊しているようである。

重ね合わせ状態にある量子系が別の粒子と相互作用すると、二つは結び付いて一つの複合的な重ね合わせをなす。前に見たこれこそが量子もつれ、二個の粒子の重ね合わせ状態であり、粒子どうしの相互作用が二個を単一の量子実体にしたのだ。量子粒子にすれば、そのどちらに光子がはね返っていっても違いはない。そうなった光子と粒子が量子もつれ状態になれる。同様に、粒子が空気分子にぶつかると、この相互作用がその二つの実体を量子もつれ状態にする。それどころか、量子力学によれば、そうした相互作用においてはこれが唯一起こりうることだ。その結果として量子性——コヒーレンス——が少しばかり広まると言えるかもしれない。

理論上、このプロセスに終わりはない。量子もつれ状態になった空気分子は別の分子にぶつかり、その分子を巻き込んだ量子もつれ状態になる。時間が経つにつれ、当初の量子系は環境との量子もつれをどんどん深めていく。やがて、環境に埋まっており境目がはっきりしている量子系というものは実質的になくなり、系と環境が単一の重ね合わせとなる。

つまり、量子重ね合わせは環境によって壊されるどころか、逆に量子性を環境に波及させ、世界全体を大きな一つの量子状態へと休みなく変えていく。止める力は量子力学にはない。粒子どうしの相互作用に伴って量子もつれが広がるのを阻む術がないからだ。量子性は実に漏れやすい。

当初の量子系に見られた重ね合わせの現れを壊すのが、この広がりなのである。こうなった場合、重ね合わせが系と環境とで共通した性質になっているので——量子系が周囲から切り離された存在ではなくなり、ほかの全粒子との共有状態で存在しているので——その部分に目を向けても重ね合わせを「見る」ことができない。木を見ても森は見えない。私たちがデコヒーレンスとして理解しているのは、実は重ね合わせが失われることではなく、当初の系に重ね合わせを見いだす力を私たちが失うことなのだ。

系とその環境に含まれている量子もつれ状態の全粒子がコヒーレントな重ね合わせになっているかど

うかは、それらの状態をつぶさに見ることでしか判断できない。だが、そんなこと——はね返っていく光子やぶつかってくる空気分子をすべて監視すること——などうしたらできよう？　無理だ。量子性がひとたび環境に漏れだしたら、重ね合わせを元の系に再び集中させることは一般に決してできない。ゆえに、量子デコヒーレンスはどう考えても一方的な過程である。パズルのピースがすっかり散らばって、実際問題として失われるのだ——原理上はまだそこらにあるし、なくなることは永遠にないのだが。デコヒーレンスとはそういうもの。意味のあるコヒーレンスが失われることと言っていいかもしれない。

私は前の文に訳知り的な修飾語を滑り込ませた。その少し前には、コヒーレンスを取り戻すことは一般に決してできないと書いた。その心は、絶対的に禁止する法則はないという意味である。総じて非現実的、というだけのことだ。[*2] だが、シンプルな量子系をつくり、デコヒーレンスの速さを抑えてこの「量子拡散」を注意深く追跡し続けられるようにできるなら、元に戻せるかもしれない。実際になされている。きわめて特殊な状況下でだが、「リコヒーレンス」の過程が観測されているのだ。たとえば二〇一五年にカナダの物理学者らが、量子もつれ状態にあった二個の光子について、それらが水晶内部を通過中にデコヒーレンスで失った情報を復元し、それを用いて光子ペアとその環境との量子もつれ——デコヒーレンスを誘導した過程——を逆行させて、ペアの当初の状態を復元することに成功した。これは例外といっても、この法則を真っ当な意味で証明する類いの例外である。

このように、デコヒーレンスは特定の速さで徐々に進む現実の物理事象である。系が比較的シンプルなら、量子力学を用いてその速さを計算できる。たとえば、異なる二か所にある一個の量子物体の波動関数間で干渉が見られる可能性があるとして、デコヒーレンスがそれを台無しにするまでの時間を割り出せる。二か所が空間的に離れているほど、両者のコヒーレンスが環境によって壊されるまでが――もっと厳密に言うなら、環境ともつれて漏れだすまでが――短くなる。

私の書斎の空気中に漂う、差し渡し一〇〇分の一ミリという塵の微粒子を例にとろう。位置の違いが（たとえば）差し渡しとほぼ同じで重なりがない場合、この微粒子の二か所の位置はどれほどの速さでデコヒーレントになるか？ ここでは光子を――部屋が真っ暗だとするなどして――無視し、微粒子とそれを取り巻く大量の空気分子との相互作用だけを考える。量子論に基づく計算によると、この条件でデコヒーレンスにかかる時間は10^{-31}秒ほどだ。

これはあまりに短く、デコヒーレンスは一瞬で起こると言っていい。[*3] 光速で運動する光子が陽子一個の端から端まで通り過ぎるのにかかる時間の一〇〇万分の一以下である。なので、位置の重なりのない量子重ね合わせ状態にある塵の微粒子見たさに私の書斎を訪ねることをお考えなら、思い直したほうがいい。

＊2　デコヒーレンスを（きわめて特殊なケースを除いて）元に戻すことが理論上であっても本当にできるかどうか、実は見解が分かれている。計算してみると、デコヒーレンスが環境に広げる重ね合わせの量子状態の数は、概して、観測可能な宇宙に存在する基本粒子の数より多い。となると、次のような哲学的な疑問に向き合わされる。問題を解くための情報がこの宇宙に足りないという理由だけで、その問題は不可能だと言い切れるのか？

同じ塵の微粒子が完璧な真空中にあって、空気分子との衝突がない場合は？　それでもデコヒーレンスは長くは抑えられない。室温の真空中には、真空を実現している器の温かい壁から放たれる光子が絶えず飛び交っている。常温でこの熱放射は赤外域が最も強い。そうした「熱」光子との相互作用で塵の微粒子のデコヒーレンスが起こるまでは10^{-18}秒しかかからず、これは光子が金の原子の幅だけ移動するのにかかる時間とだいたい同じだ。

デコヒーレンスが起こる前に重ね合わせの現場を押さえることは可能だろうか？　今日では手が届く範囲にあるかもしれないが、途方もなく難しいだろう。それなら、熱放射が問題なのだから環境を冷やせばいいではないか！　熱光子を排除するのだ。そういう実験なら宇宙空間でできそうだ。そこでも何かしら分子が漂っているが、それも排除できると想定しよう。この条件下でデコヒーレンスを起こすのは何か？

実は星間空間においてさえ光子はゼロではない。想像を絶する激しさだったビッグバンのかすかな残光、すなわち宇宙マイクロ波背景放射として、この宇宙の至る所を飛び交っているのだ。こうした光子――宇宙創成の残滓――だけでも、塵の微粒子の重ね合わせのデコヒーレンスを一秒ほどで起こす。

ポイントは、こうした「メソスケール」での重ね合わせの観測を実現する手立てが極端な状況において見つかることではない。測定過程自体は状態を乱さない、そんな観測方法を宇宙空間で工面できるか？　もしかすると可能で、想像するとわくわくしてくる。だがここでのポイントは、この大きさの物体の場合はデコヒーレンスを避けるために極端なことをしなければならないことだ。巨視的な大きさに近い物体の場合、普通の条件下において、デコヒーレンスは事実上一瞬にして必ず起こる。

では、微視的な物体では？　それならばデコヒーレンスは実際に避けられる。そういう話なのである——だから、原子や亜原子粒子や光子を相手に量子重ね合わせ状態にあるか（あるいは、あらかじめあったか）を確かめる実験が本当にできているのだ。数字がそれを物語っている。大きな分子（たとえばタンパク質ほどの大きさ）の場合、身の回りの空気中に漂っていたならデコヒーレンスは10^{-19}秒以内に起こる。だが、同じ温度条件でも完璧な真空中でなら、コヒーレント状態を一週間以上保てる。

シュレーディンガーの生きている／死んだ猫も含めて、巨視的な重ね合わせを観測できる可能性を壊すのはデコヒーレンスだ。そして、このことは普通の意味での観測とは何の関係もない。「波動関数を収縮させる」ために意識が「見る」必要はないのである。環境が量子コヒーレンスを拡散すればいい。この拡散の効率は実に高く、おそらく科学界で知られているなかでも最高効率の過程だ。そして、大きさが重要な理由はなんともわかりやすい。大きい物体では、環境との相互作用が単純にそれだけ多く、ひいてはデコヒーレンスがより速くなるのである。

言い換えると、私たちがこれまで測定と呼んでいたものの少なくとも大部分は（〝すっかり〟ではない。理由はのちほど）デコヒーレンスだと言っていい。デコヒーレンスが影響を及ぼすと、量子の多重性から古典の一意性が得られる。

＊3　こうも速い過程を物理学の観点からどう考えたらいいのかは定かでない。なぜなら、塵の微粒子と空気分子との衝突には時間がこれよりも格段にかかるからだ。だが、ここで注目しているのは、そうした数多くの衝突が多かれ少なかれ同時進行することによって生まれる時間のスケールである。

月を引き合いに出してアインシュタインが抱いた疑問への答えはこうなる。そのとおり、誰も観測していなくても月はそこにある——環境がとうの昔から絶えず「測定」しているからだ。月面に反射する太陽からの光子はすべてデコヒーレンスの作用因であり、月の位置を宇宙空間内に確定させてくっきりした輪郭を与えるには十分過ぎるほどだ。この宇宙がいつでも見ているのである。

量子系が「古典」に変わる仕組みがデコヒーレンスである、と突き止められるまでかなり時間がかかったわけだが、その理由として一つ考えられるのが、物体の性質はその物体に宿っている、という「局所性」の感覚を初期の量子論者が捨てきれなかったことである。量子もつれがむしばんでいるのは局所性であり、にもかかわらず、ＥＰＲ実験が提唱され議論されだしてから何十年と、量子系とその環境とのきれいな分離が古典物理学の場合と同じように想定され続けていた。デコヒーレンス理論の基礎がドイツの物理学者Ｈ・ディーター・ツェーによってようやく築かれたのは一九七〇年代だ。そのツェーの成果もほとんど黙殺されていたのだが、一九八〇年代に「デコヒーレンス」という用語がつくられた。「デコヒーレンスプログラム」とも呼ばれているこの理論の枠組みと研究課題への関心を高めたのは、ニューメキシコ州にあるロスアラモス国立研究所のヴォイチェフ・ジュレックが一九八一〜八二年に書いた二篇の優れた論文である。ジュレックはジョン・ホイーラーの教え子だ。

デコヒーレンスの主張は理論上それらしい——が、正しいのだろうか？　量子効果が環境へ漏れだす様子は実際に目撃できるか？　フランスの光物理学者セルジュ・アロシュとパリ高等師範学校の同僚が一九九六年にこの疑問を解消しにかかった。彼らは、光学キャビティと呼ばれる一種の光トラップに捉えられた多数の光子について調べた。光学キャビティ内の光は反射することはできるが外へは出られない。彼らは二つの状態の重ね合わせになっているルビジウム原子をキャビティに通した。原子は一方の状態では光子と相互作用して光子の電磁振動を変化させたが、もう一方の状態では何の変化も起こさなかった。次に、第二の原子をキャビティに通したところ、こちらは最初の原子によって引き起こされた光子の状態の影響を受けた。だが、その影響は光子場の量子状態のデコヒーレンスが進むにつれて弱まり、第二の原子によってつくられる信号は第一の原子の通過時点からの遅延に依存した。アロシュらはこうして二個の原子のタイミングを変えながらデコヒーレンスが始まる様子を観察できた。

手順が複雑そうに聞こえるが、これは光子を使って確固たる量子重ね合わせをつくり、そのデコヒーレンスを重ね合わせができた時点から段階を追って調べていくことに当たる。非常に大ざっぱに言えば、伸ばしてから手を離したばねの振動が、ばねの振動エネルギーが分散するにつれて弱まっていく様子を眺めるようなことである。重ね合わせ状態にあるコヒーレンスの崩壊を観察する実験はほかにも、超伝導量子干渉計（ＳＱＵＩＤ）と呼ばれる電子装置など、まったく異なる器材でも行われてきている。

こうした実験でデコヒーレンス制御の余地はたいしてなく、できる範囲でやるしかない。一九九九年、ウィーン大学のアントン・ツァイリンガーとマルクス・アーントと同僚らがデコヒーレンスの速さを変える方法を発見し、理論と実験を詳細に比べられるようになった。

彼らが調べたのは分子全体の量子波動性に由来する干渉だった――これ自体、顕微鏡で見えるほど大

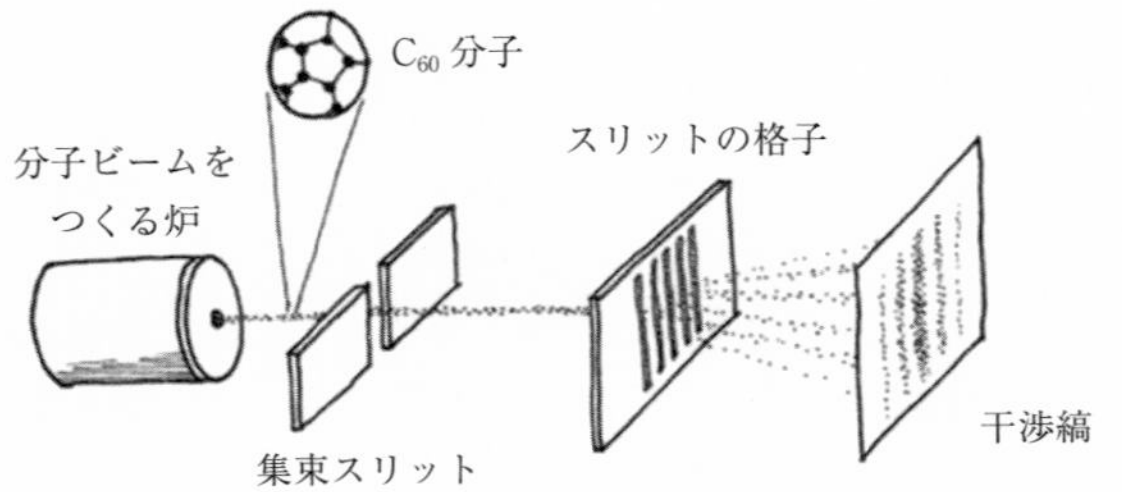

大きな分子（ここではC_{60}）の量子干渉。平行にされた（絞られた）分子ビームがスリット列を通して送り出され、コヒーレントで波のような性質に由来する干渉縞をつくる（実際の検出機構は、図の単純なスクリーンよりもはるかに込み入っている）。

きな物体にも量子力学が当てはまることの証しだ。一九九〇年代初頭、彼らはコヒーレントな分子「物質波」——分子の量子力学的流れ——をつくる技術を編み出した。これを用いると、二重スリット干渉実験ができる。ウィーン大学のチームは、フラーレンと呼ばれる分子が量子干渉を引き起こすことを報告した。フラーレンは、六〇個または七〇個の炭素原子が結合して閉じた籠をなしたもので（それぞれC_{60}、C_{70}と表記される）、どちらも直径は一〇〇万分の一ミリほどだ。同チームはこれらの分子をコヒーレントなビームに整え、薄いセラミック素材に切られた縦方向のスリットを通した。すると、その向こう側にずらりと並べた検出器が干渉縞を記録した。さまざまな位置で検出された分子の数に増減の振動が見られたのである。*4

同チームは、装置内部の気圧を変えることで、この分子ビームに起こるデコヒーレンスの速さを制御できた。気体の分子を増やすほど、フラーレン分子と気体分子との衝突が増えてコヒーレンスが失われるのである。予測されたとおり、チャンバーに注入するメタンガスを増やすほど、干渉縞の明暗のコントラストが弱まった。干渉のこうした減衰は、物質波の「量子性」がデコヒーレンスによって消されることの現れだ。このケースでは、所定の気圧の気体が干渉をどれほど強く抑えるか、量子力学上の計算で求められる。求まった予測は、干渉縞がほぼ消える段階に至るまで、観測結果と見事に一致していた。つまり、デコヒーレンスは現実であるばかりか、量子論で正確に記述される。言い換えると、量子論には、量子世界で何が起こるのかに加えて、量子がどのように古典になるのかも語れるのである。

だが、この話には続きがある。ここまで述べてきた事柄はそこにないもの、すなわち量子力学に見るコヒーレンスの理論である。だが、測定や古典世界の出現について理解をさらに深めるためには、そこにあるものを理解することも必要だ。私たちの身の回りで目にする具体的なものをデコヒーレンスが生み出す仕組みを説明するために。

＊4　干渉は物体がさらに大きい場合でも目撃できる。アーントと同僚らはその後、原子四三〇個からなる炭素ベースの特製分子でも実証しているのだが、こちらの分子の大きさは最大で一〇〇万分の六ミリと、電子顕微鏡で楽々見えるほどで、生体細胞の小さなタンパク質分子と同程度である。

第12章

経験するすべてはそれを引き起こしている何かの（部分的な）複製である

量子系が古典環境と接すると量子性がどうなるか、デコヒーレンスはその説明にいくらか迫っている。だが、古典的にならざるをえず人間スケールの装置を伴う測定そのものにおいては、失うばかりではなく得るものもある。目を向けている系に関する情報だ。その情報は、量子系の性質とどのような関係があり、どのような形で制約を受けたり危険にさらされたりするのか？　どれくらい知ることができるか？　古典的な測定装置はなぜ測定した値を記録するのか？

本書ではここまで、重ね合わせについて述べる際に、量子状態には階層のようなものがあることをそれとなくにおわせてきた。測定の結果に対応する状態と、それらの重ね合わせだ。デコヒーレンスを引き起こす測定が行われた場合、前者は生き残るが、後者は生き残らない。

だが、そもそも重ね合わせをつくれる理由といっても、それがシュレーディンガー方程式の有効な解であることくらいしかない。ならばなぜ、スピンを測定した結果として「上向き」や「下向き」は良くて、「上向き＋下向き」はだめなのか？　この見かけのえり好みの理由は？　シュレーディンガー方程式自体は何も語っていなさそうだ。

こんな答えが思い浮かぶかもしれない。「上向き＋下向き」が測定されるなら、両方の位置を同時に指す針が装置に存在することになるが、だとするとそれは巨視的な重ね合わせであり、（言われているところによると）許されない、と。だが、それでは答えになっていない。そうした結果は私たちが目にしないから許されておらず、ゆえに思い描き方を知らない、と言っているだけである。この世界が本当にそうなっていたなら、思い描き方をわかっていたことだろう。

あらゆる可能性のなかから特定の量子状態をいくつか選び出し、許される測定結果に対応しているのはこれだけだと指摘する、そんな部分が量子力学の理論にはなさそうだった。デコヒーレンス理論がその状況を変えた。デコヒーレンスは、シュレーディンガー方程式の特定の解がなぜ特別なのか、専門用語で言えば量子力学にはなぜ「選好基底」があるのかを説明できる。

そして、私たちがこの世界を観測できる仕組みについて、まったく驚くべきことを明かしている。

⚛

デコヒーレンスは物事を台無しにしがちだ。量子系が重ね合わせ状態で用意されていても、それをデコヒーレンスが改ざんしたり水増ししたりして、当初の系とは似ても似つかなくする。だが、デコヒーレンスが一瞬にしてすべての量子状態をそうしてしまうなら、環境によって回復不能になるまで壊されたり汚されたりする前の量子系についてはまったく何も知りえないことになる。そもそも、私たちが安定して測定できるのは、まず何より、いくつかの量子状態が破壊的なデコヒーレンスを前にしても盤石だからだ。環境にどっぷり浸っていてさえ特別という状態もある。ヴォイチェフ・ジュレックはそれらを「ポインター状態」と呼んだ。測定装置のメーター（ポインター）の針が指しうる位置を表しているからである。古典的なふるまい――明確に定義された安定な状態で存在すること――は、ポインター状態が存在するからこそ可能なのだ。

量子力学を用いると、ポインター状態が持っているはずの性質を特定できる。手短に言うと、ポインター状態の波動関数には決まった類いの数学的対称性がなければならない。具体的には、デコヒーレンスによって引き起こされる、環境との相互作用は、ポインター状態をまったく同じに見える状態に変換するだけである。前にも触れたが、量子状態がコヒーレントかどうかは、状態の波動関数の位相――山と谷の位置と言ってもいい――が揃っているかどうかの話だ。だが、ポインター状態は特別で、相互作用によって位相がシフトしても環境と量子もつれになっても違いを生まず、状態は引き続き同じに見える。大ざっぱには、円と正方形の違いのようなものと考えていい。円は角度をどう変えても同じに見えるが、正方形ではそうはいかない。

つまり、環境は量子性をやみくもに抑えこんでいるわけではない。特定の状態を選び、ほかを捨てているのだ。この過程をジュレックは環境誘導型超選択性（environment-induced superselection）、略してアインセレクション（einselection）と呼んでいる。生き残るのはポインター状態であり、それらが検出可能なのだ。ポインター状態の重ね合わせにはこの安定性がないので、「アインセレクト」されない。

だが、ある量子状態が私たちにとって測定可能となるのに、デコヒーレンス後も生き残るだけでは不十分だ。生き残る状態は、原理上は測定可能となる。だが、検出のためにはその情報に達することが必要だ。よって、その情報が実験者の手に届くようになる仕組みを問わねばならない。

いやはや、単なる観測行為がこうも盛りだくさんのテーマだったとは、いったい誰が想像しただろうか？

私たちは古典的な測定を行うとき、調べたい物体を直接調べていると感じる。小麦一袋の重さを量りたかったら、袋を取り上げ、はかりに載せる。この測定で目を向けているのが、一袋分の小麦そのものではなく、はかりのメーターの針なのはそのとおり。だが、それが大ごととは思えない。小麦の重さがばねを伸び縮みさせ、その動きに連動するレバーがあり、このレバーが針なり何なりの機構を回す。経験的な直接測定にどうしてもこだわるなら、袋を抱えるだけでも、少し慣れてくれば腕にかかる下向きの重力から重さをそれなりに推定できる。ふむふむ、一キロぐらいかな、などと。

ちょっと待った。ここにも何かしらの機構がやはりある。それが体の一部というだけのことだ。腕にばねとセンサーがあるようなものであり、それらが力の情報を記録して脳へと送っている。腕が麻酔ですっかり麻痺していたなら、袋を抱えていられたとしても測定はまったくなされない。

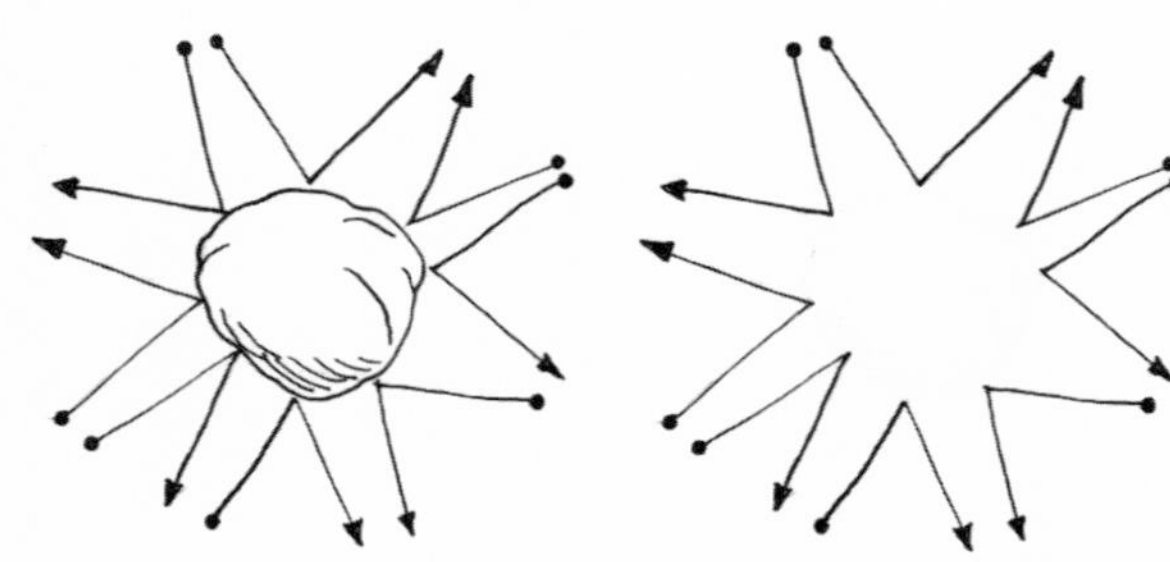

物体が環境と相互作用すると、その物体に関する情報（位置など）が運び去られる。空気分子がはね返っていく塵の微粒子（左）の位置は、はね返った空気分子を見て推測できる（右）。はね返った分子の軌道の数々が、粒子のある種のレプリカを符号化する。

ここまでくると、細事にばかばかしいほどこだわりすぎに思える。だが、これまで見てきたとおり、量子力学において測定がどの時点でなされたかという問題は測定の過程を記述する上で非常に重要である。測定の過程をもっと慎重に捉え、段階を追ったほうがよさそうだ。

測定装置には私たちと相互作用できる巨視的な要素が欠かせない。たとえばメーターの針や、それなりに大きくて視認できるディスプレイだ。こうした要素自体は、調べている系と相互作用する環境の一部として機能しなければならず、したがってデコヒーレンスを引き起こす。ただし、破壊一辺倒ではない。デコヒーレンス――環境との量子もつれ――こそが、量子系からその環境へ情報が渡る過程、情報にアクセスできるようにし、メーターの針を動かす過程なのだ。アインセレクションのおかげで情報がふるいにかけられ、ポインター状態だけが生き残る。

ここで言わんとしているのは、デコヒーレンスは物体に関する情報を環境に刻印しているということだ。物体の測定とは、環境からこの情報を引き出すことなのである。

塵の微粒子と周りの空気分子による、デコヒーレンスを引き起こす衝突について考えてみよう。塵にぶつかったことで空気分子に起こる軌道の変化は、粒子の存在と位置の記録を符号化したものと化す。驚異の測定器があり、塵の微粒子に当たってはね返る空気分子すべての軌道を記録できるなら、塵の微粒子がどこにあるのか、塵をまったく見ずに特定できる。塵が環境に残した刻印を監視していればいいからだ。

そして何について、位置と言わずどのような性質を測定するときも、私たちは実質的にこういうことしかしていない。私が目線を下げてテーブルの上のペンを見たとき、ペンがそこにあるとわかる理由は、ペンに当たってはね返った光子に私の網膜が反応することだけだ。これも自明なことに思える。だが、デコヒーレンスで起こる量子もつれのせいで、環境によって物体から運び出される情報が物体そのものの量子的な性質を根本的に変える、と知ればそうは思えなくなる。

この変化は、物体と環境とのあいだでエネルギーや運動量の受け渡しがあるせいでは必ずしもないことから、観測対象を観測行為が「擾乱する」というハイゼンベルクの概念とは関係ない。そうした擾乱が起こる可能性はあり、実際によく起こる。たとえば、塵の微粒子に当たってはね返った空気分子は、運動量を塵の微粒子に移すので、塵がわずかに不規則な運動をしているように見える。さまざまな方向から受けるわずかな衝撃が完全に均等とは限らないからである。だが、デコヒーレンスはこのことに左右されない。デコヒーレンスは量子情報の受け渡しの結果なのだ。物体と物体が量子もつれ状態になったなら、各物体に関する情報の在りかは当の物体だけに限られない。

というわけで、測定におけるデコヒーレンスの役割は、量子干渉を壊し、物体をより古典的にして、環境とより強く結び付けることだけではない。物体そのもののある種の「レプリカ」――あるいはその物体のポインター状態――を環境につくることでもある。古典的な測定装置で最終的に読み取り値を生み出すのは、このレプリカないし刻印だ。

物体の持つ性質とは、その性質が環境と量子もつれとなってデコヒーレントした度合いが測定されたもの、と見なせる。デコヒーレンスが強いほど、なされた古典的な測定の完璧さが増すし、物体に見受けられていた「量子性」の犠牲を増やしたことになる。環境に刻印された情報が観測者によって実際に読み出されたかどうかは関係ない。大事なのは、情報が環境に達して原理上読み取れるようになったかどうかである。

このように、測定とはできたかできなかったかの話ではない。度合いの話なのだ。私たちは、系から環境へと送り込んだ情報量に応じて量子性を壊す。ジュレックと彼の同僚のビル・ウータースは、二重スリット実験で光子が取った経路情報の一部を、量子干渉を全面的には失わずに取得できることを示した。取った経路がどちらだったのか、文句なしに定かとまではいかなくても、こちらよりあちらの可能性のほうが高いと考える根拠があるような場合、干渉はいくらか残っている。光子をまるで「粒子のように」仕立てて干渉をすっかり失うことなしに、驚くばかりの量の経路情報を手に入れられるのである。取った経路についての確信の度合いが九〇％なら、干渉縞の明暗のコントラストをまだ半分程度は維持できる（だが、残り一〇％の確信も得ようとすると、コントラストはすべて失われる）。

環境がデコヒーレンスの最中に携えていく量子物体に関する情報は、ある種の「どの経路か」測定の結果でもある。位置状態の重ね合わせになっている塵の微粒子について、環境が「吸収」する情報が多いほど、可能な位置のどこか一つだけへの局所化がその微粒子で進み、先に紹介したフラーレンの実験におけるデコヒーレンスでも見たとおり、そこにある検出可能な干渉が減る。

環境にポインター状態が刻印される形態は、簡単にアクセスできて安定しているとは限らない。環境によっては、量子物体のデコヒーレンスを引き起こすのは実にうまくても、はっきりしたレプリカを保持するのがあまりうまくないものもある。空気分子の衝突がこの類いだ。当たってはね返る空気分子の軌道から物体の位置を再現できはするが、それは当の分子がそのあとぶつかり合って情報をかき消す前に情報を集められればの話。一方で、光子は刻印を保持するのがはるかにうまい。物体に当たってはね返ったあと、互いに相互作用することは概してなく、携えている情報がそう簡単にかき消されないからだ。身の回りの様子をうかがうための頼れる手段として、生き物が視覚を広く採用しているのは偶然ではない！　においは、絶えず動いてぶつかり合う空気に乗って臭気分子が伝わるかどうかに左右され、保持がそううまくない。動物によっては視覚があまり効かない夜などに嗅覚を用いるが、これを頼りにするなら、あたりを漂いながら消えていく痕跡を嗅ぎ分けなければならず、獲物を見かけたらとにかく突進とはいかなくなる。

レプリカを刻印する過程での効率は、系と環境との結び付きそのもの、言い換えると測定が（原理上）なされる仕組みそのものにも左右される。複製の効率がどれほどか、条件によっては量子力学の数式を使って計算できる。すると、量子状態によって「レプリカ」生成に得意不得意があることがわかる。よりしっかりした足跡を残す状態、具体的には複製をより多く残す状態があるのだ。私たちがえてして測定するのはそうした状態であり、手持ちの量子パレットから最終的に古典的な姿をただ一つ描き出す。測定過程を経て生き残るのは「最適」な状態だけ、なぜなら測定機器に検知できる複製を環境につくるのがいちばんうまいから、とも言えよう。そうしたイメージをふまえ、ジュレックはこの捉え方を「量子ダーウィニズム」と呼んでいる。

彼と同僚のジェス・リーデルは、この「複製」の増殖がどれほど速く広範にわたるかについて、純粋な熱放射（太陽光が多かれ少なかれそうだ）に照らされた量子物体の場合など、いくつかシンプルな例で計算した。その結果によると、差し渡し一ミリの塵の微粒子は、太陽にたった一マイクロ秒照らされただけで、散乱する光子に位置を約一億回刻印される。

ということは、量子状態が観測可能になるためには越えるべきハードルが二つある。まず、デコヒーレンスへの耐性が高くなければならない。アインセレクトされるポインター状態がそうで、これらは選好基底（197ページ）を抽出し、重ね合わせを排除する。次に、環境にたやすく刻印される必要がある。量子ダーウィニズムによって選択される状態がそうだ。

この二つは別条件のように聞こえる。だが、実際にはどちらも同じ状態を選ぶ。しかしそれは偶然ではない。ポインター状態の特徴であるデコヒーレンスへの耐性の高さは、状態が変化を避けて環境に繰り返し複製されるためにはまさに必要な性質だ。だがそうであっても、状態が量子ダーウィニズムによって必ず選択されるとは限らない。たとえば、環境がレプリカの保持を実は不得意としているだけかもしれないからだ。それでも、適切な条件下でその状態が測定される可能性は生まれる。

客観的かつ古典的な性質が存在しうるのは、物体のいくつかの状態が環境に何度も刻印されるからである。一〇人の観測者が塵の微粒子の位置を順に測定し、同じ位置という結果に至るとしたら、それは測定の合間に塵を乱す力が働いていない場合だ。この見方において、客観的な「位置」を塵に割り振れるのは、塵の微粒子がそうした位置（どういう意味かはともかく）を「持っている」からではなく、そうした位置の状態がその環境では数多くのそっくりなレプリカを刻印できるから、ひいては塵の位置について観測者間で合意に至る可能性が生まれるからである。

それどころか、位置は環境との相互作用で「選択」される性質として最も堅実な類いのようだ。理由は単純で、そうした相互作用が物体と環境要素（ほかの原子や光子など）のあいだの距離に左右される傾向にあるからだ。互いに近いほど、相互作用は強くなる。それゆえ、相互作用は位置をきわめて効率良く「記録」する。ということは、位置状態のデコヒーレンスはきわめて迅速に起こる。なにしろ、光子が物体に当たって散っていけば、そのほぼすべてが位置情報を環境へと携えていく。よって、大きめの物体が「一度に二か所」にあるところを「見る」のはなにしろ難しい。

概して、測定では環境から手に入る情報をすべて集めるわけではない。集めるのは一部だけだ。私たちが物体を見るとき、眼に飛び込んでくるのは物体にはね返った光子全部ではなく一部であり、それで十分である。量子ダーウィニズムはこの一見（〝まったくもって〟ではない）自明で日常的な事実の明確な枠組みをつくる。それによると、私たちに測定できる状態とは、みずからを環境内で多数のレプリカに刻印できるだけではなく、環境の数多くの異なる**部分**に刻印できる——おかげでくまなく探さなくても見つけられる——ような状態だ。私たちに測定できる状態とは、最も見つかりやすい状態なのである。

この描像には突飛な帰結がある。一般に、環境の中の「レプリカ」を調べることで量子系の性質を測定するとき、私たちはそのレプリカを（測定装置ともつれさせて）壊す。ならば、測定を繰り返すうちに利用できる複製をすべて「使い切り」、状態を観測できなくなる可能性はないのか？ ある。測定をやりすぎると、いずれその状態は消えたように見えてくる。

だが、そう戸惑うことでもない。これは、系について知ろうとその系をつつき続けていれば、いずれ別の状態に追いやることになる、という話だ。日常経験とまったく矛盾しない。たとえば、コーヒーカップを好きなだけ長いこと眺めていても、見た目は何も変わらない。だが、数世紀前に描かれた巨匠の名画で同じことはできない。光に当たりすぎると顔料が色褪せるからだ。状態を変えることになる。

どのようなレプリカもなさそうなほど小さい何か、たとえば単一の量子スピンについては、長時間持続的に検証できる物事がはるかに少ない。ちょっと見ただけで、そこにあった情報を使い切ってしまう。すると、その後の測定では結果が違ってくるかもしれない。量子ダーウィニズムによると、基本的に、量子力学において観測者が影響を及ぼすように見えても、それは物理的に調べることがその対象を乱すかどうかの話ではない（そういうことは起こりうるが）。**情報を集めることが**実像を変えるのだ。対象について環境が保持している情報を測定がかき消すのである。

測定に関するこの新たな見方からは、また別の深遠な帰結が導かれる。知りうることすべてを、単一の実験から引き出せるような形で環境に刻印することが、量子状態には決してできないからである。どのような測定でも、得られるのは全体像の一部だけなのだ。だが、古典物理学ではおおむね問題にならない。パズルのピースを一個ずつでも残らず集められるからである。物体の質量はこの実験で、位置はあの実験で、温度はまた別の実験で、という具合に定めていける。量子系に対しては、断片から全体像をつくり上げることができない。情報の各断片を手に入れることで量子もつれが進み、残りの一部（またはすべて）を著しく変えてしまうからである。それまで不定だった性質の値を確定させかねないから、と言ったほうがいいかもしれない。量子系から全情報を一度に得ることはできないので、量子系を厳密に複製することはできない。試みたところで、見るたびに色が変わっている絵画の複製をつくろうとするようなことになる。量子力学において、複製は許されない。このことから重大な帰結が導かれるのだが、それについてはのちほど見ていく。

ここでは、量子の不思議のなかでも何より人を戸惑わせるこの側面を、現実に即して見ていこう。すると、何を測定するかは測定に対する見方――測定の状況――に依存する、と表現できる。文字どおりに受け取るなら、私たちの直感とは一致しない。だが、可能な量子状態はその痕跡を環境にどれも同じ形態ないし度合いで残すと予想する理由がなく、その痕跡の性質は系と環境との相互作用の仕方に依存すると考える理由もないなら、量子状況依存性を、必然と思うまでにはならなくとも、理解しやすくはなる。

このことの意味合いには注意が必要だ。たとえば、量子物体が持つ性質はさまざまで、環境に刻印の強く堅実なレプリカをつくる性質ばかりではなく、刻印が極めて弱いかまったくない性質もある。こちらの性質の情報を明らかにするためには、もしかすると別の類いの関連づけ、別の方向性の働きかけが必要かもしれない、などと想像したくなるが、これでは現実主義者的な思考習慣に屈したことになる。量子物体の性質はすべて本質的に定まっているが、一度に読み出せるのはそのうちいくつかだけ、と考えていることになってしまうのだ。そうではなく、物体が持っているのは**潜在性**だけであり、それを環境が何らかの形でふるいにかけて実像をつくりあげる、と考えなければならない。

⚛

量子と古典の違いが度合いだけなら、いったい何がその度合いの尺度になるのだろう? ジョン・ベルが示した一つの答えとして、量子もつれになっている状態どうしの非局所的な相関に目を向けるという手がある。古典(ないし隠れた変数)状態の場合、物体に関して知りうることはすべて突き詰めれば当の物体に符号化されているのに対し、量子状態の場合には非局所的な相関が、古典状態で考えられるどのような相関よりも、目立って強くなりうるからである。

ジュレックが、ベルの定理の対象となったＥＰＲ型実験に限られないより汎用的な基準を示している。量子系に関して重要なのは、相関が非局所的なら、系の一部分を測定するだけではその部分のすべてはわからないことだ。未知の側面が必ず何かしら残るのである。一方、手袋が左手用か右手用だとわかったなら、左右どちら用かについてそれ以上知るべきことはない。

同じ意味で、関心のある量子系と量子もつれになった別の量子系を測定すると、関心のある量子系について何かわかる可能性がある。ここを見ることで、あそこについて何か導き出せるのだ。

このことは、左手用と右手用の手袋など、性質に相関がある古典物体についても言える。問題は、その情報のうちどれほどが本当の意味で非局所的なのか、どれほどが物体のペアで共有されているのに片方だけ見てもわからない情報なのかだ。ここに量子性が効いてくる。

二個の物体に相関がまったくないなら、片方を見てももう片方のことは何も察せられない。それに対し、完全な相関があるなら、たとえば利き手が違う以外まったく同じ手袋二個なら、片方を見ればもう片方のすべてが察せられる。だがどちらの場合も、物体二個をペアとして見たところで、得られる情報が個別に見るより多くなりはしない。

ところが、量子系では多くなる。ペアに符号化されているが一方ないし双方を個別に見ても察せられない、という情報がそのペアの量子性の尺度であり、これをジュレックは「量子ディスコード」と呼んでいる〔英語のdiscordは“人どうしの不和”、“不協和音”などの意〕。量子ディスコードは、二個の量子物体に関する「量子もつれの度合い」の尺度ではない。まったくもつれていない場合も含めて量子性を定量化する。

量子ディスコードは、系に関する情報が測定で集められる際に——重ね合わせや量子もつれなどを「壊す」ことによって——系がどれほど避けがたく乱されるかの尺度と捉えていい。測定の不可避な代償の尺度、つかみ所のない謎めく量子の頂から古典の谷の地面までの落差がどれほどあるかだ。古典系ならディスコードはゼロであり、ゼロよりも大きい系には何らかの量子性がある。

⚛

これで、一言で言えば測定の理論に近いものが手に入った。この理論は、これまでどおりの量子力学にほかならないが、今度は環境も取り込まれている。情報が量子系から出て巨視的な装置に入る仕組みを説明できる。これがどれほど速く起こるか、どれほど堅実かを（少なくともシンプルな事例については）計算できる。なぜ意味のある測定ができる（すなわち、そもそも「観測可能な」）量とそうでない量があるのかを説明する。そして、意識を持つ観測者に特別なステータスを与えない。この理論においては、測定とは「環境との強い相関」のことだ。その強さは、測定が残した刻印から量子状態を原理上は推定できるほどであり、私たちがその推定を実際に行うかどうかは関係ない。

したがって、環境と相互作用すると量子コヒーレンスが失われる、というわけではない。それどころか、この宇宙から失われてはいない。だが、量子系そのものの検証では見えなくなる。一滴のインクが大海中に広がるように、環境全体に拡散するからだ。デコヒーレンスとは、重ね合わせを再現できなくなることである。一滴のインクを復元できないのと同じで、インクが存在しなくなったわけではなく、インク分子は相変わらず実在している。だが、インクが限りなく広大で途方もなく希薄な滴をなしていると考えても意味はないに等しい。

ということは、量子が支配する微視的世界と必然的に古典になる巨視的世界とに、この世界を物議を醸すあいまいなやり方で分ける必要はない。この二つの世界が接する仮想的な「ハイゼンベルク・カット」探しはもうやめていい。この二つが連続的である理由ばかりか、古典物理学が量子物理学の特殊ケースにすぎない理由も見えている。

また、この説明に「波動関数の収縮」が持ち出されていないことに注目されたい。ならば、厄介なことに非ユニタリーで不思議なあの変換を抜きにできたということか？　そう考える研究者もいる。ロラン・オムネはこう言う。デコヒーレンスをふまえると、波動関数の収縮について語ることは「必須ではなく、便法となった」。波動関数の収縮を現実の物理的効果に仕立てることは、量子論に要素を追加するという形で模索はできる。だが、デコヒーレンスがもう同じことをうまく達成しているのに、なぜこだわる？

だが、量子力学の研究者の大半は賛同しない。しつこく残っている問題があるのだ。一言で言えば、一意性である。量子力学は数多くの可能性を、数多くの潜在的な現実を提示する。それらが環境ともつれると、選択肢が絞られる。量子力学がしかるべく働いて、古典状態が純粋かつ単純に現れるのだ。これは天啓のようなものであり、古典系と量子系が相容れないと扱う必要性から私たちを解放する。

だが、測定には踏むべき段階がもう一つある。量子状態の重ね合わせは、はっきりとした古典状態の数々に取って代わられる。だが、目にするのは**そのうち一つだけ**だ！

この選択はいったいどのようにして起こるのだ？　なぜどの測定でも、目にするのは「これ」であって「あれ」ではないのか？　「これ」も「あれ」も古典的に可能なのに（「これとあれ」はもうだめだが）？　他の可能性はどこへ？　周囲に拡散したとは言えるかもしれないが、拡散した滴のインク分子と同じで、原理上はすべてまだそこらにある。なぜ私たちには見つけられない？　ひょっとして見つけることはまだできるか？

まあ、できるかもしれないが、従来の量子力学によるならできない。この理論を使った測定結果の引き出し方では、複数の可能性を単一の現実にする数学的変換、世に言う「波動関数の収縮」が、結局は最後の段階で必要となるからだ。もたらす経験が一つだけの世界とつながりたいなら、やはり収縮が要る。となるとこう問わざるをえない。私たちが「収縮」と呼んでいるこれは何なのだ？　系に関する知識の更新にすぎないのか（認識論的な見方が示唆していそうだが）、それとも確率の高い測定結果についての信念なのか（Qビストが言いそうだが）、あるいは実際の物理過程なのか、はたまた理論において問答無用で受け入れるべき公理的側面なのか、いや、そうではなく……？

デコヒーレンス理論は、量子が古典に――量子法則の直感に反する側面が古典の「常識」に――いかにして変わるかについて、きわめて多くを語れる。だが、何より常識的な特徴へと私たちを導くには至らない。なぜこれであってあれではないのか？　なぜこの世界の事実が存在するのか？

第13章 シュレーディンガーの猫には子がいる

あの猫について語らねば。

デコヒーレンスはあの猫を殺したのか、逆に生かし続けたのか？　私たちが好むと好まざるとに関わらず、環境があの猫を「測定」することになるようである。生き続ける場合、猫はぶつかってくる空気分子に囲まれ熱光子を浴びているはずで、私たちが箱を開けるにしても開けないにしても、あの猫を量子状態から古典状態（生または死）にするにはそれで十分だろう。

だが、これでは先の問いへの答えになっていない。デコヒーレンスの抑制は現実的には難しいが、それを阻む要素は原理上はない。あなたなりの思考実験を考え、猫に酸素マスクを付けて防寒スーツを着せて極低温の真空中に吊り下げる、などどれほど極端でばかげた条件でもいいので課してみよう。その場合どうなる？

量子力学を額面どおりに受け取れば、生状態と死状態の重ね合わせは可能なはずということになる。この主張を進んで受け入れる研究者が昨今はいる。生きている／死んだ猫の話は必ずしもそうばかげてはいないと考えているのだ。彼らはシュレーディンガーやアインシュタインとは違い、こうしたシュールな見方を本質的にばかげていると見なす必要性を感じていない。

実のところ、冒頭の問いに現実的な意味はないに等しい。「生」と「死」を量子力学の言葉で定義でき、二つの状態の重ね合わせを実際に波動関数で記述して時間発展を計算できれば話は別だが、そのやり方ははっきり言ってわかっていない。明確に定義されたシナリオになっていないのだ。この件はここで終わりにすべきだろう。

だが、そうしたところで窮地を脱してはいない。前にも触れたが、猫はどのみち不要だからだ。定義上互いに排他的な巨視的状態をシュレーディンガーが際立たせたかったのは、大きなスケールでの量子性に現れているように見える論理的矛盾を描き出すためである。だが、大きな物体の重ね合わせについては、物理学の理論にもっと寄り添った形での検討もできるかもしれない。たとえば、二つの異なる位置の共存は、直感的にイメージすることは難しいが、こうした二つの状態には意味の対立がないので、記述して測定するのがはるかにたやすく、この場合なら物体の重心を見つければいい。（生きている）猫がここにいて、同じ（生きている）猫があそこにいて、とは思案を巡らせるには不可解な状況だが、個人的にはシュレーディンガーによる生と死の曲芸を相手にしたときほどは苦労しない。

そうは言っても、この状況を大きくて温かくてふかふかの毛で動き回る何かで実際につくり出すとなると話は別だ。ならば、もう少し小さくて行儀のいいものならどうだろう？　それであれば、環境との相互作用を制御して、デコヒーレンスを抑えられるのでは？　現在、重ね合わせや干渉などの量子現象を中間的な大きさであるメソスケールの物体で生じさせ、そうなったときに量子力学が私たちに何を語るかを明らかにしようと、実験科学者が奮闘している。量子と古典の境目は、現実的な制約でしかなく、根源的な制約ではない。工学的な問題にすぎないのである。

こうしたメソスケールの系は、ふさわしいかどうかはともかく、「シュレーディンガーの子猫」と呼ばれている。

ウイルスより小さい生き物はいない。ウイルスはDNAまたはRNAがタンパク質の外皮に詰め込まれているだけの小片で、宿主生物の内部で増殖するようにできている。小さいものは差し渡しわずか二〇ナノメートルだ（一ナノは一〇〇万分の一ミリ）。ウイルスが本当の意味で「生きている」実体かどうかについてはいまだ議論が絶えないが、生物界の一員であることに疑問の余地はない。では、シュレーディンガーのウイルスをつくれるだろうか？

つくることを提案しているのが、ドイツのガルヒンクにあるマックス・プランク量子光学研究所のイグナシオ・シラックとオリオル・ロメロ＝イサルトだ。二人が示している実験概要には、ウイルスのほかにクマムシを重ね合わせ状態にする実験の概要が述べられている。クマムシは驚異の耐性を誇る微小生物で、体長は最大一ミリほど。地球の大気圏外を飛ぶ宇宙船から外に出されても生還できることから、デコヒーレンスの抑制に必要な高真空と低温に耐えられるかもしれない。

実験では、こうした生き物を「光学トラップ」に入れて宙に浮かべる。光学トラップは、強いレーザー光場を使って力を生み出し、物体をビームの最も強い部分で捕捉する。物体はトラップ内部で、ばねで吊り下げられているかのように振動する。この状態から、捕捉する力を操作して、物体をたとえば毎秒一〇〇〇回と毎秒二〇〇〇回の振動状態の重ね合わせに持っていくことを目指す。量子的なふるまいを確かめる簡単な方法としては、状態を干渉させてその兆候を探すという手が考えられる。

こうした重ね合わせを生き物で実現すること自体に根源的な重要性はない。その気になれば花崗岩の粒でもできることだし、重ね合わせ状態にあるとどんな感じがするのか、クマムシが話してくれるわけでもない。それでも、生きていること自体は量子力学が検出可能な形で現れることを阻んでいない、とはかねてから科学者の大半が考えており、この類いの実証実験はその説得力ある証しとなる。

⚛

シュレーディンガーの子猫は総じて地味で動きがない。一部の科学者がそれをナノ機械共振器と呼ばれる微小なばね構造でつくろうと目論んでいる。ナノ機械共振器は、微小な片持ち梁と両持ち梁、そして太鼓の皮のような薄くて硬い膜でできている。標準的なものでは、長さ数マイクロ、幅一マイクロほどの両持ち梁が、何もない空間を微小な橋のように渡され両端を固定されている。こうした構造には決まった共振周波数があるが、構造のサイズが非常に小さいことから、どの共振も量子力学の法則に支配される。持ちうるエネルギー量が量子化された特定の値に限られるのだ。構造が小さいほど、量子エネルギー状態どうしの間隔が広がり、区別しやすくなる。

このような発振器を振動状態の重ね合わせにするには、まず確固たる制御下に置く必要がある。基底状態と呼ばれる最低エネルギー状態で用意するのだ。熱も高エネルギーの振動を引き起こしやすいので、ナノ機械共振器はとことん冷やさなければならない。低温物理学の技術で絶対零度近くまで冷やしたら、今度はレーザービームを使ってさらに冷やして、残っていた振動をさらに減らす。レーザー冷却と呼ばれる技法である。こうして、振動する微小な物体を単一の量子状態へと導ける。

次に、利用できるようになった共振器を重ね合わせにする必要がある。一つのやり方は、状態を簡単に操作できる別の量子物体と結び付けることだ。制御システムとして理想的なのが「量子ビット」ないし「キュービット」で、

「メソスケール」で量子振動状態をつくる試みに用いられている微小な共振「ばね板」。長さは髪の毛の幅ほどで、素材にかかる応力でねじれている。画像はカリフォルニア大学サンタバーバラ校のアーロン・D・オコンネルとアンドリュー・N・クレランドのご厚意による。

これは原子の「上向き」または「下向き」スピンなど、明確に区別される二つの量子状態を切り替えられる物体である。量子ビットはどちらか一方の状態である必要がなく、両方の重ね合わせになっていてもいい。[*1] 共振器の状態が量子ビットで制御されるなら、共振器を重ね合わせにすることも可能だ。

こうした実験には尋常ならざる感度が求められる。比較的大きなものにきわめて小さな効果を探すからで、たとえて言うなら、自転車が走って渡ることによるゴールデンゲートブリッジの振動を検出しようとするようなものだ。カリフォルニア大学サンタバーバラ校のアンドリュー・クレランドと同僚らは、硬いセラミック素材の微小なシートからつくった共振器を、超伝導素材のリングでつくった量子ビット(237ページ)と結合させることに成功した。彼らの目標は、量子もつれ状態にある共振器を二個用意してシートの振動に見られる相関を調べることであり、これはEPR相関にベルの条件の破れを探るさまざまな実験といくらか似ている。ほかにも、重ね合わせ状態にある別個の発振器を用意し、環境との量子もつれが進むにつれてデコヒーレンスが進む様子を、言ってみれば中型のシュレーディンガーの子猫が周りの空間へ量子性を漏らす様子を観察しようとしている研究者もいる。

⚛

量子力学的なふるまいの観測に量子力学ならではの制約があるのは、環境によって誘導されるデコヒーレンスを抑えるのが難しいからだ。これがシュレーディンガーの子猫に関する研究から明らかになると大方の研究者が予想していることである。この見方において、子猫の物理的な大きさの重要性は、デコヒーレンスの回避をいっそう難しくしていることだけである。

だが、古典的なふるまいの出現には、ほかにも何か関わっている可能性がある。マックス・プランク量子光学研究所のヨハネス・コフラーとウィーン大学のチャースラフ・ブルクナーという二人の物理学者は、デコヒーレンスを抑えられるとしても、私たちには大きな物体では古典的なふるまいしか見ることができないかもしれず、この制約が避けられないのは、測定には常に不確かさや不正確さの余地があって、精度に限界があるからかもしれないと考えている。

教科書によく載っている議論によれば、実験の分解能にそうした制約があるので、巨視的な系で量子力学の不連続性は目にできない。系が大きくなるほど離散的なエネルギー状態どうしの間隔が一段と狭まるからだ。そうなると状態はぼやけて、飛び交うテニスボールなどから私たちが読み取るエネルギーのごとく、連続に見えてくる。だが、話がそこで終わるはずがない。テニスボールの話で言えば、速度の重ね合わせが禁止され、物体から量子性が実際に取り除かれた、というわけではないからだ。量子性がきわめて細かくなるだけのことである。

だが、コフラーとブルクナーの主張によれば、測定とは本質的に「きめの粗い」ものであり、大きな系に量子状態が狭い範囲で複数あっても装置の分解能では区別できないので、量子性は古典物理学のまねをさせられる。そうしたきめの粗いレンズでフィルターをかけられた結果、大きな物体の時間発展を記述する量子力学の方程式は、量子もつれのような非局所的な特徴がそぎ落とされて、ニュートンの古

＊1　重ね合わせとは、「一度に二状態」ではなく、どちらの状態も測定結果としてありうる状況のことなのをお忘れなく。

典力学の方程式に還元される。

言い換えると、古典物理は測定精度が落ちてきたときの量子物理から立ち現れる。それなりに大きな系では常にそうならざるをえない。量子コヒーレンスが消えてなくなるわけではなく、見えなくなるだけなのだ。そして、量子状態を区別できないだけではない。この状況で量子力学から立ち現れる特有の物理法則がまさに古典物理の法則なのである。繰り返すが、古典世界とは端的に言えば人間サイズの場合の量子世界の見え方だ。

この描像から、シュレーディンガーの猫という難題への別解が得られる。私たちに生死の重ね合わせを目にすることが決してかなわないのは、それが存在しないからでも、それをデコヒーレンスが壊すからでもなく（壊すこと自体はありうる）、私たちにはどうしても区別できないからである。必要な精度が私たちの装置にないのだ。

だが、超高感度の装置などなくとも、生きている猫と死んだ猫は区別できるではないか！　いや、思い出していただきたい。目指しているのはその区別ではないし、ここでの問題は「生きているか死んだか」ではない。猫が体を起こしてクリームの入ったボウルを舐めていたなら、重ね合わせは壊れたあとだ。そもそも、目を向けるだけでは重ね合わせは見えない。猫に当たってはね返る光子はきっとどれもデコヒーレンスを引き起こす。二重スリット実験を振り返ってみれば、重ね合わせの検出方法は、状態（光子がこのスリットを通ったかどうか）を測定することではなく、重ね合わされた状態どうしの干渉を確かめることだった。

では、どうしたら同じことを生きている／死んだ猫でできるだろうか？　何を測定する？　心拍？

それがあるようなら、猫は生きている。体温？　生きている猫と死んだばかりの猫も区別できない、といった調子で、重ね合わせがどう現れるのかが定かでない。前にも触れたが、「生きている」と「死んだ」は明快に定義された量子状態ではなく（もしかすると古典状態でさえなく）、何を測定すればいいのかわからない。

位置どうしの干渉なら測定できるかもしれないからと（それを猫で実現する方法が私には思いつかないが）、猫を生死ではなく位置の重ね合わせにしたとしても、検出は望めない。猫のような大きくて温かい物体について、一瞬でも保持できそうな位置の重ね合わせとして考えられるのは、二つの位置があまりに近すぎて、実現可能な装置の分解能では位置どうしの干渉が現れないようなものだけだ。目にすることになるものが従うのはニュートンの法則であり、シュレーディンガーの法則ではない。

古典物理はこうした形で、測定というぼやけたレンズを通して現れる。この発想は実験で検証しやすい。具体的には、それとわかる量子的なふるまい（干渉など）を保持し続ける、シュレーディンガーの猫的な大きめの状態をつくり、測定精度が徐々に粗くなるにつれて量子的な振る舞いが消えるかどうかを確かめることになる。原理上は可能だが、簡単ではないだろう。

結局、量子物体と古典物体とを何が分けているのか？　それならもうはっきりしたのでは？　古典物体は重ね合わせ（大ざっぱに言えば「一度に二状態」）になりえないし、量子もつれになりえないし、波のような干渉を示さないではないか。いや、それでは古典物体は実験においてある決まった類いのふるまいを示さないと言っていることになる。そのことからわかるのは目の付け所だ。そうではなく、根源的な違いは？

物体にはそれ自体に揺るぎなく存在する性質がある、という古典的な先入観は「局所実在論」と呼ばれている。性質は、測定中に遠く離れたものからの影響を受けないという意味で「局所」的であり、前々から存在しており簡単に確かめられるという意味で「実在」している。異なる観測者が同じ物体を調べ、その様子について合意に至ることがあっておかしくない。観測される値が偶然同じになるからではなく、それが物体に本質的に結び付けられている値だからだ。

一九八五年、アンソニー・レゲットとアヌパム・ガーグが、彼らが「巨視的実在論」と呼ぶものの基本法則を提唱した。巨視的実在論とは、物体は私たちが巨視的な世界でこうだと思うに至った「実在性のある」ふるまいをする、という発想である。レゲットとガーグは、提唱した法則にどういった観測が適合するかを調べ、その適合性を、隠れた変数で記述される粒子どうしの相関の測定にベルの実験が課す制約と同じような形で表現した。実験がレゲット＝ガーグの制約を破るなら、調べられている物体に巨視的実在性はない。

本書の執筆時点までの四年で、レゲットとガーグの巨視的実在性が比較的小さな系で実際に破れることが示されている。量子法則が当てはまる場合に予想されるとおりだ。ならば、系が大きくなっても破れはやはり起こるだろうか？　問題は、実験の難易度がどんどん上がることだ。そのため、ピーナッツが巨視的実在性を破るかどうかや、破れるような条件をうまく整えられるかどうかは、まだわかっていない。

レゲットとガーグが示した基準は、直感に反する量子効果に基づく断定ではなく、この件に対する別の角度からのアプローチである。この世界に関する私たちの普通の経験がどこまで当てになるかを問うているのである。局所性と実在論を尊重するすべての物理学理論（ニュートン力学など）は、レゲットとガーグが定めた境界の範囲内に収まるだろう。よって、これは量子論的なふるまいが「上はどこまで」見られるかではなく、古典世界ならではの特徴が――そもそも根源的な要件なのであればだが――「下はどこまで」見られるかの検証である。

私たちが巨視的実在だと認識している物事は、実際にはデコヒーレンスによってつかさどられている幻想であり、原理上、重ね合わせなどの量子効果はあらゆるスケールで本当に存在しうる。そう仮定しよう。この場合、シュレーディンガーの子猫を猫へと育て上げ、一回の測定で何かの性質の値を一つに限らず示す可能性をそれらがどのように保ち続けているのかじかに見る、そんな手立てを見つけられるものだろうか？　デコヒーレンスを抑えるという技術的な課題は難易度が途方もなく高く、決して解決できない可能性もある。それでもなお、巨視的な量子現象がどう見えるものかについて思案を巡らせるのは無駄と決まっているわけではなさそうだ。

ある意味、じかに見られる段階にはもうある。超伝導――電流が電気抵抗なしで流れるようになる―

―は、量子効果が一部の素材（金属など）に極低温で与える性質だ。素材が超伝導状態になると、その上で磁石が宙に浮くようになり、浮いた状態は量子力学の働きで目に見えて保たれる。超流動というまた別の量子効果が働けば、極低温の液体ヘリウムがSFよろしくどろっと流れ、容器の側面をのぼって越えて出ていく。こうした不思議な現象の様子はじかに目にできる。だがどちらも、どれほど突飛で驚異的に見えても、ここまで議論してきた意味で「量子的」なことではなく、常人の理解を超える量子の基本原理が大きなスケールで現れたものだ。「一度に二状態」ではない。

微小な機械的両持ち梁が重ね合わせの状態で振動していても、背筋をゾクゾクさせそうな不思議な物事を目撃するという欲求は満たされそうにない。こうした現象は総じて間接的にしか検出できず、肉眼で目にすることはない。繊細な量子状態を乱すことなく、顕微鏡を使って画像化できたとしても、何か妙なところに気づく可能性は低そうである。効果はあまりにかすかだ。

だが、視覚の並々ならぬ感度のおかげで、光子の状態の重ね合わせが意識に直接働きかけるかもしれない。そんな望みを一部の研究者がつないでいる。光に敏感で暗い明かりに反応する網膜の桿体細胞はきわめて高感度の光子検出器で、夜の帳が下りると錐体細胞から主役の座を引き継いで夜目を働かせる。その桿体細胞が光子わずか三個というパルスを検出できることを、イリノイ大学アーバナ＝シャンペーン校の研究者らが示している。実験では、ボランティアの被験者に暗室に入ってもらい、光子を個別に思いのまま放出できる最新の光学機器で生成された、わずか三〇個ほどの光子からなる閃光を見せる。被験者は何も見えていないと思っているが、閃光が放たれたことが知らされ、それが左右どちらからだったかを当てるように言われる。結果は、単なる偶然で当たる以上に正しい推測がなされた。眼全体は効率を完璧なまでに追求した光子検出器とはほど遠く、閃光に含まれる光子の九割以上が網膜に届く前に吸収される。ということは、桿体細胞に届く光子の数は毎回平均わずか三個だ。

では、閃光に含まれる光子が重ね合わせ状態にあった場合、何が起こるだろうか？　被験者が何を「見る」かにどう影響する？　桿体細胞から脳へと神経を伝わる電気パルスがある種の重ね合わせになるのか？　知覚の重ね合わせができたりしないか？　この実験が実際になされたとしても（実績はまだない）、精神がおかしな新状態になったりはせず、同じような結果になるだけという可能性が高そうだ。桿体細胞のふるまいは巨視的な測定装置の例に漏れず、量子状態を古典状態に変えてデコヒーレンスをまさに閃光のごとく引き起こすだろうからである。とはいえ、今のところは知る由もない。

第14章 量子力学はテクノロジーに活かせる

状態が量子もつれまたは重ね合わせに保たれた量子粒子の集合体——言うなればシュレーディンガーの子猫の萌芽——をつくることは、学術上の関心を呼ぶにとどまらない。この技をマスターすれば、そうした量子集合体を使って有用なことができる。たとえば量子力学の法則に従って動作するコンピューターをつくるとか。

量子コンピューターはもうあって、最初の商用機はまさにそれらしく見える。カナダのブリティッシュコロンビア州バーナビーを本拠とするディー・ウェーブ・システムズが販売しているD‐Waveは、SFに登場する装置がそのまま現実に飛び出してきたような謎めく黒い筐体に収められており、大きさは商用冷蔵庫ほどだ（が、中の温度は比べものにならないほど低い）。一台一〇〇〇万ドルするので誰でも買える代物ではないが、グーグルやNASAのようなテクノロジーの巨人や、航空宇宙と先進技術の企業ロッキード・マーティンがすでに購入している。

実を言うと、Ｄ－Ｗａｖｅが本当に世界初の商用量子コンピューターと言えるかどうかについては議論がある。開発中の量子コンピューターの大半と動作原理が異なるからだ。だが、もっと主流寄りの設計がなされた量子コンピューターの試作機を、今ではＩＢＭやグーグルも製作しており、新たなマシンがいつ登場してもおかしくない。

量子コンピューターは量子力学の諸原理を活かして、情報の処理速度を格段に上げる。いずれ、古典コンピューターでは週や年の単位がかかりそうな計算を秒単位でできるようになるかもしれない。古典コンピューターには根本的にできないやり方で情報を処理できるからである。

だが、たとえ価格が下がったとしても、量子コンピューターがいつの日かあなたのノートパソコンに取って代わるかどうかは定かでない。理論上、量子力学的な効果を応用した複雑な計算処理、すなわち量子コンピューティングはある決まった類いの問題を解くのは驚異的に得意だろうが、その技をどのような計算に用いても恩恵が大きいかどうかはまだわかっていない。この分野では、本体をつくることだけではなく、うまい利用法を明らかにすることも大きな課題なのである。

とはいえ、きわめて初歩的な量子コンピューターが存在することだけでも、私たちの大半が決して遭遇することのない難解な世界を記述する言葉、という域を量子力学がはるかに超えている証しだ。量子力学を用いて情報テクノロジーを向上させることは、量子論がこの世界について何か現実的なことを本当に記述していることを示す、とりわけ魅力的な実例の一つとなっている。

ところが、その重要性はもっと深い。量子系を従来のコンピューターのデジタル回路さながらに情報の保存、操作、読み出しができる情報の収納庫として扱う、という発想そのものが、量子論の中核には情報があるという見方を補強しているのだ。この理由から、量子コンピューティングは量子力学という物理学における実用面での派生どころではない。この分野の根源的な問題のいくつかを語っているのである。量子コンピューティングで何ができて何ができないかを支配している規則は、何が知りえて何が知りえないかを支配している規則と同じだ。

この意味で、量子コンピューティングは一方通行ではない。基礎科学が技術に応用されたというよくある（が誤解を招く）話の一つではなく、技術的応用への妥協なき要求に押されて、「純粋な」科学が未知の事物に対峙し、ことによると知見が深まり洗練される、という実例なのである。量子コンピューティングの先駆者の多くは、量子力学の意味についてとりわけ深く考えた科学者と重なる。量子コンピューターや関連する量子情報テクノロジーがもっと前に発明されていたなら――なぜそうはならなかったのか、実はこれといってはっきりした原因はない――ボーア、アインシュタイン、フォン・ノイマン、ホイーラーらには議論したいことが山ほどあったに違いない。

⚛

初期概念の功績で称えられているのも、やはりそうした量子力学の開拓者の一人だ。一九八二年、リチャード・ファインマンが「物理学をコンピューターでシミュレーションする」最善の方法について思案を巡らせた。今や成熟分野であるコンピューターシミュレーションは、物理法則に支配される一種のコンピューターモデルとして物事を記述し、あとは法則に任せて成り行きを確かめる、という方針で物事のふるまいを予測する手法である。モデルの数式はそれぞれ概してシンプルなのだが、数が途方もなく多いうえ、モデル化したプロセスの一瞬一瞬についてそれらを延々と解き続けなければならない。そこで、処理はコンピューターにやらせる。この手の仕事はコンピューターのほうがはるかに速いし得意だからだ。

本当は古典力学ではなく量子力学を使うべきだと知りつつも、ニュートンの法則以上を想定しないなら、原子のスケールについてのコンピューターシミュレーションはえてしてうまくいく。だが、原子のふるまいを近似してビリヤードボールのような古典粒子として扱っていては不十分な場合がある。たとえば、工業用の触媒や薬剤の挙動が絡む化学反応を正確にモデル化するには、量子力学的なふるまいを考慮することが欠かせない。そのためには粒子のシュレーディンガー方程式を解けばいいのだが、近似的にしか解けない。計算を扱いやすくするにはかなりの簡略化が必要だ。

では、量子力学の法則に従って動作するコンピューターがあったとしたら？　ならば、シミュレーションしようとしている類いの挙動はコンピューターの動作原理そのものに組み込まれている。はなから織り込み済みとなるのだ。これぞファインマンが論説で指摘したポイントだった。そのようなコンピューターは存在していなかったが、それまでつくられたどのコンピューターとも「別種のマシン」（いやみなほど控えめな表現だ）になると彼は指摘した。そして、予想される外観や動作などに関する理論こそまとめなかったが、「自然をシミュレーションしたいなら、量子力学的にやるべきだ」と主張した。

ファインマンが考えていたのは処理の高速化ではない。彼は量子コンピューターなら古典コンピューターにはどうあがいてもできないことができるだろうと想像していたのだ。量子コンピューターの実現に注がれている多大な労力を何より正当化することになるのはこの側面であって、「量子スピードアップ」ではない、と考える研究者は今なおいる。速さには特にメディア報道で注目が集まるが、それは個人のコンピューター利用を巡る私たちの実体験の反映なのかもしれない。ファインマンがあの論説を書いていた頃、コンピューターが日々の暮らしにどこまで浸透するのか、あるいはその役割が速さにどれほど決定的に依存することになるのか、考えていた者はほぼ皆無だった。今日、コンピューターは従来よりも速くなるだろうと主張するのに、速さの価値をことさら正当化する必要はない。

とにかく、計算をもっと速くする方法についてはいろいろ言われているが、(古典コンピューターには当然として)学童にも簡単にできそうな足し算の域をはるかに超えた計算ができる、そんな量子コンピューターはつい最近まで誰にもつくれていなかった。より難しい問題に取り組むうえでの障害は、工学的な問題にすぎないと見なせはする。だがそうした課題も、その潜在的な解決策も、実は量子力学の根源的な特徴に根ざしており、諸原理の理解が進まない限りは解決されそうにない。

⚛

今日のコンピューターはすべて二値論理を用いており、情報を1と0の連なりで符号化している。こうした二値情報すなわち「ビット」は、配線を伝わる電気パルス、光ファイバーを伝わる閃光、ある種の記憶デバイスの磁極の向きなどで表現できる。物理的な実装方法は何でもよく、コード方式は別形式に、情報そのものは変えずに（データの保存または転送時に）変換できる。

計算の論理演算では、1や0を所定の規則に従って変換する。「論理ゲート」は1や0に当たる入力信号を受け取り、その組み合わせに基づいて出力信号をつくる。ANDゲートなら、二つの入力がどちらも1の場合に限って1を、それ以外の組み合わせでは0を出力する。従来のマイクロプロセッサーの回路において、こうしたゲートは大部分がシリコン（や関連する半導体素材や絶縁素材）製のトランジスターで構成されており、これらが微小なスイッチとして働く。特定の計算を遂行するために、計算ステップを所定の順序に並べたアルゴリズムを定め、入力データを組み合わせて操作して目下の問題に対する解が導かれるようにする。違う計算には違うアルゴリズムを用いる。

計算の――あらゆる計算の――実態はこのビット操作だ。あとは、操作済みのビットを画面上で光る記号なり、紙に吹き付けられるインクなり、何なりに変換するソフトウェアやインターフェイスを構築して、私たちがコンピューターとやり取りできるようにするだけだ。

量子コンピューターでも1と0を用いるが、決定的な違いがある。その根幹を成す技は古典的なビットに代わって量子ビット（キュービット）を用いることである。量子ビットにおいて、二値情報は量子状態という形で符号化される。状態としては、光子の二つの偏光や、電子や原子の「上向き」スピンと「下向き」スピンなどを用いることができる。

前に触れたように、量子ビットは状態の重ね合わせにできるが、1と0の二値にとどまらずこの二つの任意の組み合わせを符号化できる。量子ビットは1と0、あるいは1と少しだけ0、などを一度に符号化できると見なせるのだ。古典ビットは二つの異なる状態としてしか存在できないが、量子ビットは幅広い状態を扱うことができ、その広さは量子ビット数が増えるにつれて急速に拡大する。こうして選択肢が広いことから、古典ビットを並べるよりも量子ビットを並べたほうが情報をはるかに効率良く操作できる。

どうやら――このあと経緯を見ていくが、完全にはわかっていなくてがっかりかもしれない――このような情報処理能力があるおかげで、量子コンピューターはある種の計算を古典コンピューターにできるよりもはるかに速く処理できる。目指すは量子ビットを用いる論理演算の実現だ。符号化されている情報がシャッフルされて新たな構成になる一方で、量子力学的な性質は維持されるように、量子ビットを相互作用させようというのである。これは、量子ビットの重ね合わせをコヒーレント(184ページ)に保つことに当たる。古典コンピューターの場合と同様、量子アルゴリズムへの1/0入力は、ビット形式に符号化された解にまとめあげられる。

ここで、重ね合わせが総じてとても「繊細」なことに注意が必要だ。周囲の環境による擾乱、とりわけ熱によるランダム化の効果にたやすく乱される。だが、前にも見たように、これはよくほのめかされているところとは違って、重ね合わせが壊されているのではなく、量子コヒーレンスが環境へと広がって元の系がデコヒーレンスを起こしているのだ。デコヒーレンスがひとたび起こると、量子ビットが乱されて計算が瓦解する。粗っぽく言うと、量子ビットの1と0が同じメッセージの一部ではなくなってしまう。

ただし、それですっかりふいになるとは限らない。熱などの環境的な擾乱要因が一量子ビットに対してだけ、1を0に反転させるなどして意図した量子状態をもう一方の状態にするケースも考えられる。

計算はそのまま続けられるが、損なわれていて答えを信頼できないかもしれない。

概して、いくつもの量子ビットが全体として安定なのは、熱雑音によるエラーを最小限に抑えておける極低温の場合だけだ。ずらりと並べた量子ビットの量子コヒーレンスはなにしろ脆く、量子コンピューティングの理論はもうかなり進んでいるのだが、実用機の製作では電気系や光学系のエンジニアと応用物理学者の技量が極限まで試されている。片手に余る数の量子ビットを組み上げ、それらを使って何か計算できるほど重ね合わせを長く維持する技術は、まだ実用段階にない。そのため、古典コンピューターでは著しく少ない労力で済ますことがかなわないどのような処理も、量子コンピューターでの実行はまだできていない。

⚛

先見の明があるファインマンの提言に続き、オックスフォード大学のデイヴィッド・ドイッチュやニューヨーク州ヨークタウンハイツにあるＩＢＭトーマス・ワトソン研究所のチャールズ・ベネットをはじめとする研究者によって、量子コンピューティングの理論が一九八〇年代半ばに発展した。だが、何か有用なことを達成できるように量子ビットを操作するアルゴリズムが見つかるまでにはもう数年を要した。

一九九四年、マサチューセッツ工科大学の数学者ピーター・ショアが、大きな数を素因数分解するための量子アルゴリズムを考案した。たとえば、12を素因数分解した結果は２×２×３、21の約数は７と

3だ。数の素因数を見つける近道は知られておらず、可能性をしらみつぶしにするしかない。たとえば、1007の素因数は19と53、1033に素因数はないのだが(これ自体が素数なので)、どちらも試行錯誤を経ないとわからない。

そのため、素因数分解では、考えられる答えすべてを一つずつ丹念に確認していく必要がある。古典コンピューターを使う場合は実際にそうする。古典コンピューターは単純な算術演算を電光石火の速さで処理できるので、先ほどの例のような数字の素因数はたいてい一瞬にしてはじき出せる。だが、数が大きくなるにつれ、コンピューターが地道にこなさなければならない計算量が急激に増える。二三二桁の数の素因数分解では、数百台のコンピューターが2年かかって二〇〇九年にようやく答えにたどり着いたほどだ。一〇〇〇桁の数の素因数を今日のコンピューターで求めるなどまったく現実的ではない。途方もない年月がかかるだろう。

大きな数の素因数を見つけるのがかくも難しいことは、データの暗号化に利用されている。大きな数の素因数分解問題を解かないと破れないようにデータが暗号化されていれば、スーパーコンピューターを使ったところで現実的な時間では解読できない。一方、素因数――暗号の鍵――が与えられると、解読は実に簡単だ。

ある数Nを、可能性を網羅するという方針で古典的に素因数分解するのにかかる時間は、Nが大きくなるにつれて指数関数的に――平たく言えば急激に――長くなる。だがショアは、量子アルゴリズムを使うと、素因数が見つかるまでの時間の増え方をNが大きくなっても格段になだらかにできることを示した。問題を解くのにかかる時間は、Nが大きくなるほどやはり長くはなるが、古典コンピューターを使った場合ほどではないのである。ショアのアルゴリズムをそれなりに大規模な量子コンピューターに実装できたなら、現状のデータ暗号化に用いられている素因数分解に基づく暗号は残らず解読できるだろう。

近々そうなることはなさそうだ。量子コンピューターを実際につくるという技術的課題のせいで、ショアのアルゴリズムは本書の執筆時点では数量子ビット分でしか実装されておらず、これはたとえば21を素因数分解できるレベルである。学童でも数秒でできる（と願いたい）この程度の計算をするのにも、量子コンピューターでは最新の量子技術を要する。今では素因数分解を行う量子アルゴリズムがほかにも考案されており、ショアのアルゴリズムで達成されたよりもはるかに大きな数を素因数分解しているが、お手持ちのノートパソコンが熱を持ちそうな処理はなし遂げていない。

試行錯誤以外に効率的な手段がまったくない作業としては、大規模データベースの探索も挙げられる。データベース探索は、格納されているレコードと手元のレコードを突き合わせるためなどに用いられるが、項目を順に見ていくという、引き出しの中をいちいち確かめるようなやり方以外はないに等しい。つまり、求めるデータが見つかるまでの時間は、格納されている項目の数に比例して長くなる。一九九六年、ニュージャージー州にあるベル研究所のロヴ・グローヴァーが、従来よりもはるかに速く探索できる量子アルゴリズムを報告した。所要時間は、増えるにしても項目数の平方根に比例する程度で済むという。よって、一〇〇項目のデータベースの探索なら、グローヴァーのアルゴリズムでは古典コンピューターを使った場合の一〇分の一の時間でできる。古典探索のこうした遅さはデータ暗号化の基盤の一つとして活かされてもいて、グローヴァーの量子アルゴリズムも暗号破りの可能性を秘めている。

ショアやグローヴァーのアルゴリズムは量子コンピューターが古典コンピューターよりも速く計算できる可能性を実証し、この分野の力点を量子コンピューターならではの新たな物事（自然を原子スケールできわめて正確にシミュレーションするなど）から量子コンピューターによる高速化へとシフトさせた。だが、量子スピードアップの恩恵がどれだけ誇示されようが、素因数分解と探索以外に量子コンピューターでなら古典コンピューターでよりも速く解けそうな問題を見つけるという課題が残っている。実証済みの量子アルゴリズムは現段階ではわずかしかなく、量子コンピューターは、ある処理にはたいそう優れていても別の処理では古典コンピューターと大差ない、という用途限定の装置になるかもしれないと考えている研究者もいる。

⚛

量子コンピューターの使い道が限られているかもしれないからといって、その製作意欲は削がれていない。まず考えなければならないのは量子ビットのつくり方、そして量子ビットがコヒーレントな重ね合わせを保つような結合の仕方だ。思い出そう。二個以上の粒子の重ね合わせは量子もつれ状態に当たる。ゆえに、量子コンピューターでは一般に量子ビットをもつれさせる必要がある。これから見ていくとおり、量子もつれは不可欠な要件ではないが、量子コンピューティングの提案の大半が量子もつれを頼りにしている。

量子もつれを量子ビットに局在させ続けるため、すなわち量子もつれのデコヒーレンスを阻むためには、素子をできるだけ環境から切り離しておきつつ、情報の書き込みや読み出しの機能を確保しなければならない。一つの方法として、光や電磁気の力で捕捉した原子やイオン（電荷を帯びた原子）の量子エネルギー状態にデータを符号化することが考えられる。また、量子ビットとしてたとえば原子のスピンを用いるという手もある。ケーキにレーズンを混ぜるがごとく、シリコンのような固体素材に不純物を埋める形で、スピンを持つ原子をある種の格子状に並べるのである。最も有望な量子ビットは、超伝導素材でできたリングということになりそうだ。この場合、ビットは電流が巡る向きとして符号化される。一般に、超伝導量子ビットが熱雑音にさらされてもデータをしっかり保持できるのは、絶対零度まであとたった数千分の一度未満という温度まで冷やされた場合に限られる。

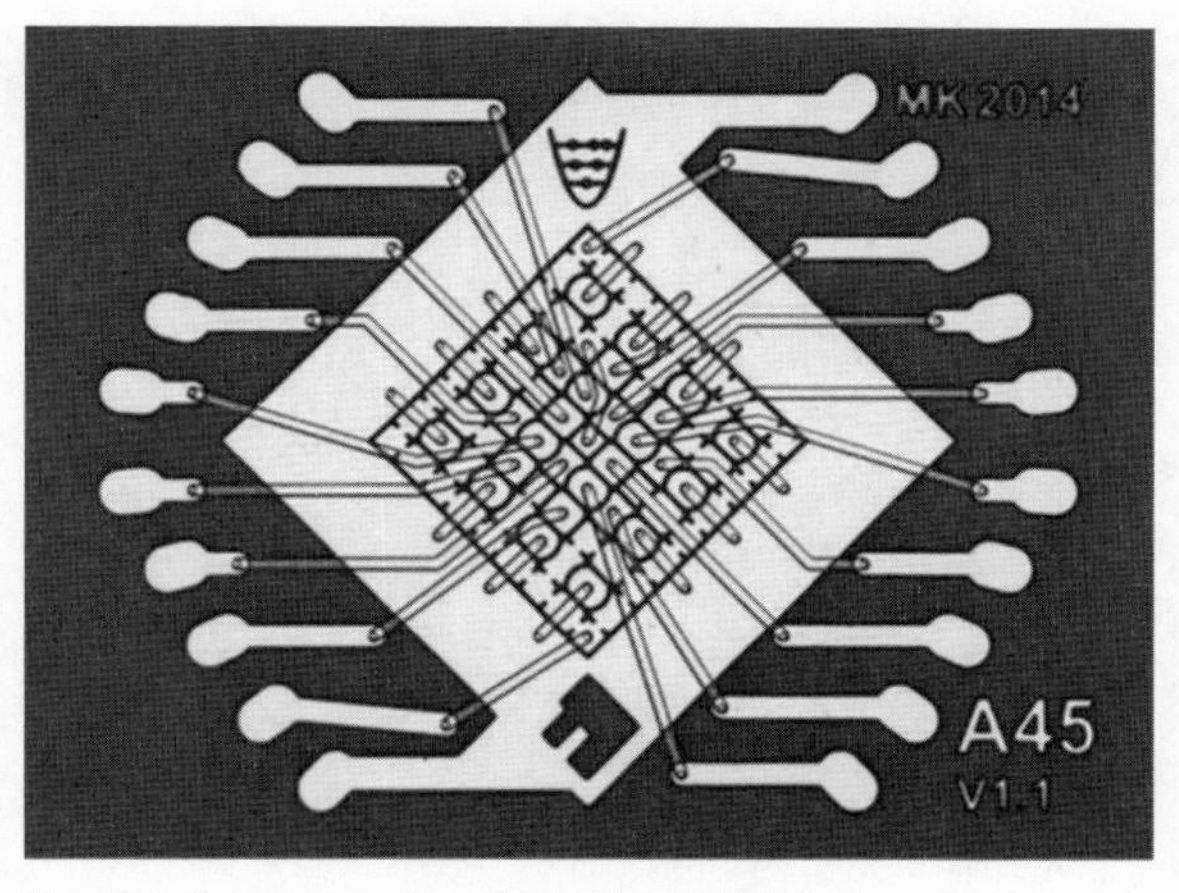

差し渡し約１ミリのチップ上に並んだ電子トラップ。オーストリアのインスブルック大学で量子コンピューティング用にイオンを保持するためにつくられた。画像はM・クンフ、P・C・ホルツ、K・ラクマンスキー、S・パルテル／インスブルック大学およびフォアアールベルク応用科学大学のご厚意による。

ディー・ウェーブ、ＩＢＭ、グーグルの量子コンピューターはどれも超伝導量子ビットを用いている。ＩＢＭのが最も型どおりのデバイスで、デジタルキュービット五個で構成されたマイクロプロセッサーだ。二〇一六年、同社は

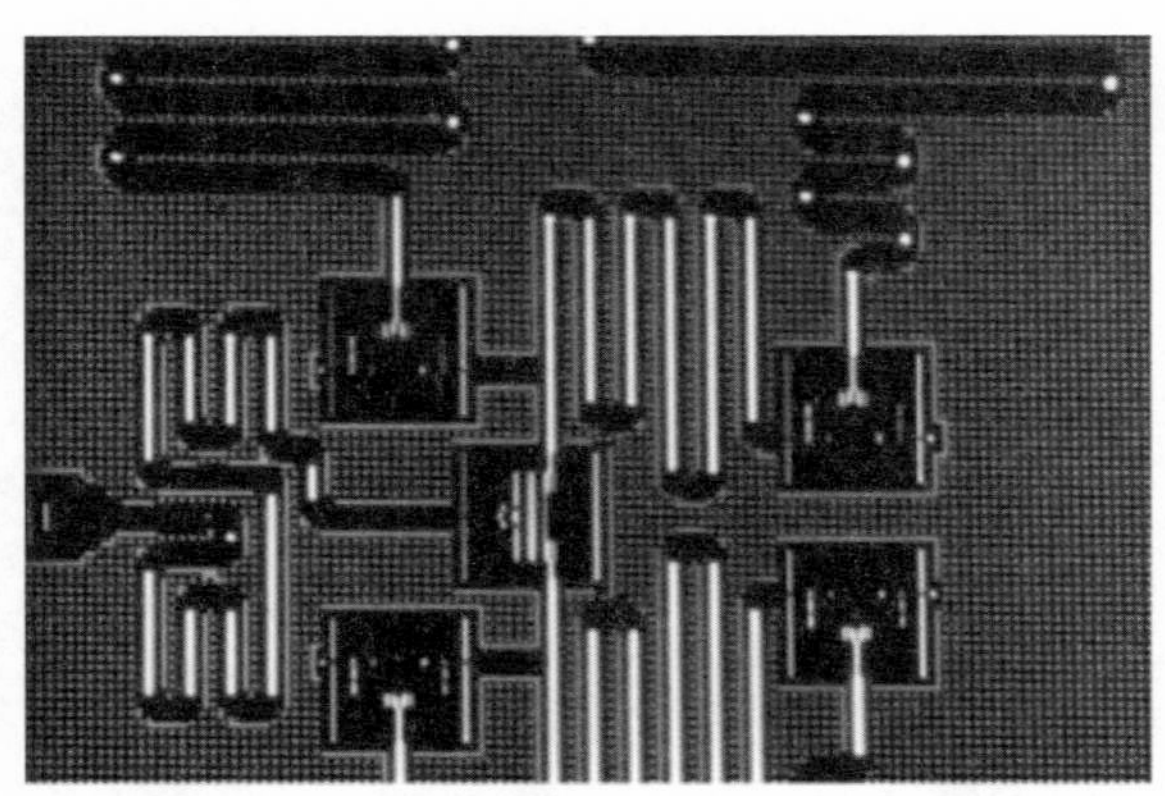

IBMの５量子ビット量子マイクロプロセッサー。クラウドベースのIBM Q Experienceとして2016年に発表された。正方形の構造それぞれが超伝導量子ビットだ。画像はIBMのご厚意による。

クラウドベースのプラットフォームを立ち上げ、一般ユーザーがその機能をオンラインで試せるようにした。本書の執筆時点で、ＩＢＭとグーグルは49ないし50量子ビットのデバイスを発表している。今日のノートパソコンが扱う一〇億単位のビット数と比べると、この数字はぱっとしないかもしれない。そのうえ、効果的な計算のためには、多数の量子ビットを束ねて一つの論理量子ビットを構成し、そこに論理演算に必要な機能を一式、なかでもランダムに生じた誤りの訂正機能を盛り込まなければならない。ではあるが、量子コンピューターに論理量子ビットが40〜50もあれば、特定のタスクについては現時点で最高の古典スーパーコンピューターを凌げる。その達成は（不穏とまではいかなくとも）仰々しく「量子超越」と呼ばれている。

負荷が非常に重い計算問題に現在用いられているのは巨大で途方もなく高価な（古典）スーパーコンピューターで、数少ない専用の施設に設置され、登録ユーザーによって使用されている。量子コンピューターの最初の市場もこんなものだろう。本当の意味の市場ではなく、集中極まる寡占だ。だが言うまでもなく、昔のコンピューターも例外なくそうだった。大型の汎用機は、ごく一部の専門家によって難解な問題専用に使われていた。だが、ＩＢＭの創業者トーマス・ワトソンが一九四三年に世界の計算処理ニーズはあの巨大な装置わずか五台分だと予想していた（真偽のほどは疑わしい）ことを鑑みれば、量子コンピューターを巡る状況は今後二〇〜三〇年変わらないかもしれない、などという予想は大胆か軽率な予言者でもない限りしないだろう。

⚛

量子コンピューター最大の問題と言われている一つが誤り訂正である。量子コンピューターも、1が唐突に0に変わるなどして、おかしくなることがあるのだ。

古典コンピューターでも起こるが、対処は難しくない。各ビットの複製をいくつか用意し、必要に応じてすっかり更新すればいいのだ。複製が三つあり、うち一つがほかの二つと違っていたなら、その一つは回路のランダム性などに起因して誤って変わったものとして自信を持って訂正できる。

こうしたチェックと訂正は欠かせない。そうしないと、誤りが蓄積して伝播する。学校教育の計算問題でも、途中でミスが紛れ込むとそこから先がめちゃめちゃになる。だが、量子コンピューティングの場合、同じ情報のコピーを複数維持しながら誤りを訂正するというやり方はできない。問題は、一般に量子状態に何かをして得られるのが異なる状態に限られることだ。元の状態の複製は得られないのである。これは、量子力学の根源的な側面の一つとして前にも見ており、「量子複製不可能定理」や「ノークローニング定理」などと呼ばれている。任意の（未知の）量子状態の正確な複製はつくれない。

それにしても、「量子複製不可能」とは誤称に近い。なにしろ、量子状態の複製は絶対的に禁止されているわけではない。特殊な条件下ではある種の状態に対してできるのだ。それが何かは気にしなくていい。大事なのは複製のために専用の複製装置が要ることで、その装置は設計対象の状態にしか機能しない。というわけで、任意の未知の量子状態は決して複製できない。どの類いの複製装置を使えばいいかがわからないからである。

量子複製不可能性は単なる技術的な不都合と思えるかもしれないが、実は深遠な原理だ。理由の一つは、厳密に複製できるなら、量子もつれを使って情報を瞬時に長距離送信するための手段がもたらされるからである。それを思うと、複製の禁止は特殊相対性を守る一手段とも言える。

だが、複製不可能性の根幹にある事実として、「未知の量子状態」はたとえば不明の電話番号とはわけが違う。単なる知らない物事ではない。いかなる形でもまだ観測されていないので、まだ決まっていないのだ。認識論的な見方を採用して、量子状態は系に関する知識の状態を反映しているとするなら、「未知の量子状態」は矛盾語法と言える。知識が存在しないなら、状態は存在しない。このように、量子状態の複製の試みと測定の試みには密接な関係がある。どちらも元の状態を何らかの形で変えずにはできないのである。

このことは以下のように考えてみよう。量子状態の測定と複製（試行）のどちらも従う必要のあるルールでは、特定の結果のみ許される。量子状態を相手には、「どの状態にあるか？」とは聞けず、「この状態か、それともあの状態か？」としか聞けない。そして、答えとして「イエス」と「ノー」のどちらかだけを得るが、そうすることで、別のことを問うていたら得たであろう答えを乱すリスクを負う。状態を前もって知っている場合に限って「正しい」問いがわかり、一部の答えを台無しにすることが避けられるのだ。言い換えると、任意の量子状態について潜在的に知りうるすべてを一度に明らかにはできない、という事実の帰結が量子複製不可能性なのである。

量子情報の確認と操作に対するこの基本的な制約をふまえると、量子コンピューターにはどのような前途が開けているのか？　一見、あまり有望とは思えない。量子ビットを実際に測定して、量子コンピューターが頼りにしている何より大事な重ね合わせないし量子もつれを壊さないことには、量子ビットを複製して誤り対策に使うことも概してできなければ、そもそも誤りが起こったかどうかを確かめることもできない。

量子コンピューティングがまだ紙上のアイデアだった頃、誤り訂正の問題は致命的な欠陥かもしれないと思われていた。だが一九九〇年代なかばから、量子ビットの誤りを検出、訂正、抑制する手法が登場しだした。その秘策は、量子ビットの値が本来の値から変わったかどうかを、値そのものを実際に「見る」ことなく明らかにすることである。戦略の一つがデータの冗長符号化で、考え方は古典コンピューティングの場合にいくらか似ているが、きわめて巧妙だ。計算に必要な量子ビットに結合されるだけで計算そのものには使われない量子ビットを追加し、この二つが相互依存した値を持つようにするのである。うまく構成すると、この「補助（アンシラ）」量子ビットを問いただすことで、誤りが何かしら起こった場合に発見でき、主役の量子ビットの状態を示す情報そのものを確かめる必要がなくなる。言ってみれば、情報を一歩離れたところから得ることで、実際に見たことを「否定」できるのだ。

さらに、補助量子ビットはハンドルの役割も果たし、これを操作することで直接触れなくても主役の量子ビットを正しい（または十分正しい）状態に戻せる。命令を間接的に伝えることで、実際に指示したことをやはり「否定」できる。

誤りの発生そのものを抑えるような量子情報の符号化法や処理法も探し求められてきた。ほかにも、誤りとの付き合い方を学んで誤りに対処するという手がある。誤りにきわめて強い量子コンピューティング法を見つけるのである。原理上、二、三個の誤りで計算が破綻することがないのは明らかと言っていい。たとえば、総選挙で数票の集計ミスがあっても（起こることは避けられない）、結果が無効になる可能性は低い。小さな誤りが大きな誤りに発展するような計算アルゴリズムを避ければいいのだ。

量子誤り訂正は量子コンピューティングという分野で最も活気のある領域に数えられている。実際には工学上の問題、量子回路の設計が優れているかどうかの問題だ。汎用的な解決策はないし、量子ビット数の少ないコンピューターで機能する誤り訂正方式が、回路が大規模になってもうまくいくとは限らない。誤り対策は、量子コンピューティング理論を現実のデバイスに変えるという多大な努力の一環である。ただし、誤りの管理がなぜ難しいのかという本質的な問題には、量子力学が機能する仕組みの根幹が関わってくる。

量子複製不可能性は、量子コンピューターのエンジニアには頭痛の種だが、逆に技術開発の好機をもたらしてもいる。一九八〇年代初期のこと、コロンビア大学の物理学者スティーヴン・ウィーズナーに

よる一〇年以上前の提案に着想を得たチャールズ・ベネットとジル・ブラサールが、もつれた状態間の量子相関を活かすと、量子ビットで符号化して送信する情報を、盗聴に対して安全に送れることを指摘した。盗聴がばれないように信号を傍受して読み取ることが、決してできなくなるのだ。これが量子暗号と呼ばれるテクノロジーの出発点だった。

次のようなことである。アリスが、量子もつれにされた二個の量子ビットに自分のメッセージを符号化する。1と0は、たとえば光子ペアの偏光状態で表す。量子もつれ状態にある各光子ペアのうち、片方をボブへ送る。ボブは、送られてきた光子の状態を測定してメッセージを解読する。

このプロセスにいたずらを仕掛けにくくする方法（プロトコル）はいくつかあるのだが、一般にはどれも次の事実を活かしている。すなわち、盗聴者（イヴ）は、偏光状態がわからない光子を傍受しても、アリスがどの状態を用意したのかを具体的に知らないので、量子複製不可能性に邪魔されて光子を複製できない。イヴは偏光状態を測定できるが、そうすることで状態を壊してしまい、ボブに完璧なレプリカを送って自分の介入を隠し立てすることはできない。

ベネットとブラサールによって一九八四年に初めて提唱されたプロトコルにおいて、アリスはもつれた光子を異なる二つの手法で用意する。ボブが正しい答えを得るのは、アリスが光子を用意するのに使った手法でボブも自分の光子を測定した場合に限られる。違う手法だった場合、得られるのはランダムな1と0だ。よって推測するしかなく、使う測定方法が正しいケースは偶然による半分にとどまる。一方、違う手法を選んで測定したとしても、「不適切に測定された」光子の半数がやはり偶然によって正しくなる。ゆえに、データの七五％が正しいことになる。ここでボブが、自分が各光子に用いた測定手法を、安全ではない普通の「古典的な」通信チャネルでアリスに伝えると、アリスは自分の記録に照らしてどの二五％を破棄すべきかをボブに伝えられる。残りは完璧に合っているはずで、そのことはデータのごく一部をやはり古典チャネルを用いて比較すれば確認できる。

一方、イヴが光子を一部ないしすべて傍受して測定し、新たな光子を生成してボブに送っていた場合、イヴには光子の正しい用意の仕方が偶然による半分しか当てられない。ゆえに、ボブが測定結果の誤りから四個に一個を破棄しても、ボブとアリスは「チェック用」の部分データに完璧な一致にならない箇所が残ることに気づく。このことから二人は通信が傍受されたとわかるのである。

このように、光信号が傍受されえないという話ではない。傍受はされうる。だが、イヴの盗聴をアリスとボブから隠しおおせることが絶対にできないのである。量子暗号は「破られる心配のない手法であり、暗号を破る側にできるどのような攻撃を仕掛けられても、暗号をつくる側は戦いに必ず勝てるようになる」とブラサールは言う。

ベネットとブラサールと学生たちは、彼らのプロトコルを大筋で実証する実験を一九八九年に成功させた。だが、概念実証としては十分だったものの、実用化にはまったく不十分だった。その後、テクノロジーが進み、今ではスイスのＩＤクォンティーク社などの民間企業が量子暗号装置を販売するまでになっている。このテクノロジーは、二〇〇七年に行われたスイスの国政選挙で、欠かせない用心としてよりも概念実証として、結果を暗号化して各地のデータ入力センターからジュネーブの政府リポジトリへ送るのに用いられた。本格的な導入は、上海と北京を結ぶ中国の光ファイバー量子通信ネットワークにおいて、政府や金融機関のデータの安全な伝送用として始まっている。

とはいえ、量子暗号の実装はまだ完璧ではなく、欠陥は「量子ハッカー」にとっての抜け穴になっている。ここで、聞こえの悪さとは裏腹に、量子ハッカーの営みは悪意のある侵害行為ではない。なにしろ、攻撃のレベルは実世界の機密情報を不正にアクセスする段階に（まだ？）達していない。その目的はこの理論の限界を探り、量子力学の法則によって何が可能になるか／ならないかを明らかにすることであり、その結果として理論そのものの理解も深まればなお望ましい。

⚛

複製不可能性のせいで、未知または任意の量子状態の正確な複製はつくれない。だが、この件を熟知しているなら、ある粒子の量子状態が持つ未知の情報を別の粒子へ転送することはできる。ただし、その二個が量子もつれになっていることが条件だ。これで第二の粒子がレプリカになる一方、その過程で情報が第一の粒子から必然的に消去される。

事実上、第一の粒子が元の場所から消えて別の場所に再び現れたように見える。非物質化の類いは何もなされていないのだが、レプリカと元の区別がまるでつかないなら同じことだ。アッシャー・ペレスとビル・ウータースが一九九三年にこの可能性を初めて認識したとき、二人は「テレフェレーシス」（「長距離顕現」ほどの意）という呼び名を提唱したのだが、チャールズ・ベネットがもっとキャッチーな呼び名を与えた。それが量子テレポーテーションだった。

「テレポーテーション」の手順でも、量子暗号の場合と同じく、量子もつれになっている二個の粒子

AとBを送信側（アリス）と受信側（ボブ）で共有する。この量子もつれでいわゆる「量子チャネル」が確立されるが、何かがここを通って不気味な作用で「送られる」と考えるのは誤解の元だ。アリスはCという粒子も持っており、その状態については知っているかもしれないし、知らないかもしれない（どちらであっても機能する）。ボブの粒子Bの状態にアリスがテレポートさせたいのはこのCの状態である。

テレポートさせるには、アリスは手持ちの粒子AとCに対し、ある決まった類いの同時測定を行う。実質的には、ベルの実験（157ページ）でなされるようなものと同じだ。この測定はCの状態を明らかにするものではないが、AとBが量子もつれ状態にあることから、Cの元の状態がどうであれ、BはCの状態に変われるような状態になる。ただし、実際に変わるにはボブがBに正しい操作をする必要がある。アリスは自分の測定を行うことでCそのものから状態を消去しているので、オリジナルと複製が共存することは決してない。

テレポーテーションを達成するためにボブがBにしなければならない操作とは何か？　ボブはその操作をアリスによるベル測定の結果から推察できるが、アリスは測定結果を何らかの古典的手段でボブに伝えなければならない。ボブがその情報を手にしたなら（光速以下で届く）、ボブはBをCのレプリカに変換できる。

これは何らかの意味で本当にテレポーテーションだろうか？　神話や空想やSFのアイデアを科学に持ち込むことは功罪相半ばとなるのが常だ。核となる概念を一般市民が把握するのには役立つが、非現実的または不適切な期待を抱くリスクもある。一九九七年にウィーン大学のアントン・ツァイリンガーのグループによって（光子を用いた）実験的な量子テレポーテーションが初めて報告されたときは、地球の裏側まで体を瞬時に送るスター・トレック的な装置に関する臆測が新聞各紙にあふれた。だが、そもそもこの憶測の文脈で量子テレポーテーションに何か意味がありうるのかすらわかっておらず、その不明さ加減は精神状態（あるいは猫）を波動関数で記述することに関する私たちの理解といい勝負だ。量子テレポーテーションは、量子コンピューターやデータネットワークで情報をあちこち動かすためとしては大筋でうまい方法となりうる。だが、これを便利な移動手段として使うようになるのは「まだかなり先」とする記事が多いということは、空想が現実と混同されている。これは量子力学における職業上の危険のひとつと言えよう。

第15章 量子コンピューターが「多くの計算を一度に」実行するとは限らない

まず申し上げておく。量子コンピューターが機能する仕組みをすっかり理解している者はいない。だが、量子デバイスが何をするはずかを計算して予測することなら、それをいかにしてするのかを明確に理解していなくてもできる。

一般向けの説明のほぼどれを読んでも、そして専門的な説明をいくつか読んだとしても、こうは想像しないだろう。普通は次のように説明されている。すなわち、量子コンピューターは古典コンピューターよりも速い。なぜなら、情報を量子ビットの重ね合わせの形で符号化することで、多くの計算を一度にこなし、可能な答えをすべて生成するからだ。そうしておくと、量子ビット全体の波動関数がうまいこと、まさに正解ないし最適解に対応する状態へと導かれるように収縮する。

それらしい説明であり、興味をそそられる。だが、これは量子コンピューターの一般的な動作原理ではないだろうし、ひょっとするとまったく違うかもしれない。

⚛

「量子並列性」という概念の出どころは、一九八〇年代という創成期にデイヴィッド・ドイッチュが上げた量子コンピューティングに関する画期的な成果である。この分野の研究者は、「量子並列性」は説明としておそらく誤解を招くと認識しているが、特に一般市民やジャーナリストへの説明では方便として使うと言う研究者もいるだろうし、その欠点についてもっと率直で、スピードアップの源泉はまったく別の性質だと考える研究者もいるだろう。

量子コンピューターによる計算が速いのがこのおかげではないなら、何が効いているのだ？ 見解の一致は見られていないが、わかっていないことは歓迎すべきことであり、隠し立てしたり半端な事実で取り繕ったりすべきことではない。なぜなら、これまで見てきたように、量子コンピューティングはこの分野の根源的な大問題のいくつかと結び付いている。二重スリット回折実験の結果も、ベルの実験で見られる量子もつれの結果も、量子論で正しく予測はできるのに、なぜそうなるかはきちんと説明できていないのと同じで、量子コンピューティングは原理的には機能するのに、それがなぜ機能するのかをきちんと説明できていないことは明らかである。そして、疑問点は似かよっている。

量子コンピューティングのドイッチュによる元々の定式化には、彼が量子力学の多世界解釈に深く傾倒していることが表れている。多世界解釈では、波動関数の可能な状態すべてが物理的現実に対応していると考えており、この発想については次章で詳しく検証していく。この見方において、量子コンピューターは処理を一度に数多くの世界で行うのに対し、古典コンピューターが処理を行う世界は一つだけだ。ドイッチュは、量子コンピューティングが可能であるということ自体が多世界仮説を支持していると確信したのだった。

だが、量子コンピューティングの理論家の多くが、量子スピードアップにとって本当に重要なのは、並列性ではなく（「多世界」での並列計算でもないことは言うまでもなく）、量子もつれではないかと考えている。計算では量子もつれ関係を用いて量子ビットをまとめて操作しており、各量子ビットで反復演算を何度も行う必要はない。おかげで手間がかなり省ける。というのも、多量子ビット状態間を飛び移るのに、古典コンピューターの場合に必要となる中間ステップを経る必要がないからだ。量子もつれによって、計算ステップの価値が高まって「お得」になる。量子非局所性のおかげで、ここで介入するとあそこで起こる物事に影響を及ぼせるようなのである。よって、量子ビットに一つ何かをすると、はるかに多くがタダで手に入る。

ただし、この状況に対する見方はほかにもあり、量子コンピューティングにおいてスピードアップに重要なのは量子状態間で起こりうる干渉だと、すなわち二量子状態の確率は単独状態の確率の和と同じではないという事実だと考える研究者もいる。確かに、量子もつれは干渉の現れだ。なにしろ、個々の状態間の相関をお膳立てする。だが、二重スリット実験などからもわかるように、干渉は量子もつれなしでも起こりうる。

それに、量子もつれは、たいていの量子コンピューティング方式で必要とされているものの、不可欠なリソースではないことが明らかになっている。マックス・プランク量子光学研究所のマールテン・ファン・デン・ネストが量子コンピューティングの理論的手法の概要を示しているのだが、彼の手法は量子もつれを必要とする手法と同等に機能するうえ、使う量子もつれの数が圧倒的に少ない（なぜ「ゼロだ」と言わないか？　ファン・デン・ネストの手法は、何らかの量子もつれから出発して、性能を落とさずに徐々に弱めてゼロに好きなだけ近づけられることを示すものだからである）。ということは、量子もつれは量子スピードアップにとって決定的な役割は果たしていないのかもしれない。その逆が正しいことは確かだ。理論上、量子コンピューターに量子もつれが――もっと言えば、単に量子干渉が――大量にあっても古典コンピューターより速くなる保証はない。[*1]

考えられる量子ビット状態が途方もなく多彩なことでも、ほかの世界を利用できることでもなく、量子もつれや干渉でもないなら、量子コンピューターのスピードの源泉はいったい何なのだ？

量子的な結果が測定の状況に依存すること、すなわち状況依存性（172ページを参照）も源泉の候補だ。カナダのウォータールー大学のジョセフ・エマーソンと共同研究者らは、状況依存性こそが少なくともある種の量子スピードアップに必要な隠れたリソースだと主張する。だが、議論は続いている。

⚛

＊1　それどころか、量子コンピューターが量子もつれの持ちすぎになりうることがわかっている。あるしきい値を越えると、パフォーマンスが古典コンピューターを用いた装置と同様になってくるというのだ。「量子」の利点が失われるのである。

私たちには量子の井戸がどこまで深いものかもわかっていない。量子もつれになっている量子ビットにできるレベルを超えて計算や通信の効率を**さらに**高める付加的なリソースが、カナダのウォータールーにあるペリメーター理論物理学研究所のルシアン・ハーディーによって、そして独立にイタリアのパヴィア大学のジュリオ・キリベッラらによって特定された。そのリソースでは、送信／受信する量子論理ゲート間で受け渡される情報の**流れる向き**の重ね合わせをつくる、という直感に反する作戦が採られている。どちらが送信でどちらが受信とは言えないのだ。

普通のコンピューター回路では、そして従来の量子コンピューターの回路でも、情報はあるデバイスから別のデバイスへと流れる。たとえば、論理デバイスがどこかから1や0を受け取り、それを操作して次へ渡す。だが、パヴィア大学のチームが提案した方式では、そうした二個のデバイス間で受け渡される信号について、その流れる向きの制御スイッチの役割を量子ビットが果たす。二個のデバイスをボックスAおよびBとしよう。スイッチは量子ビットなので、重ね合わせ状態にできる——つまり、情報が〝AからBへ〟と〝BからAへ〟に同時に動いていると（もうご承知のとおり、あまり言葉どおりにとはいかないが）考えていい。

まあ、そう言われても最初はあまりおかしなことだとは思わないかもしれない。そもそも物は双方向に移動できる。ある気体を充満させた筐体と別の気体を充満させた筐体とをつなぐ導管を思い浮かべれば、それぞれの気体が同時に互いに逆向きに拡散する様子を簡単にイメージできる。だが、これはそういう話ではない。情報は気体とはわけが違い、言ってみればボールのような単一ビットだ。なのでこの場合は、ボールが一度に両向きに通り抜けているようなことに当たる。

この状況が何がとりわけ人を混乱させるかと言えば、因果関係の方向性を不定にしているように見えることだ。ボックスAがボックスBに働きかけているのか、それとも逆なのか？　意味を持って言うことができない。

ウィーン大学の研究者らは、そんな因果関係の重ね合わせを、光子を用いた実験でつくり出した。そして、ある種の計算では、そうした状態をつくれるようにする量子スイッチによって、計算過程が簡素化されうることを示した。処理のためにゲート間でのやり取りを要する量子ビット数が、ユニットどうしが量子もつれになっているだけの場合と比べて著しく少なくて済む可能性を示したのだ。因果関係をこのようにして混乱させる量子コンピューターはさらに速くなる。

量子コンピューティングの根源的な「いかにして」については、機能する量子コンピューターをつくりにかかっている多くの研究者があまり問題にしない。彼らの関心事は差し迫った実用上の工学的問題だ。量子もつれ状態にある量子ビットのコヒーレンス時間をもっと長くする方法、そのコヒーレンス時間内に演算をできるだけ多く行う方法、量子ビットの結合や結合の解除を安定に制御する方法などである。

量子コンピューティングを実現する「リソース」という発想がとにかく誤解を招くと考える研究者もいる。私たちが今日ギガバイト単位のメモリに出している金額で、いつの日かコンピューターショップで材料がスパイスよろしく普通に量り売りされるようになる日が来るなど、彼らに言わせれば夢物語だ。

それでも、計算できるのが量子的な近道を使う場合に**限られるか**どうかについては、少なくとも一つ基準がありそうである。ヴォイチェフ・ジュレック（198ページ）が導入した「量子性」の尺度、量子ディスコードという概念のことだ。「ディスコードフリー」の計算過程は、古典コンピューターでも効率良く実行できることが証明されている。ジュレックはこう説明する。「逆に言えば、魔法の量子材料が何であれ含まれているのは、本当の意味で『量子性』を持っている状態ということです」——共有情報が量子ディスコードをいくらか持つような相関になっている状態、とも言い換えられる。

結局、量子コンピューターはいかにして機能するのかという問いには万能の答えがないのかもしれない。量子力学を活かすアプローチの威力を解き放つのに必要な「材料」は、実装形態に応じて違うかもしれないのだ（それぞれが量子ディスコードをいくらか内包していたとしても）。だとすると、計算過程の簡潔な説明は、誤解を積極的に招くことはないにしても、不完全にならざるをえない。

量子力学はコンピューティングの進歩をどう実現できるのか？　その具体的な理解はこの分野の何より深遠な疑問の一つに洞察をもたらすことになるかもしれない。その疑問とは、量子情報とは実は何なのか、そしてどうしたらそれを転送したり改変したりできるかだ。これは、装置製作の実情から切り離された理論的問題ではない。前にも見たが、提案されているアルゴリズムは現在のところごくわずかで、それぞれ素因数分解や探索など決まった問題向けだ。量子力学の恩恵を活かす便法はなく、優れた量子アルゴリズムの考案はきわめて難しい。だが、有利に働きうるのが量子力学のどの側面なのかをもっとよく把握すれば、容易になるに違いない。

しかし、本当に把握に至るかどうかは定かでない。数学者のダニエル・ゴッテスマンはこう語っている。「この件について言えば、量子スピードアップは量子力学全体の性質であり、根源をこれと明確に指し示せるものではない、というのが個人的な感触です。量子力学を何らかの意味で『十分』利用しているなら量子スピードアップを手にしていますし、そうでないならしていません」

この見方にはボーア的な魅力がある。量子力学を、それ以上根源的ないし断片的な記述には還元できない「物自体」の類いと見ているのだ。量子コンピューターはいかにして機能する？　量子力学を活かすことによって。

この答えでは納得がいかないし、ためにもならない、と思えるならご安心を。大勢が同じ理由でコペンハーゲン解釈に対して（もっともながら）このように感じている。だが、こうした曖昧さにも、量子力学の「意味」を巡る多彩な見方から研究者が着想を得る余地ができる、というプラスの面がある。たとえば、量子コンピューターに世界が本当は一つしか要らなかったとしても、世界が多数あるというデイヴィッド・ドイッチュの見方はこの分野の立ち上げに貢献した。批判的な向きも、彼の見方は退けつつ、その産物は褒めそやすかもしれない。このことからは、科学において——そして量子力学のような競争の激しい分野ではおそらくこれまでにも増して——アイデアの価値は「正しい」ことだけにではなく実り多いことにもあると再認識させられる。

少なくともこの意味で、ドイッチュの抱く多世界への強い思い入れは実り多いと言えよう。では、正しいという可能性はどれほどか？

第16章 「量子」あなたはほかにいない

マレー・ゲル＝マンの言うとおり、ニールス・ボーアが一世代分の物理学者を「洗脳」してコペンハーゲン解釈を受け入れさせていたなら、ボーアの影響力は衰えたか、そもそもうまくいっていなかったということだろう。

「量子物理学と現実の本質」をテーマに二〇一一年に催されたとある国際会議でのこと、非公式の投票の結果、ボーアの立場に賛意を示した参加者は半数にも満たなかった。彼の解釈がかなりの差を付けて最も支持を集めていたのは確かだ。だが、学界の総意と言えるレベルにはほど遠かった。

それに先立つこと一六年、メリーランド大学で催された同様の会合でも、MITの物理学者マックス・テグマークによって挙手による投票が行われていた。そこで勝利を収めたのもコペンハーゲン解釈だったが、やはり過半数には満たなかった。ただ、二位が自分のお気に入りの解釈と知って、テグマークは喜んだ。二位は多世界解釈だった。[*1]

耳にしたことはあるかもしれない。なにしろ、量子論を世間一般に広めているうちの数名がこの解釈を詳しく取り上げて普及に努めている。量子力学の解釈にも数あれど、これほど荒唐無稽で、魅力があり、刺激的なものはない。最もよく知られている説明によると、私たちの生きる宇宙はほぼ無限に存在しており、それらすべてが同じ物理空間で重ね合わされているが、互いに隔絶され独立に発展している。そうした宇宙の多くにあなたやわたしのレプリカが存在しており、見た目はほぼ区別がつかないが別の人生を送っている。

多世界解釈は、量子論が私たちにどこまで妙な発想を強いているかを物語る。この見方は激しい議論を呼んでいる。客観的な証拠で決着を付けることのできない見解の不一致があるとそうなりがちだが、量子力学の解釈に関する議論は白熱することがよく知られている。その輪に多世界解釈が加わろうものなら、その白熱の度合いたるや、この件には科学上の難題を解くどころではない何かが懸かっているのではと勘ぐりたくなるほどになりうる。

多世界解釈は量子力学のほかの解釈と質的に違うが、そうと気づかれる（または認められる）ことはまれで、ゆえに本書では検討をここまで先延ばしにしてきた。なにしろこの解釈では、量子力学そのものにとどまらず、科学における知識や理解というものの意味合いをどう考えるかも論じている。この世界を**知っている**という主張として私たちが求める、あるいは受け入れる理論が結局はどういう類いなの

*1　ただし、こうした投票結果が本当に語っているのは会合の主催者が誰だったかだ、とも言われている。

かを問うている。

コペンハーゲン解釈の名で知られるようになるものをボーアが一九三〇年代と四〇年代に唱えて磨き上げたあと、量子力学の中心的な問題は観測や測定によって生じる謎の断絶へと移ったようだった。ひとまとめに「波動関数の収縮」という呼び名を頂戴したあれである。

シュレーディンガー方程式は、量子系の考えられるすべての観測可能状態を定義し、含んでいる。波動関数の収縮の（意味はともかくその）前は、可能な状態のどれを取っても、実在の度合いをほかのどれよりも大きくする理由はない。なにしろご存じのとおり、量子力学は、量子系が実際にはどれかの状態にあるが私たちにはそれがどれだかわからない、とは言っていない。私たちに確信を持って言えるのは、系はそうした状態の**どれにも**ないが、波動関数によって適切に記述されており、波動関数はある意味すべての状態を観測結果として「許している」ことだ。ならば、波動関数が収縮するとき、一つを除いてほかはすべてどこへ？

一見すると、多世界解釈はこの消え失せるという謎のふるまいを説明する気持ちのいいほどシンプルな答えである。この解釈によれば、状態はどれ一つ消えておらず、私たちに知覚できないだけである。実質的に、**いっそ波動関数の収縮はなしで済まそう**という発想なのだ。

これは、若き物理学者ヒュー・エヴェレット三世がジョン・ホイーラーの指導を受けていたプリンストン大学で一九五七年に博士論文中で提唱した解決策だった。同論文は、量子力学は機能するという既知のことだけを用いて「測定問題」を解決すると主張していた。

だが、ボーアらが波動関数の収縮を全体像に加えたのは、単に話を難しくするためではない。それこそが起こっていることに見えるからだ。測定を行うと、量子力学が差し出す可能性の数々のなかから実際に一つだけ結果を得る。波動関数の収縮は、量子論と現実とを結ぶために要請されているように思えたのである。

となるとエヴェレットは、結局それは現実ではないと言っていたことになる。落ち度があるのは量子力学ではなく、私たちの現実観だというのだ。測定の結果が一つだとは私たちがそう考えているだけであり、実はすべて起こっている。目にするのはそうした現実のうちの一つだけだが、ほかの現実にも別の物理的実在がある。

実質的には、全宇宙が巨大な波動関数で記述されているという話になる。エヴェレットは博士論文のなかでそれを「宇宙波動関数」と呼んだ。この波動関数は、構成粒子の可能なすべての状態の重ね合わせとして出発する――可能なすべての現実を内包しているということだ。これが発展するにつれ、重ね合わせの一部が壊れ、特定の現実を互いに区別し隔絶する。この意味で、世界は測定によって「つくられる」のではない。隔てられるだけだ。よって、厳密なことを言えば、一つから二つがつくられるかのごとく世界の「分裂」を語るべきではなく（エヴェレットはそうしているが）、一つの現実のありうる未来にすぎなかった二つの絡み合った現実が解きほぐされるという形で語るべきである。

エヴェレットの論文は、提出された頃はおおむね黙殺されたが（このアイデアは同時期に著名な物理学雑誌にも発表されている)、一九七〇年代にようやく注目されだした。そのきっかけは、広く購読されている専門誌『フィジックス・トゥデイ』に掲載された、アメリカの物理学者ブライス・デウィットによる解説だった。

デウィットによる検討では、エヴェレットの論文でなぜか避けて通られていた疑問が強引に問われていた。その疑問とは、量子測定による可能なすべての結果に実在があるなら、それらはどこにあるのか、そしてなぜ私たちが目にする(または目にすると思っている)のは一つだけなのか? ここで多世界解釈が登場する。デウィットによれば、測定のほかの結果は並行現実に、別の世界に、存在しているはずだ。電子の経路を測定すると、この世界ではこちらに進むように見えるが、別の世界では違う方向へ進んだというのだ。

こうなるためには、電子が通るまったく同じ並行装置が必要となる。さらに、それを観測する並行「あなた」が必要だ。状態の重ね合わせが測定という行為を通じてのみ「収縮」するように見えるからである。ひとたび始まると、この複製のプロセスには終わりがなさそうだ。その電子一個を巡って、電子の経路を除くあらゆる側面がまったく同じ並行宇宙をまるごとつくり上げなければならない。波動関数の収縮という厄介ごとは避けるが、その代償として別の宇宙をつくる。この理論がほかの宇宙を**予測**するやり方は、科学理論で一般になされるやり方での予測とは違い、ほかの電子の経路も現実だという仮定から導いた帰結でしかない。

測定とは何かを厳密に考えだすと、この描像はずいぶん突拍子もないものになる。ある見方によれば、量子実体——たとえば原子に当たってはね返った光子——どうしのいかなる相互作用からも別の結果が生まれる可能性があり、そうなれば並行宇宙が要請される。デウィットの言葉を借りると、「この宇宙のどれほど遠い片隅にあるどの銀河のどの恒星で起こっているどの量子遷移も、私たちの地球の局所世界を分裂させて無数のコピーをつくっている」。テグマークによると、この「マルチバース（多宇宙）」においては「可能なすべての状態がどの瞬間にも存在している」――つまり、少なくともよく知られている見方によれば、物理的に可能なすべては並行宇宙のどれかで現実となっている（か、これからなる）。

とりわけ、測定前には一人しかいなかった場所に、測定後は観測者が二バージョン（以上）存在している。「決断という行為は、一人を複数のコピーに分裂させる」とテグマークは言う。ここでの決断とは、さまざまな可能性のなかから特定の結果を生み出す測定のことだと考えていい。どちらのコピーもある意味では当初の観測者の一バージョンであり、二人とも、「本当の世界」だとそれぞれが確信している唯一無二の現実が滑らかに移り変わるのを経験する。最初、二人の観測者はあらゆる面でまったく同じだが、一方が観測するのはこちらの経路（ないし「上向き」スピン、ないし測定されている何でも）、もう一方が観測するのはあちらの経路（ないし「下向き」スピン、ないし……）だ。だがその後どうなるか、誰にわかろう？　彼らの宇宙は、絡まりが絶え間なく解きほぐされていくにつれ、それぞれ異なる道筋を進んでいく。

多世界解釈がなぜ量子力学の解釈として華と知名度を一手に集めているのか、見えてきたのではないだろうか。多世界解釈によれば、私たちには自己が複数あって、別の宇宙で別の人生を送っており、私

＊2　重ねてご注意を。多世界解釈にはいくつか異形があるので、すべてに当てはまるよう表現するのが難しいことがある。

たちが夢見ても決して達成（あるいは試みようとも）しないであろうことをかなりの確率ですべて実行に移している。取られない経路はない。多世界に着想を得た一九九八年の映画『スライディング・ドア』で、グウィネス・パルトロウ演じる主人公が車にひかれていたが、そういったどの悲劇にも救済と勝利が存在する。

そんな発想を誰が拒めよう？

当然ながら、検討すべき疑問がいくつかある。

まずは、そうした分岐する世界について。シュレーディンガー方程式そのものに「分裂」を示唆するところはない。この方程式は、量子系はユニタリーに発展するので、重ね合わせは重ね合わせのまま、異なる状態は異なるまま、としか言っていない。ならば、分裂はどのようにして起こるのか？

この件は現在、微小な量子事象がデコヒーレンスを経て巨視的な古典的ふるまいを生む仕組み次第だと見られている。並行量子世界はひとたびデコヒーレンスを経て分裂する。デコヒーレンスした波動関数はその定義からして、互いに直接的かつ因果的な影響を及ぼせないからである。この理由から、一九七〇年代と八〇年代に発展したデコヒーレンス理論は、それまであいまいな不測の事態と思えていたことに明快な理論的根拠を与えて、多世界解釈に再び活気を与えた。

この見方において、分裂は唐突な出来事ではない。分裂はデコヒーレンスを経て進み、デコヒーレンスが宇宙どうしの干渉の可能性をすべて取り除いたところで完了する。一般に、異なる世界の出現は、ホルヘ・ルイス・ボルヘスの短編「八岐の園」(『伝奇集』鼓直訳、岩波文庫などに所収)に描かれている未来の分岐のようなものと見なされているが、よく振られたサラダドレッシングが油と酢の層へと徐々に分離するようなものとたとえたほうが良さそうだ。この場合、世界がいくつあるかと問うことには意味がない——物理哲学者デイヴィッド・ウォレスのうまい表現を借りれば、この問いは相手に「昨日は経験をいくつしたか?」と聞くようなもので、いくつか挙げることはできても、数え上げることはできない。

どういった類いの現象が分裂を引き起こすかなら、もう少し正確に言うことができる。とにかく、分裂は目まいがしそうなほどおびただしく起こるはずだ。人の体内だけ考えても、生体分子(細胞内で互いに出くわしているタンパク質分子など)の相互作用によって長持ちする重ね合わせが生まれるケースは、あってもごくわずかだろう。ということは、一秒間で私たちひとりひとりに影響を及ぼしている分裂事象が、同じ時間内に各自の体内で起こっている分子どうしの衝突と少なくとも同数ある。その数は天文学的だ。

多世界解釈の最たる科学上の魅力は、量子力学の標準的な数学表現に変更や追加が要らないことである。波動関数のその場限りで非ユニタリーな謎の収縮はない。また、実質的に定義上、予測される実験結果は私たちによる観測結果と完璧に一致する。

だが、多世界解釈の主張を真剣に検討するとすぐさま、量子力学を巡る概念的かつ形而上学的な問題が、この一見無駄のない想定事項と一貫性のある予測をもってしても消えないことが明らかになってくる。消えないどころではない。

⚛

多世界解釈が最も賛否の分かれる解釈であることは間違いない。ばかげているのはほぼ自明と見なす物理学者がいる一方で、これぞ量子力学の最も論理的で一貫性のある考え方だとする「エヴェレット派」の確信はえてして揺るぎない。なかには量子力学のそれらしい解釈はこれだけと言う者もいる。筋金入りのエヴェレット派であるデイヴィッド・ドイッチュにとって、多世界解釈は量子力学の「解釈」などではまったくなく、それは恐竜が化石の「解釈」ではないのと同じことだ。端的に言って、多世界解釈こそが量子力学なのである。「唯一の驚きはまだ物議を醸していることだ」とドイッチュは言う。

私個人は、多世界解釈は手に負えない問題を抱えていると見ている。その理由は、そうした問題が多世界解釈は間違っているに違いないと示しているからではなく、そうした問題のせいで多世界解釈の描像から首尾一貫性がなくなっているからだ。言葉で意味をもって明確に表現することがとにかくできないのである。挙がっている反論については、詳しく検討してそれぞれの説得力を明らかにする必要があるが、ここではその概要を紹介したい。

まず、間違った反論を排除しよう。多世界解釈を美的感覚に基づいて批判する向きがいる。ナノ秒ごとに兆単位で増えていく数え切れないほかの宇宙という発想に異議を唱えているのだ。妥当とは思えないことだけを理由に。自分の別コピー？　別の世界史？　自分が決して存在しなかった世界？　まったく、ほどがある！　この反論は、個人の妥当性の感覚は理論を却下する根拠にはならないとして、正当に退けられる。世界はこうふるまうべきと言うなど、おこがましい。

世界の増殖に対するもっとしっかりした反論が槍玉に挙げるのは、各自がつくっている大量のさらなる何かではなく、つくられるものへの無頓着だ。ロラン・オムネに言わせれば、ささいな量子「測定」がそれぞれ世界を生むという発想は、「量子事象によって生まれるわずかな違いに、どれもが宇宙に不可欠であるかのような不相応な重要性を与えて」おり、このことは、ささいな物事の大半は大きなスケールで起こる物事にまったく違いを生まない、という物理学からの一般的な学びの真逆をいっている。

だが、多世界解釈の深刻きわまりない困難の一つは、自己という概念への仕打ちだ。分裂が自分のコピーを生み出すとはどういう意味たりえるのか？　ほかのコピーはどのような意味で「自分」なのだ？[*3]

物理学を扱った一般向けの著書などで有名なブライアン・グリーンはエヴェレット派寄りで、「どのコピーもあなたである」と言い切る。「あなた」の意味について、心を広くして視野の狭い概念の枠から出る必要があるというのだ。どの個体にもそれぞれの意識があり、ゆえにそれぞれが自分を「あなた」だと思っている——だが、本当の「あなた」はそれらの総和である。

この発想にはぞくぞくするような魅力がある。だが実際には、何世紀も前からドッペルゲンガーとい

＊3　多世界解釈におけるアイデンティティーを巡る疑問は、「物理学ではない」という理由だけで棚上げすべきという声もあるが、それは臆病にも自説の殻に逃げ込むようなものであり、ひとたび敷地外へ漏れ出した有毒な排出物に対する責任を一切拒む工場長と似たようなものだ。

うたとえにすっかりなじんでいるおかげで、私たちにはこの発想を意外と自然に受け入れる素地があり、その結果、レプリカの自己とされるものに対する違和感はえてして驚くほど小さい――『スター・トレック』の某エピソードに出てくるテレポーテーションの不調のような事態をきちんと考えておけば大丈夫であるかのように。私たちはこのイメージを、唖然とするどころか楽しんでいる。常識に反しており刺激的でありながら、小説や映画の展開としての把握もたやすい。

マックス・テグマークは、自分のコピーの話になるとどんどん熱が入る。「大勢の並行マックスには、会うことが決してかなわないのに強い一体感を覚えている。彼らは私の価値観、私の感情、私の記憶を共有している――兄弟よりも近い存在だ」。だが実のところ、このロマンチックなイメージは多世界解釈の実像とほとんど関係ない。この「量子兄弟」は、私たちの眼鏡にかなう空想に沿うよう選り抜かれたごくわずかなサンプルだ。〝ほとんど違わない〟から〝見る影もない〟まで細かい違いがさまざまある無数の「コピー」はどうなっている？

物理学者のレヴ・ヴァイドマンは、量子あなた性をめぐるこの件に慎重だ。「今この瞬間、数多くの異なる『レヴ』が異なる世界に存在していますが、〝今、別の『私』がいる〟と言うことは無意味です。言い換えると、（分裂の時点の）私にうり二つの存在がそうしたほかの世界におり、私たち全員が出どころを同じくしている――それが今この時点の『私』です」

各時点の「私」は心身の状態に関する完結した古典的記述で定義される、と彼は言う。だが、そうした「私」はみずからの存在を決して意識できない。意識は経験に依存しており、経験は瞬時の性質ではない。時間がかかる。脳のニューロンからして、発火するのに数ミリ秒要るほどだ。ナノ秒単位で狂気のごとく無数に分裂している宇宙のなかで、意識の「所在を特定」することなどできない。ひと夏を一日に収められないのと同じだ。

すべての分裂を貫く連続性が知覚にある限り気にしなくていい。そんな声が上がるかもしれない。だがその知覚の宿る先は、意識を持つ実体ではないならどこが考えられるというのだ？

そして、意識――でも精神でもお好みで――が量子マルチバースの一経路だけに何らかの形で進んでいけるとしたら、意識のことを（量子）物理学の法則に左右されない何か非物理的な実体と見なさざるをえなくなる。シュレーディンガー方程式によればほかは何も進んでいかないのに、意識はどうやって進んでいけるのだ？

デイヴィッド・ウォレスという、エヴェレット派のなかでも最たる切れ者の一人によると、純粋に言語的な意味で「私」という概念が意味をなしうるのは、アイデンティティー／意識／精神が量子マルチバースの一分岐に限定された場合だけである。ということは、どうやってそうなりうるのかが定かでないので、多世界解釈も「複数の自己」という発想を提唱していない、とウォレスは図らずも表明したことになるかもしれない。それどころか、自我という概念そのものを取り払っている。「あなた」の現実的な意味合いをすべて退けている。

この考え方に私は気分を害している、とは思わないでいただきたい。とにかく、多世界解釈が自我について意味を持って考えられる可能性を犠牲にしているなら、少なくとも多世界解釈とはそういうものだと認識し、それを「量子兄弟姉妹」のイメージで隠すべきではない。

そうは言いつつ、「複製された量子自己」というSF的な見方は、やはり抗いようもなく楽しい空想的なイメージを呼び起こす。量子過程の結果が測定されるどのような実験でも分裂の発生を保証できるなら、量子スプリッターの製作を夢想できよう。これは携帯型の装置で、たとえば原子のスピンを測定し、その結果を「上」または「下」と書かれた文字盤を指す巨視的な矢印に変換する。よって、スピン状態の当初の重ね合わせは確実にすっかりデコヒーレンスされて古典的な結果になる。測定は、装置のボタンを押すだけで好きなだけ何回でもできる。ボタンを押すたび、二人の別個の「あなた」が出現する。

世界と自己を生み出すこの力を手にしたなら、何ができるだろうか？　量子ロシアンルーレットをやって億万長者になれるだろう。眠っているあいだに量子スプリッターが作動し、矢印が「上」を指したら、目が覚めたとき一〇億ドルを手にしている。「下」だったら、眠っているあいだに何の苦痛もなく殺されている。この賭けにコイン投げで挑戦する人はまずいないと思うが、筋金入りのエヴェレット派は量子スプリッターを使って何の躊躇もなく挑むはずだ（コインを投げる行為そのものだけではスプリッターとして機能しないのかどうかは定かでない）。なにしろ、多世界解釈によれば、目が覚めたら現金が積まれているはずである。もっとも、目が覚める「あなた」は一人だけで、ほかは全員殺されている。だが、殺されたほうは揃って、自分が死んだことについては何も知らない。そちらのほうの世界で家族や友人たちを打ちのめす悲嘆が心配になりはするかもしれない。だが、それを脇に置くと、合理的な選択は賭けに挑戦することとなる。何か問題でも？

あなたはやらない？　オーケー。理由は察しがつく。結果として自分が死ぬのが絶対確実という事実が心配なのだろう。だがそれを言うなら、生きて大金持ちになるのも絶対確実だ。

それがどういう意味なのか、理解に苦しむ？　もっともである。この世界のいかなる普通の意味でも無意味なのだから。その主張は、物理学者ショーン・キャロルが別の文脈で（皮肉なことにキャロルは最も声高なエヴェレット派の一人）うまいこと言った言葉を借りれば、「認識的に不安定」である。

それでもなお意味をはっきりさせようとしてきたエヴェレット派もいる。彼らによると、どの結果も絶対確実だが、特定の結果の主観確率はその世界の波動関数の確率振幅——あるいはレヴ・ヴァイドマンがその世界の「存在指標」と呼ぶもの——に比例する、と見なすのがどの観測者にとっても合理的だ。存在指標という用語は誤解を招く。多世界のどれを取っても「少なめに存在する」という表現には意味がない。どの世界に存在することと相成ったどの「自己」にとっても、良くも悪くもその世界がすべてだ。ヴァイドマンはそれでもなお、分裂後の世界についてはこの存在指標に応じて合理的に「心配」すべきだと主張する。彼はこの基準をもとに、量子ロシアンルーレットを繰り返し（あるいは「良い」結果の存在指標がきわめて低いなら一度でも）挑戦することは、道徳的な判断がどうであれ、良くないアイデアとみなすべきだと考えている。「なぜなら、死んだレヴのいる世界の存在指標が、生きて大金持ちになったレヴのいる世界の存在指標より、はるかに大きいだろうからだ」

この話の行き着く先は、多世界解釈における確率の解釈である。すべての結果が確率一〇〇％で起こると言うなら、量子力学の確率的な性質はどこへ置いてきたのだ？　それに、互いに排他的な二つ（あるいは一〇〇〇でも）の結果がどうやってどれも確率一〇〇％になる？

この疑問に関しては、決着を付けるに至っていない文献が山ほどあり、これを多世界解釈の成否が掛かった問題だと見ている研究者もいる。議論の大半では、私は間違いだと思っているが、この件は自我の概念を巡る問題とは話が別だと想定されている。

多世界解釈の範囲内で確率の表れを説明する試みは、量子力学での確率とは意識を一つの世界に限った場合の量子力学の姿に過ぎないと言い出すまでになっている。前にも見たが、このような制約を説明または正当化する意味のあるやり方などない。だがとりあえず、測定前に存在している一人から観測者のコピーが二人出現して、双方とも自身を唯一無二だと経験する、という多世界解釈の一般的な見方を――その行き着く先をとにかく見届けるために――ここは受け入れよう。

われらが観測者アリスが単純なコイン投げゲームの量子版――量子ロシアンルーレットとは違って過激ではなく感情に訴えもしない――をやっているとしよう。勝ち負けは、「上向き」と「下向き」が確率半々の重ね合わせで用意された原子のスピン状態を測定して決める。測定結果が「上向き」と出たら、所持金が倍になる。「下向き」と出たら、全額持っていかれる。

多世界解釈が正しいなら、このゲームは意味がなさそうに思える――なにしろアリスは確実に勝ちも負けもする。そして、アリスが「それで、結局わたしはどちらの世界に行くことになるのですか？」と問うことには意味がない。測定が行われた段階で存在する二人のアリスは、ある意味どちらもコインを投げる前にいた「彼女」に宿っている。

ここで、睡眠のトリックを持ち出そう。アリスは測定がなされる前に眠りにつかされる。自分は結果に応じて二つのそっくりな部屋のどちらかに運び込まれると知っている。どちらの部屋にも戸棚があるが、片方にはアリスの取り分が入っており、もう片方は空だ。アリスが目を覚ましたとき、戸棚を開けない限りは、賭けに勝ったかどうかを知る術はない。だが、このときのアリスは、確率五〇％で入っている、と意味を持って言える。アリスはさらに、目を覚ました自分はまだ開けていない戸棚について思案を巡らせるので、目を覚ました自我によってはじき出される確率が存在するだろう、とも実験前には言える。これは確率として意味のある概念ではないのか？

言い換えると、観測者は自分がどの分岐にいるのかを知らないのだから、多世界解釈で確実に起こる量子事象でも観測者に確率的な信念を持たせられる、ということだ。

だが、うまくいかない。たとえば、アリスが細心の注意を払いつつ、「私が経験することになるのは、お金が入っているかいないかの確率が半々という戸棚の置かれた部屋で目を覚ますこと」と言ったとしよう。エヴェレット派は、アリスの発言は正しいと言うだろう。これは合理的な信念だ、と。

それでは、アリスが「私が経験することになるのは、空の確率一〇〇％の戸棚が置かれた部屋で目を覚ますこと」と言った場合は？　エヴェレット派はこの発言も真であり合理的な信念だと認めなければならない。なぜなら、未来の二人のアリスにとって、ここにいるのがおおもとの「私」のはずだからだ。

言い換えると、アリス（前）は量子力学を用いても、その身の成り行きを明確に表現できる形で予測することができない。なぜなら、意識している今現在を除くいかなる瞬間においても、「彼女」について論理的に語る方法がないからだ（そして、意識している今現在など、狂気のごとく分裂する宇宙には存在しない）。アリス（前）の知覚をアリス（後）につなげることが論理的に不可能なので、「アリス」は消失したことになる。名詞や代名詞で言及する対象のいかなる連続性をも拒むなら、主張を展開するのに「観測者」を引き合いには出せない。

多世界解釈が本当に拒んでいるのは、なんと事実の存在だ。多世界解釈は事実を疑似事実の経験に置き換える（私たちはこれが起こったと思っている。あれも起こったのだが）。そうすることで、私たちが経験できる物事、経験した物事、今経験している物事に関する首尾一貫したあらゆる発想を排除する。残される物事に価値――意味――が何かしらあるのか？　そしてこの犠牲にはそれだけの価値があるのか？　そんな疑問が湧いてもおかしくなかろう。

⚛

いずれにしても、こう問いたくなるかもしれない。そうした「ほかの世界」はとにかくどこにある？ヒルベルト空間に、というのが一般的な答えだ。ヒルベルト空間は、シュレーディンガー方程式の変数の可能な解をすべて含んでいる数学構造である。そうは言っても、ヒルベルト空間は一種の数学構造であって場所ではない。アッシャー・ペレスの言うように、「単純明快な事実として、量子現象はヒルベルト空間で起こるのではない。実験室で起こるのだ」。多世界が何らかの意味でヒルベルト空間の「中」

にあると言うなら、シュレーディンガー方程式は私たちが思っているよりも「現実」だと言っていることになる。テグマークはそれを、「式は突き詰めれば言葉よりも根源的」と表現する（言葉なしには表現できないアイデアであることは興味深い）。多世界解釈を信ずるなら、どうやら量子論の数学を現実の構造だと見なすことが求められるようだ。私たちには式の中以外に多世界の置き場がない。このことを指して、自分の使っている数学的な手法とあまりに深く恋に落ち、その中で生きることを決意した、ということではないかと考えている物理学者もいる。

ここで問われているのは、あなたはボーアと同様に、量子力学とは量子世界を見たときに観測しうる可能な結果を評価するための規定だと思うか、それともシュレーディンガー方程式とは現実を記述する――ある意味では現実である――不可侵の普遍的法則だと思うかだ。

だが、話はもっと根深い。多世界解釈をどう思うかは、知識体系としての科学に何を求めるかに応じて違ってくる。

どのような科学理論も（少なくとも私には例外が思い浮かばない）、この世界の物事がなぜ私たちが知覚する様相をしているのかという説明を定式化したものである。理論とは私たちに知覚される現実にまで立ち戻ってくるもの、というこの前提は概して自明すぎて言及されない。進化論やプレートテクトニクスの理論には「あなたはここでこれを観測している」という要素を含める必要がない。そんなことは当たり前と考えていい。

ところが、多世界解釈はそれを拒む。ここにいる「あなた」が電子のスピンが「下向き」ではなく「上向き」だと観測しているかのように見える理由を説明するとは主張している。だが、実は私たちをこの基本となる実測データに少しも立ち戻らせてくれない。よくよく検討してみると、事実もなければそれを観測しているあなたもいないと言っている。

多世界解釈に言わせれば、個人としての唯一無二の経験は、少しばかり不完全だとか、頼りなくてあいまいだとかで済むものではなく、まったくの幻想である。量子兄弟姉妹ができると言ってごまかしたりせず、この発想を本気で突き詰めていくと、意味のある真実と見なせる何についても何も言えないと気づくだろう。言葉の中で宙づりになるどころではない。言語のいかなる働きをも退けている。多世界解釈は――真剣に取り合うなら――**思考不可能**なのだ。

多世界解釈が量子力学の首尾一貫性ある解釈であり、シュレーディンガー方程式のユニタリーな発展にほかならないものを許しているなら、この解釈を採ってしかるべきだろう。

だが、悲しいかな、そうではない。多世界解釈の意味するところはこの世界についての科学的記述というものを、ほかのどのライバルの意味するところよりもひそかに著しく貶めている。多世界解釈は経験論など信じるなと教える。観測者を現場に押しつけない代わりに、観測者が何でありうるかの信頼できる説明を一切無効にする。一部のエヴェレット派は、それは問題ではなく、そこに煩わされるべきではないと主張する。彼らは煩わされないかもしれないが、私は煩わされる。

とはいえ、私が多世界解釈に強く当たってきたのは、この解釈を葬り去ろうというのではなく、その欠陥を明るみに出してこの解釈がいかに示唆に富んでいるかを示すためだ。コペンハーゲン解釈と同様（こちらも深刻な問題を抱えている）、手ごわい哲学的な疑問を突き付けるという点で、多世界解釈は評価されてしかるべきである。

この世界は根源的なレベルにおいて、はっきりした「イエス／ノー」による経験的な答えを、そうした答えを持っていそうに見えるどのような問いにも与えない。量子論はそう主張していそうだ。コペンハーゲン解釈はこの事実を静かに受け入れているが、それは一部の人にとって、もっともな理由から、大いに不満で到底納得できない。多世界解釈はこの「イエス／ノー」の救済を目指した熱意あふれる試みなのだが、代償として一度に両方を肯定している。そのせいで巨視的な現実の見方に筋が通っておらず、この事実からは巨視的な本能にこの状況の仲裁役は任せられなさそうだとわかる。そして、私に言わせればこれぞ多世界解釈の価値である。安易な出口をふさいだのだ。そこが行き止まりだと悟るためには多世界を認める価値があった。だが、そこに居座って出口を見つけたと主張しても意味はない。後戻りして探し続ける必要がある。

コペンハーゲン解釈が「ノー、ノー、ノー」と言い続けていそうな事柄に、多世界解釈は「イエス、イエス、イエス」と言う。そして、何もかもが真だと言うなら、結局は何も言っていない。

第17章

物事はさらにいっそう「量子的」になりえた（ならば、なぜそうではないのか？）

なぜ今が量子論に関する見解の改めどきなのか、そろそろおわかりいただけているといいのだが。粒子のような実体の確率波という切り口による従来の記述は、物体が経路上を動くおなじみの古典世界と概念的な結び付きを保つにはいいし、量子力学がどう違うかを示すのにもいい。原子や光子についてはこうして語ると直感的にわかりやすい。だが最終的には、重ね合わせ、非局所性、状況依存性といった、わけのわからないふるまいの多い不可解なハイブリッド理論となる。よって、物事が本当にそうなっているわけではなく、あの説明は言葉のあやでしかない、あるいは物語を語る手段が不適切なのに語ろうとしているのだ、などと白状するはめになる。一方で、本当は何を「意味している」かを問うべく、いざ本格的に根源へと迫ったら迫ったで、量子力学は急場しのぎの煩雑な作り事に見えだし、奇妙さを語ってお茶を濁したくなる。

量子力学を情報に関するルール一式だと、具体的に言えば情報の共有、複製、転送、読み出しに関して何が許され、何が許されないのかの話だと捉えることのほうが、いよいよ理にかなっていそうに見えている。量子もつれと非局所性の量子世界を、それらを見いだせない日常世界と分けているのは、片方を見るともう片方についてわかるという、量子系間でなされている情報共有だ。非局所性は、特定の性質を持って空間のどこかに存在している粒子を切り口に考えると不可解な概念だが、量子系に関する知識を持つことの意味を考えるとそうでもないかもしれない。

量子非局所性は、アインシュタインが量子もつれに見て取った「パラドックス」——特殊相対性理論を破っているように見えること——から量子力学を救済する免責条項だ。非局所性は、影響が空間を越えて瞬時に伝わっているように見せながら、何かしら意味のある情報を(と言わず、とにかく何かを)実際にあの速さで送ることを禁止している。因果関係を巡る直感的な概念(これがあれを左右する)は守られるが、そのためには〝原因と結果〟が何を意味しうるかをいっそう広い視野で捉えなければならない。アインシュタインの「不気味な遠隔作用」は、力を介して相互作用する疑似古典的な粒子という切り口でではなく、量子系における情報の在りかとその調べ方や相関のさせ方という切り口で考えてはじめて消える。

デイヴィッド・ボームのもとで学んだヤキール・アハラノフは、この仕掛けは悪魔的と言えそうなほど巧妙だと指摘する。量子力学が、相対性理論を実際に破らない範囲であえてぎりぎりを攻める設計になっているかのようだからだ。これが本質に迫るための手掛かりという可能性は？　因果関係の破綻寸前を私たちに見せているのか？　言い換えると、非局所性はそもそも物事の本質の一部であり、その影響に唯一制約を課すのが相対性理論、という可能性があるのか？ これは興味をそそる見立てだ。そのとおりなら、この世界に関する二つの根源的な理論がどうかみ合っているのかを理解する手掛かりになるかもしれない。

だが、話はそうは進んでいない。さらにいっそう非局所的なのに特殊相対性理論と矛盾しない世界をイメージできるのだ。そんな世界は「超量子」とでも形容できよう。

このことを明らかにしたのが、物理学者のサンドゥー・ポペスクとダニエル・ローリッヒによる一九九〇年代後半の成果だ。二人の慧眼は、量子力学はなぜこうなのかという疑問に新たな見地をもたらしている。量子もつれに遭遇したなら、この世界はなぜこのような不可思議で非局所的なふるまいをするのかと思いたくなるところ。そこを、ポペスクとローリッヒはこの件に迫るに当たって、逆にこう問うように促す。「物事はもっと不可思議で非局所的に（既知の物理法則を破ることなく）なりえたのに、なぜそうはなっていないのか？」

量子非局所性の強さが現状のように制限されている理由を把握すれば、量子力学のそもそもの出どころについてヒントが得られるかもしれない。

⚛

「いっそう非局所的」とはどういう意味か？ こんな話を考えてみたい。

すっかりおなじみのアリスとボブが再び登場だ。それぞれが黒い箱を持っており、コインを入れるとおもちゃの犬か猫が出てくる仕掛けになっている――ゲームセンターにありそうなやつだ。箱が受け付ける硬貨はダイム（10セント硬貨）とクォーター（25セント硬貨）だけで、出てくるおもちゃは入れるコインに応じて違ってくる。

入力と出力を規定しているルールは次のとおりだ。

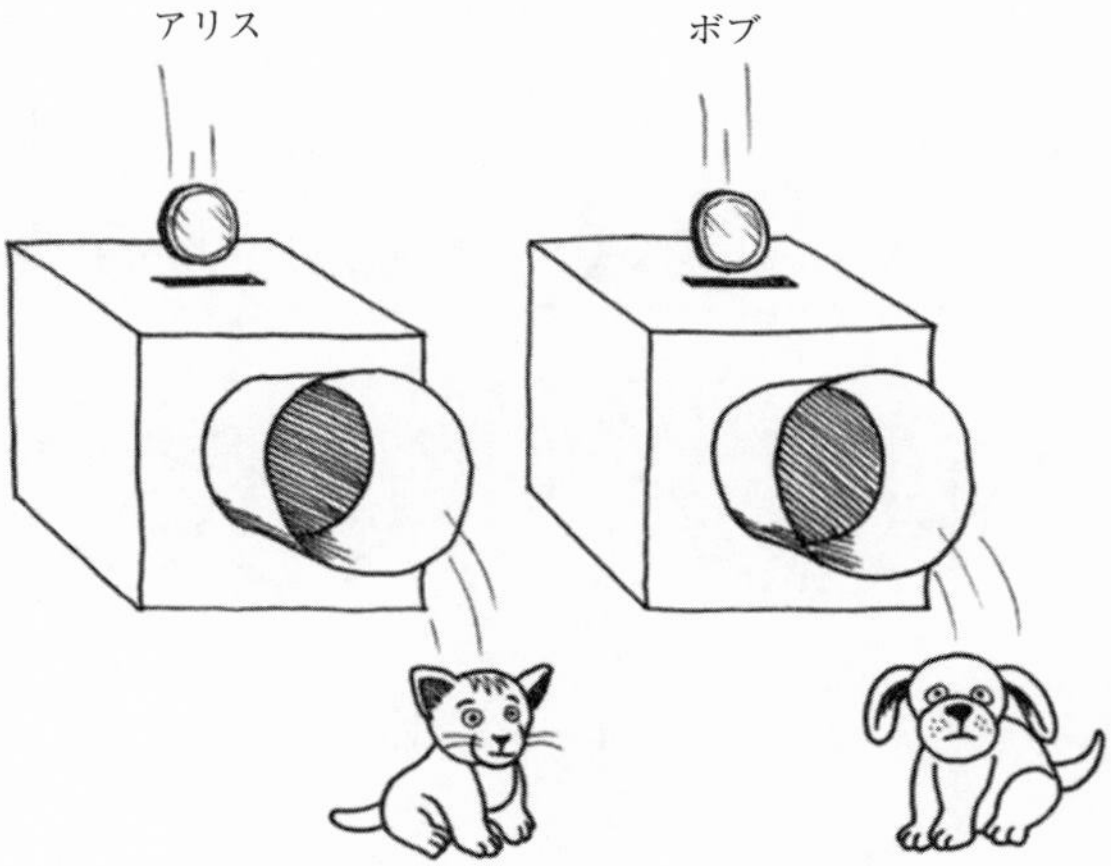

アリス　ボブ

ルール1：ダイムをアリスの箱に入れると必ず猫が出てくる。

ルール2：アリスとボブがそれぞれの箱にともにクォーターを入れると、出てくるおもちゃは犬と猫に分かれる。

ルール3：ほかのあらゆる組み合わせで出てくるのは犬二個または猫二個である。

なぜこんなルールなのか？　箱の設計がたまたまこうだったと考えていただきたい（当然ながら、実はたまたまなどではなく、特定の結果を招くためだ。乞うご期待）。このルールを満たすさまざまな入力と出力の組み合わせは見つかるだろうか？

アリスが自分の箱にダイムを入れると、出てくるのは猫だ（ルール1）。よって、ボブがどのコインを入れて

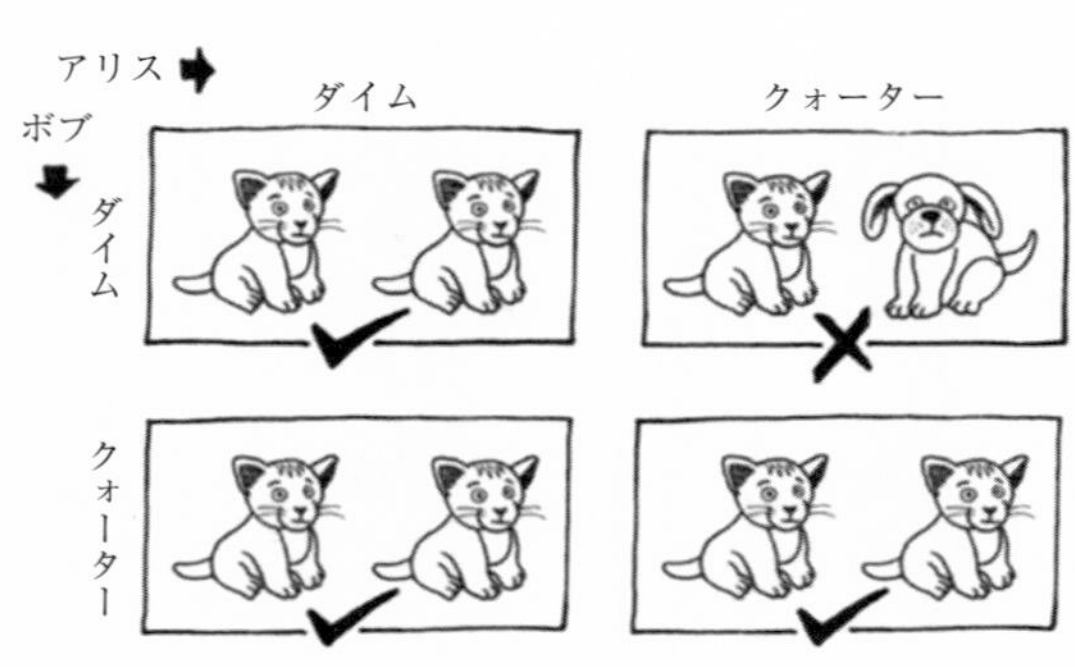

アリスとボブの箱のルールでは、四つある組み合わせの少なくとも一つは破られることが避けられない。

も箱から出てくるのは猫のはずである。両方ともダイムの場合は猫二個だし（ルール3）、猫と犬になるのは両方ともクォーターの場合だけだからだ（ルール2）。

ここまでをもとにすると、箱には次のような入力／出力関係を割り振れる。

アリス：ダイム→猫
ボブ：ダイム→猫
ボブ：クォーター→猫

残るは、アリスが箱にクォーターを入れるとどうなるかだ。**二人とも**クォーターを入れると、出てくるのは犬と猫のはずである（ルール2）。この場合、アリスの箱にクォーターが入ると犬が出てくるはずだ（ボブの箱にクォーターが入ると猫なので）。

アリス：クォーター→犬

ところが、これはいけない。これではアリスがクォーターを入れ、ボブがダイムを入れたときに、犬と猫が出てくることになる。だが、そうなるのは二人ともクォーターを入れた場合に限られている（ルール2と3）。よって、この組み合わせはうまくいかない。ルールが破られるのである。

これよりもうまくいく入力と出力の組み合わせを見つけられるだろうか？　できない（実際にお試し

あれ)。何をどう変えてみても、可能な四とおりのうちの三とおりしかルールを満たせないことがわかるだろう。成功率は最高で七五%だ。

ここで、アリスとボブの箱が、もう一方のふるまいに応じて出力を切り替えられるとしたらどうなるか? 箱を結ぶ通信リンクがあって、ボブが箱にダイムを入れると、アリスが箱に入れたコインに応じて猫と犬のどちらかが出てくる。そんな状況を想像してみよう。これなら、成功率を上げられる。

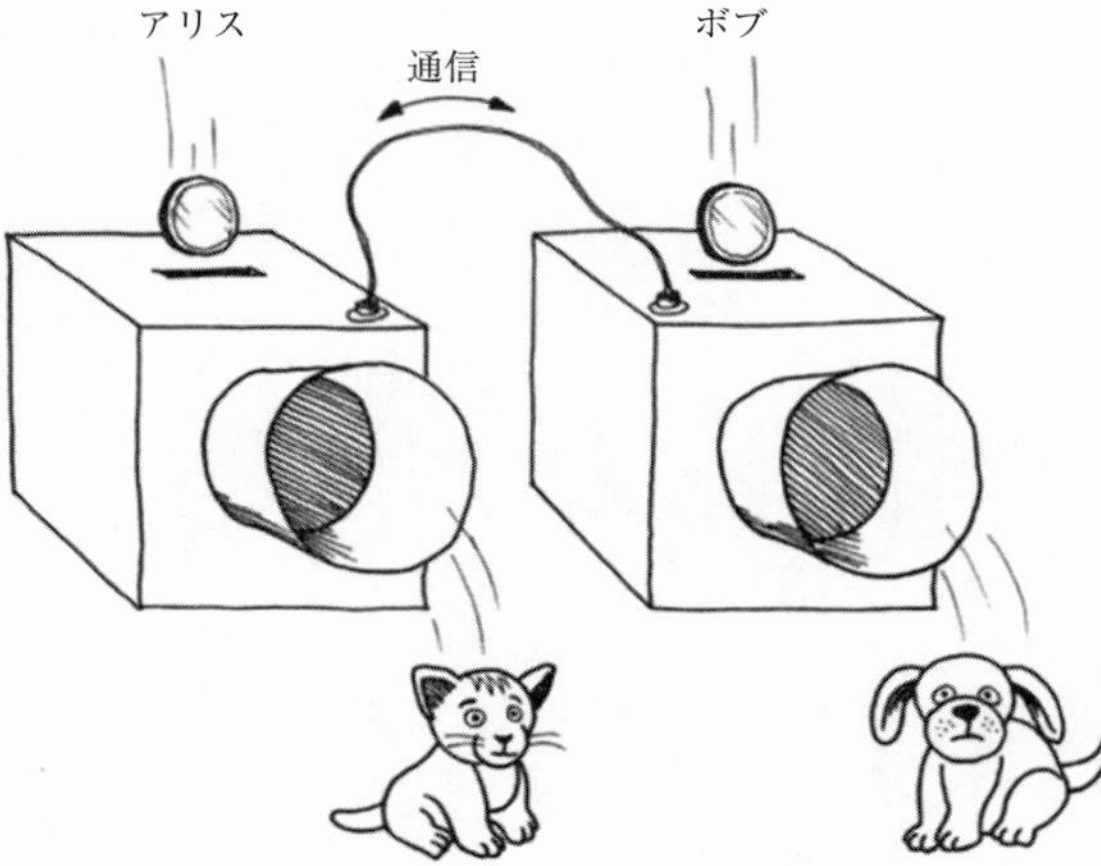

アリスとボブの箱が配線で繋がれていて通信できる。一方への入力がもう一方の出力に影響を及ぼしうる。

では、アリスとボブの箱のあいだに配線を通し、電気信号をやりとりできるようにしたとする。これで、アリスが自分の箱にどちらのコインを入れても、その結果がボブの箱からの出力に影響を及ぼすようになる。アリスがダイムを入れた場合(出てくるのは猫)、ボブの箱はダイムが入ると猫を出す。一方、アリスがクォーターを入れた場合(出てくるのは犬)、ボブの箱はダイムに対して犬を出す。これならルール3に沿っている。

これですべて成功! 唯一の難点は、この仕掛けが瞬時には機能しえないことだ。特殊相対性理論が主張するとおり、アリスの箱からボブの箱へ配線経由で送られるいかなる信号も、光より速くは伝わらないからである。光がいくら速いとはいえ、どこへ伝わるのにも有限の時間がかかる。アリスがイギリスに、ボブがフィジーにいたなら、ボブはアリスからの信号が届くのを一〇分の一秒強待ってコインを入れなければならない。瞬時の一〇〇%成功は相対性理論が阻むのである。

ならば、この二個の箱が量子力学の法則に支配されており、量子もつれになって、電気信号ではなく量子非局所性を用いて「通信」できるとしたらどうだろう？　これなら、ボブの箱はアリスの箱のふるまいに関する何らかの情報をすぐさま「用いて」出力を切り替えられる。瞬時の成功率が量子通信[*1]によって向上する度合いは計算できる。やってみると、毎回成功とはいかないが、八五%ほどにはなる。完璧ではないが、古典的な箱の場合よりはいい。

もうお気づきかもしれないが、これは量子もつれと隠れた変数について調べるジョン・ベルの実験に大筋で対応している。相関を持つ粒子のスピンを測定するというベルの方針には、アリスとボブがそれぞれの箱の出力（猫または犬）を見て（つまり測定して）箱の相関を確かめることと相通じるところがある。ベルは測定の組み合わせを決めるに当たり、相関が所定のしきい値を上回ることが古典的なルールでは禁止されるのに対し、量子もつれをふまえたルールでは許されるようにした。同じように、アリスとボブの箱に達成できる瞬時の成功率は、非局所的である量子力学の場合のほうが古典力学の場合よりも高い。出力間に相関があるからである。

これがアリスとボブの箱の量子力学的な結びつきにできる精いっぱい？　それとも、アリスとボブが常に満たせるような瞬時の情報共有ルール一式を考案できるか？　できる。ポペスクとローリッヒがそれを証明した。量子力学で許されているよりもいっそう非局所的な情報交換を箱に許しながら特殊相対性理論を破らないようにできるのである。この超量子箱はポペスク＝ローリッヒの箱（ＰＲ箱）として知られている。

ＰＲ箱の性能強化の源泉は、情報の共有効率がさらに高いことだ。一般に、通信の効率はきわめて悪い。最終的な答えに採り入れられない情報のやり取りを大量に伴うからである。これは、古典情報の抱える根源的な問題のようだ。必ずや局所的であり、ひとところに固定されている。たとえば、あなたと私が打ち合わせを持とうとしているとしよう。二人ともたいそう忙しいので、電話で予定を突き合わせる。「六月六日は空いてますか？」などとランダムに聞いていけば、そのうち都合のいい日が見つかるかもしれない。だが、予定がかなり埋まっていたなら、それなりに時間がかかるだろう。会える日のリストをつくるなら、毎日の予定情報を一年分やり取りしなければならない。

ここで、もっと単純そうに聞こえる問いへの答えを求めているとしよう。たとえば、二人とも予定がなく会える日の数は偶数か奇数か？　どう考えても変な問いである。なにしろ、会う日を探すという当初の課題の解決には役立たない。それはそれとして、判断はこちらのほうが楽そうだ。答えは「偶数」なら0、「奇数」なら1、というたった一ビットの情報である。

ところが、少しも楽ではない。この一ビット値を導くためにも、やはり私が一年のうちで空いている

＊1　どれだけ念を押しても押し足りないことだが、量子もつれに伴う量子非局所性は、空間を越えた通信の類いとは本当は違う。それでも、この件について語るうえで便利なたとえになることも――十分注意すれば――ある。

日をすべてまとめ、あなたがそれを自分の予定と突き合わせるしかない。わずか一ビットの答えを得るために、すべての日付を送らなければならないのである。それどころか、古典的に記録されたデータ（予定表に書き込まれているなど）を比較するあらゆる問題がこれと等価だと——したがって同じように効率が悪いと——証明できる。

互いの予定表を何らかの方法で量子もつれにできるなら、この問いの答えを出すのにあれだけの情報をやりとりする必要はない。非局所性はこのような情報共有における冗長性を一部軽減できるのである。だが、残らず排除することはできない。

それが、ＰＲ箱があると冗長性をすべて排除できる。会える日の数の合計が偶数か奇数かという問題は、それぞれのＰＲ箱にそれぞれの予定表の詳細情報をすべて入力したうえで、箱どうしで情報を一ビットやり取りさせるだけで済む。一ビットのために一ビットを。これ以上妥当なことはない。

こうした類いの情報処理においては、量子力学でできることと超量子的なＰＲ箱にできることのあいだに明確な境界がある。非局所性を量子力学よりも少しだけ強めるだけで、すぐさま超量子の領域に入り、情報交換の効率がそれ以上望めないほど上がる。

ということは、ＰＲ箱に言わせれば、量子非局所性とは効率の尺度の一種である。系どうしはこの尺度の示す効率で通信して情報を共有しているように見えるのだ。また、量子力学とは、情報の共有と処理について、その範囲内でありうる結果とありえない結果（アリスとボブが一〇〇％の成功率を達成するなど）が存在するようなルール一式である。

PR箱は、その超量子性をふまえると、計算を量子コンピューターよりもなお速く実行するのに使えそうだ。それにしても、こんな箱は存在しうるのだろうか？　この世界が超量子的にではなく量子力学的に見えるのは確かだ。だがそれを言うなら、量子非局所性の見極め方がわかるまでは長らく古典的に見えていた。実世界に存在しているPR箱的なもっと強い非局所性を、今はまだ明らかにできていないだけであり、量子非局所性は近似にすぎない。そんな可能性はないだろうか？

答えはわかっていないが、可能性は低そうだ。しかし、私たちに望める最強の非局所性が量子力学の非局所性だったとしても、なぜそうなのかのヒントを仮想PR箱が差し出しているかもしれない。だとすると問うべきは、自然はなぜすっかり古典的ではないのかではなく、なぜ「もっと量子的ではないのか」となる。したがって、答えを求めるに当たっては、たとえばなぜ物体は波動関数で記述されるのか（あるいは波動関数とはそもそも何なのか）について思いを巡らせるのではなく、情報はどう送られうるのか――自然界での通信の効率はどこまで高くなりうるのか――という、より根源的な物事に目を向ける必要がある。[*2] 量子非局所性には情報をあれ以上効率良くやり取りできないよう制限がかかっていそうに見えるが、その要因は何なのだろう？

＊2　アリスとボブが量子箱を使った場合、成功率は八五％にとどまるが、この制限は最初に見いだしたロシア人科学者ボリス・ツィレルソンにちなんでツィレルソン境界と呼ばれている。

ポーランドのグダニスク大学のマルチン・パヴオフスキーらが提唱した「情報因果律」と呼ばれる原理が一つ手掛かりになるかもしれない。これも、アリスが知っていることについてボブに知りうることへの制約を述べている。たとえば、アリスが何らかのデータを持っているとしよう。量子もつれ状態にある量子のスピンを測定した結果でもいいし、アリスの箱にコインを入れると出てくるぬいぐるみを観測した結果でも、予定表で空きのある日でもいい。ボブはボブでデータを持っており、アリスが手持ちのデータを一部送ってきたことから、ボブには二組のデータが何らかの形で量子もつれになっているのが見て取れている。

相関があるおかげで、ボブには自分のほかのデータをもとに、アリスのデータについてもっと明らかにできることがある。では、その量はあとどれくらい？　情報因果律の原理によると、アリスがボブへ送った情報の量に応じて違ってくる。こういうことだ。ボブはアリスのビット（二値情報としてのスピンの「上向き」／「下向き」、猫／犬、空きのある日／空きのない日）について、アリスから送られてきたビット数よりも多くを導き出すことはできない。

これは、ボブに知りうるのはアリスから伝えられたことだけ、という意味ではない。アリスのデータのうちまだ**開示され**ていない分についてボブが導き出せる量は、アリスから**開示さ**れた量を超えない、ということである。よって、アリスから送られてきたデータが**何もな**いなら、ボブはアリスのデータについてランダムよりも高い精度で推測することはできない——アリスから見えるものとボブから見えるものに量子相関があったとしてもだ。これは、アリスの側で何が起ころうと、ボブには何の情報も瞬時には伝わらない、と別の表現で述べているにすぎない。

情報因果律に関するこの原理には気持ちのいい対称性がある。入れたもの以上を得ることはできないかのように聞こえる。それに対し、ＰＲ箱があるなら得ることができる——とはいえ、これを使っても情報を瞬時に伝えることはやはりできない。パヴオフスキーらはそれをふまえて、情報因果律に関する彼らの公理が、情報転送について量子相関が許していることと許していないことを正確に選び出しているかもしれないと考えている。だとすると、「情報因果律は自然の最も根源的な性質の一つ」——量子論公理の一つ——かもしれないということになる。

繰り返すが、量子力学はその根源において微粒子や波の理論ではなく情報とその因果的影響に関する理論だという確信が深まりつつあり、この章で取り上げたどの話もそれに沿っている。この世界を見ることでこの世界についてどれだけのことを導き出せるのか？　そして、どれだけ導き出せるかはここ とあそことの目に見えない密接な結び付きにどう左右されているのか？　量子力学はそうした問いに答える理論だというのである。

はっきりさせておこう。ＰＲ箱の理論は「新たな量子論」として完全に独り立ちするものではなく、量子論の特徴を一部模倣できる「簡単なモデル」にすぎない。なので、ＰＲ箱は、量子力学の深遠な原理へと私たちを導くかもしれないし、導かないかもしれない。いずれにせよ、過去の道具立て一式を（必要とされる限り復元できるようにしつつ）捨て去り、簡潔な論理的公理一式に置き換える、という形で理論を再編することは可能で有益かもしれない。そんな発想の精神をＰＲ箱は捉えている。

では、**そうした公理**としてどのようなものが考えられるのか？

第18章 量子力学の基本法則は思ったよりシンプルかもしれない

クリストファー・フックスが二〇〇二年にこんなことを記している。量子力学の基本原理を取り上げた会合にどれでもいいから行ってみるといい。すると、「大混乱に陥った聖都にいる気分になるだろう。あらゆる宗派の聖職者がはせ参じて聖なる論戦に挑んでいるのだ」。状況はその後も大して変わっていない。

フックスに言わせると、問題はどの聖職者の議論も出発点が同じであること。その出発点とは量子力学の公理に関する教科書的説明のことだ。聖典と同様、文言はあいまいで不明瞭。該当する公理の表現にはいくつかあるが、えてして次のようなものである。

1. すべての系には、複素ヒルベルト空間Hがある。
2. 系の諸状態は、Hに対する射影演算子に対応している。

3. 観測可能な量は、エルミート演算子の固有射影作用素に何らかの形で対応している。

4. 孤立系は、シュレーディンガー方程式に従って時間発展する。

本書をここまで読み進めてきても、こうした公理の意味がよくわかるようにはなっていないと思う(が、そろそろいくつかの専門用語に少し目が慣れてきたかもしれない)。まだ取り上げていない用語もあるが、それをここで説明するつもりはない。ポイントはこういうことだ。なぜそもそもこうしたよくわからない用語が必要にならざるをえないのだ? 現実の世界はこの無味乾燥な言葉の羅列のどこに?

機械仕掛けの世界は、それはもうはるかに簡潔でわかりやすかった。古典物理学において、必要とされる基本事項はほぼすべて、アイザック・ニュートンの運動の法則に含まれていた。

1. 運動するいかなる物体も、力がかからない限りは、同じ速度で運動を続ける。当初から静止していた場合は、静止したままでいる。

2. 物体に力がかかると、その強さに比例して、力のかかった方向に加速する。

3. ある物体から別の物体にかかるどの力に対しても、その別の物体からある物体に同じ強さの逆向きの力が返される。

こちらについても意味を完璧には把握できないかもしれないが、趣旨はおわかりと思う。これらは日常的な言葉で表現できる原理であり、内容を一部でも理解できるようになるのに、専攻して何年も勉強する必要はない。日常経験と関連があり、日常経験として実証できる。

古典世界を記述するニュートン力学の法則という、簡潔で平易な言葉や文で表現されたものが、量子力学の公理という、近寄りがたいほど抽象的で数学的に複雑なものに屈しなければならない。そんなことがあっていいのか？ それとも、こう思うのは私たちが自分たちの語るところをよくわかっていないからというだけか？ 説明が複雑になっていたら、それは往々にしてあまりよく理解できていない証しだ。かつて科学界では、自分のおばあちゃんに説明できるようになるまではその話題を理解していると主張できない、[*1]と言われていたものである（喜ばしいことに、今どきはおばあちゃんも普通に天文学者や分子生物学者として認められており、複雑な科学概念を説明する側になっていておかしくない）。

本書の最初の章で、私たちが量子論の核心を本当に理解しているなら、それを簡潔な一文で表現できるはずだ、というジョン・ホイーラーの言葉を紹介した。これは信念の問題である。この世界の中核をなしている仕組みが、取引と求愛と他愛のない軽口を主な用途としてできあがった言語の枠に収まる保証はない。それでもやはり、今の私たちが量子力学の公理を表現するのに、複雑で専門性のきわめて高いやり方に訴えるしかないということは、この理論の本質に手が届いていないということか？ そう考えずにはいられない。

ホイーラーと同じ信念をフックスも抱いており、私たちはいつの日か量子力学の物語を――「平易な言葉だけで語られるまさに物語」を――語るだろうと信じている。その物語は「なんとも魅力的なうえ

＊1 ここで再びリチャード・ファインマンに登場願おう。学部一年生向けに物理学のとりわけ込み入った側面を解説する連続講義の用意を課せられた彼は、最終的に自分にはできないという結論に達した。そしてこのことを、いつもながら立派なことに、テーマが難しすぎるからではなく、自分の理解が不十分だからだと釈明した。

に比喩表現が実に巧みで、量子力学の数学が厳密な専門的詳細に至るまでおのずと導き出されるでしょう」。さらに、その物語は歯切れ良く説得力があるうえ、「心揺さぶる」に違いないという。

そんな物語は量子力学に対し、アインシュタインが古典的な電磁気論やエーテルの概念に対して果たしたのと同じ役割を果たすだろう。当時、光はエーテルが運んでいると考えられており、この漫然とした媒質を物理学者の誰もが信じていたところへ、アインシュタインが一九〇五年に特殊相対性理論の論文を発表した。この論文では、まとまりなく寄せ集められた難解な方程式が、光が運動中の観測者によって測定されるとどうなるかの記述を試みていた。アインシュタインが非常に重視していた道具立てや概念のいくつか、たとえば高速で運動する物体は運動の方向に縮むように見える、という印象に残る発想がすでに用いられていた。この理論はそこそこ機能していたが、ぶかっこうで間に合わせに見えた。

ところが、アインシュタインは次の二つの簡潔かつ直感的な原理で数学上の霧を払っていた。

1. 光速は不変である。

2. 相対的に運動している二人の観測者どうしで物理法則は同じである。

たったこれだけの想定で、その他すべてが導かれる。特に、光を運ぶエーテルが実験で観測されない理由について、場当たり的な説明をひねり出すことはできるが、エーテルなどというものは存在しないという結論のほうが論理的で納得がいく、と示唆していた。アインシュタインの説明は、より簡潔だったうえ、腑に落ちるものだった。

量子力学でこれに相当する説明は何だろうか？　それを見つけるには、量子論をゼロからつくり直す必要があるかもしれない。ボーア、ハイゼンベルク、シュレーディンガーの成果をご破算にしてやり直すのだ。このプロジェクトは「量子力学の再構築」などと呼ばれている。

再構築を試みているのは多彩な物理学者、数学者、哲学者だ。最善の再構築方法の点では意見が分かれているものの、全体としては、ダブリンへの道を問う逸話で道を聞かれたアイルランド人の答えとしても有名な、「私ならここからは始めません」と相通ずる立場を取っている。

再構築の企てでは、量子力学の基本公理を掲げることを目指すのが一般的だ。公理は、数が少なく、物理的に意味があって合理的であり、誰もが同意できるものが望ましい。公理を掲げたら、次は量子論の従来の構造や概念装置が新たな公理の帰結として現れることを証明する番だ。惑星の楕円軌道は、一七世紀前半には予想に反しており説明のつかないことに映っていたが、ニュートンの簡潔でエレガントな重力の逆二乗則から立ち現れることを証明できる。それとまさに同じ状況を目指すのである。

なぜゼロからつくり直すのだ？　結局は出発点に戻ってくるのに？　この探究の原動力は、今の私たちが量子論とみなしているものは、本来必要とされるよりもはるかに飾り立てられており、だからこそ解釈が謎やパラドックスや議論だらけなのではないか、という疑念だ。「パラドックスや謎を巡って主張や対立があれだけあるのに、誰も真剣に問わないことがあります。そもそもなぜ私たちにこの理論があるのか？」とフックスは言う。「彼らはあの作業を水漏れのある船の補修の一環と見ており、船をこれほど長いこと浮かせている原理の探求の一環とは見ていません。思うに、この理論を浮かせ続けているものが何かを理解できれば、そもそも水漏れなどなかったことを理解するでしょう」

ならば、波動関数、重ね合わせ、量子もつれ状態、不確定性原理といった奇抜な道具立てが必要なのは、私たちがこの理論をよからぬ角度から眺めて、その陰影をとげとげしく奇異にして読み取りにくくしているからこそかもしれない。正しい角度を見つけさえすれば、輪郭はすっかりクリアになるということだ。

⚛

物事の今の見え方に沿って考えると、古典力学と量子力学の重要な違いは、前者が物体の軌道を計算するのに対し、後者が（波動方程式として表された）確率を計算することである。確率的な性格自体は、量子力学だけの特徴ではない。コイン投げも確率の話だが、説明に量子力学を持ち出す必要はない。量子論にこうも戸惑わされるのは、観測結果をふまえると量子コインが一度に表でも裏でもあるかのように語らざるをえない気がときどきするからである。

量子力学の再構築を目指す当初の試みの一つでは、確率の理論としての枠組みづくりが模索された。とは言っても、採用されていた規則は、サイコロ投げや競馬を理解するために持ち出される類いとは少々異なる。二〇〇一年、ルシアン・ハーディーが、系の状態を特徴づける変数——たとえば位置、運動量、エネルギー、スピンなどの尺度——と、そうした変数の値を測定で区別できる可能性のある方法とを結び付けるいくつかの確率規則を提唱した。それらは全体として、さまざまな実験結果の確率を、系による情報の保持に関する前提と系の可能な組み合わせや相互交換に関する前提とに基づいて計算する方法をなしている。

ハーディーの規則は、そしてその意味するところも、標準的な確率論の一般化と修正にすぎない。このモデルは、プランクやアインシュタインによる量子力学の創設につながった経験主義的な動機が何かしら見られる前に、一九世紀の数学者によって抽象概念として導かれていてもおかしくなかった。この描像に「量子性」は書き加えられていない。系の可能な状態とその系の観測から得られうる結果とを結ぶ仮想的なルール一式というだけのことだ。そのなかには、古典的なふるまいを導くルール一式もあれば、両者の結び付きをたいそう豊かにするルール一式もある。

ハーディーは、そのうち最も簡潔なものを想定すれば、該当する公理から重ね合わせや量子もつれのような量子力学の基本的な特徴が立ち現れることを示した。言ってみれば、そうした所定の確率ルールに従う結果は、量子重ね合わせの状態で目にするような結果に見えるのだ。量子的なふるまいが、ある種の確率に由来しているかのような話である。

入力(系の可能な状態)と出力(一部性質の測定結果)とを結び付ける抽象的な「一般確率論」として量子力学を定式化し直すというこのアプローチは、以降、ハーディーのほかにジュリオ・キリベッラ、チャースラフ・ブルクナー、マルクス・ミュラーと彼らの協力者によってさらに発展している。どの研究も、同じ路線に沿ったさまざまな公理一式がいかにも量子的なふるまいを生み出せることを示している。

メリーランド大学のジェフリー・バブは同様の戦略を採り、量子論を——少なくともその縮約版を——系に情報をどう符号化できるか、そして観測で情報をどう読み出せるかに関する簡潔な公理から出

発して構築している。バブに言わせると、量子力学とは「根源的には情報の表現と操作に関する理論であって、非古典的な波動や粒子の力学に関する理論ではない」。これは、初期の量子論が良からぬ物事によって混乱させられた理由をこれ以上望めないほどはっきり言い切っている。[*2]

バブはさらに言う。波動関数や量子化された状態の観点からも量子力学は構築でき、それを軸にさまざまな解釈の物語——ボーム的な物語、ボーア的な物語、エヴェレット的な物語——を紡ぎ出すことはできる。だが、どれも同じ経験的事実を違うやり方で再編しているにすぎない。実験で得られる観測結果の「説明」を根源的な原理を切り口に試みるのではなく、観測結果が原理を定義することを受け入れるべきだ。アインシュタインは特殊相対論を導くに当たってまさにそうした。二人のアメリカ人科学者によって一八八〇年代になされた観測の結果は、いかなる速さで運動しているどの観測者からも光速が一定に見えることを示していた。その説明を試みる代わりに、アインシュタインはこの不変性を公理として受け入れ、そこから導かれる帰結を明らかにしていったのだ。[*3]

このアプローチは、物理学者が「ノーゴー」原理と呼ぶものとして捉えられる。ノーゴー原理とは、何かが単純に禁止されているという話だ。特殊相対性理論では、真空中における光速の変化が禁止されている。これが特殊相対論のノーゴー原理である。

こうして観点を変えると、理論と実験の通常の関係が一変する。一般には、まず観測を行い、次にその結果を既存の理論でどう説明できるかを考える。だが時として——相対論の場合のように、さらには当初の量子力学でも——次のように言わざるをえない状況が生じる。「ということは、物事はこういうものなのだ——あれをすることはとにかく禁止されている。ならば、この宇宙があれを許さないという前提から出発したならどうなる？」すると往々にして、古いアイデアや理論を捨て、新たに何かを構築せざるをえなくなる。

では、量子力学のノーゴー原理は何だろう？ バブは、情報に関して何ができるかの原理、情報をいかにして符号化、移動、置換できるかの原理だと言う。

これは実のところ、量子力学に当てはまる論理についての問いだ。こういうことである。系の記述に方程式の各項が可換である――大ざっぱに言えば（136ページ）、得られる答えが計算の順序に依存しない――代数を用いた場合、見られるのは古典的なふるまいだ。だが、方程式の代数が可換でないなら――順序が物を言うなら――量子力学的な理論が得られる。

これこそ不確定性原理――量子力学において一部の量が可換ではないという事実――の出どころだったことを思い出そう。バブの考えでは、量子力学を古典力学と分けているのは非可換性である。私たちの宇宙においてはこの性質こそが、情報の根源的なレベルでの構造の特徴だという。

ただし、私たちの知る量子力学が非可換性だけから立ち現れるわけではない。量子力学的な非局所性

＊2　誰もが同意しているわけではない。なにしろ、量子力学の分野では異論が出なかったためしがない。「情報」はジョン・ベルの「悪い言葉」のリストに挙がっており、「応用においてどれほど合理的で必要性が高くても、物理学上の厳密さを主張する「量子力学の」定式化には居場所がない」ものとベルは記している。ベルのリストには「系」、「装置」、「環境」、「観測可能量」、そして最悪なものとして「測定」が挙がっていた。

＊3　ただし、アインシュタインが一九〇五年に特殊相対性理論を提唱したとき、光速に関するそうした初期の観測結果が動機となっていたのかは、もっと言えばあの結果をそもそも知っていたのかも、定かではない。相対的な運動によらず光速が不変かもしれないと想像する理由はほかにもあったのである。

のふるまいを示す可能性は与えるが、そのような量子力学的な理論はいくつも考えられる。バブがロブ・クリントンとハンス・ハルヴォーソンと共同で提唱しているところによると、情報に対してできること（実際には〝できないこと〟。なにせノーゴー原理だ）に関するわずか三つの公理をもとに非可換の代数を構築すれば、私たちの知っている量子論に迫ることができる。どの公理も既存の量子論において正しいし、実験で支持されていることがわかっている。以前（一部に）遭遇したときのそれらは、「なんと、量子力学はXを禁止している！」という意味だった。だが今度は、量子力学の発見や結果ではなく公理と考える必要がある。すると、こう問える。Xが禁止されていると、どういうことになる？

クリフトン、バブ、ハルヴォーソンによる三つのノーゴー原理は次のようなものだ。

1. 二つの物体の片方を測定することによって両者間で情報を光より速く送ることはできない（これは特殊相対性から課される条件で、瞬間伝送禁止則などと呼ばれている）。

2. 不明な量子状態の情報を完全な形で導出または複製することはできない（多かれ少なかれ複製不可能則だ）。

3. 無条件に安全なビットコミットメントはない。

申し訳ない、また唐突に見慣れない用語を持ち出してしまった。少々込み入った話なのだが、（字面からほのめかされるように）量子通信や量子暗号に関連する考察から出てきた概念である。ビットコミットメントとは言ってしまえば、情報のやり取りにおいて一方の観測者（アリス）が符号化されたビットを別の観測者（ボブ）に送ることである。ボブが裏で何をやってもビットコミットメントは安全だと言うなら、それはボブがビットを解読できるのはアリスがその符号化について何らかの追加情報――解読用の鍵――を提供した場合に限られるということだ。また、このやり取りがアリスによるいかなる類いの不正に対しても安全であるためには、アリスが送ってからボブが読むまでのあいだにアリスがビットの値を変えられる手段があってはならない。アリスとボブによるあらゆる形態の不正行為からやり取りを保護することは不可能で、たとえばアリスがボブに偽りの鍵を送ることが考えられる。だが、私たちはビットコミットメントが「無条件に安全」であってほしいと切に願うくらいはするかもしれない。この「無条件に安全」とは、アリスとボブが誠実である限りにおいて、ビットの符号化によってビット値が確かに定まること、そして解読用の鍵は符号化された情報をほぼ完璧に秘匿でき、盗聴者がいかなる技術リソースを手にしていようとびくともしないことを指す。

一九九七年、モントリオール大学のドミニク・メイヤーズが、量子暗号においてこの無条件に安全なビットコミットメントが不可能であることを証明した。だからといって量子暗号が土台から崩れたわけではなく、実用上の安全性は引き続き保てる。だが、可能な事柄についての制約が一部露わになった。

そう言われてもよくわからない。セキュリティ保護された情報を送るための要件のどこがそれほど根源的なのだ？　前にも見たように、量子コンピューティングや量子暗号といった量子情報テクノロジーの存在そのものが、量子力学の深遠な性質に由来している。その意味するところは、そうした性質が情報処理での応用に適しているということではなく（適しているのは確かだが）、量子力学が――バブいわく――情報に関する理論である可能性がますます高いということだ。だとすると、機密データの送信プロトコルとして表現できる事柄とは、量子世界において何が知りえて何が知りえないかについての原理と言える。量子力学において無条件に安全なビットコミットメントが不可能であることは、粒子が離ればなれになっても量子もつれの状態は自発的に収縮しないという状況に対応している。二個の粒子が持つある決まった性質どうしの相関は、その二個がどれだけ離れても持続する。

クリフトンとバブとハルヴォーソンは、量子力学に関してあの三つの基本条件を規定すると、そこから重ね合わせ、量子もつれ、不確定性、非局所性など、量子論の中核にある数多くのふるまいを導き出せることを示した。得られるのは量子論まるごとではないが、本質は捉えている。そして、これら三つの原理自体は、量子力学が非可換的な代数であるという事実と関連がある。

こうしたことはすべて、前に紹介したPR箱のモデルと同じく、量子的な（そして超量子的な）非局所的ふるまいの出どころは、異なる物体どうしで情報をいかに共有（ないし相関）できるかについての規則だ、という精神に沿っている。情報因果律という概念は、この共有の強さを私たちが量子力学に見て取っているレベルに制限する公理として提案されているが（283ページ）、バブに至っては、情報因果律は量子力学的な諸理論の非可換性の根幹にも存在しているかもしれないとまで考えている。言われてみれば、情報因果律は量子系に関して推察できることとできないことの関係に対し、測定済みの事柄に基づいて制約を課している。

⚛

どのアイデアもまだ試案であり、推測の域を出ない。しかし、そのどれもがほのめかしている新たな物語によれば、量子力学にそのような特徴があるのは、情報に関してできない物事があるからである。

なぜできないのか？　そう問うことは、なぜ物理法則がほかでもないこのような形態を取っているのかと問うようなもの。真っ当な問いだが、法則そのものを引き合いに出すだけでは答えを出せない。私たちが試みているのが量子力学の理解であるなら、それは直感に反することの多いさまざまな性質を生んでいる基本原理を明らかにしようとする営みだ。バブらは、情報に関する彼らの三つのノーゴー原理こそがその基本原理だと言っているのではない。その原理を用いても、量子力学をすっかり導き出すことはできない。そうではなく、量子力学が再構築されたなら、情報の表現と操作を規定するルール一式という形態になるはずだ、と提唱しているのである。お望みなら、そうしたルールを波動と粒子、波動関数、量子もつれ、「観測の問題」の観点から定式化し直すこともできる。だがそれでは、理論が自然について何を予測ないし説明できるかの点で、新しいことは何も付け加えられない。問題を解くのに便利な計算手法が得られるのは結構なことだ。しかし、そこに「意味」を授けようとはあまりしないほうがいい。

とはいえ、情報の性質に対する制約について、その一部でも何に由来している可能性があるか、臆測を巡らせることはできる。チャースラフ・ブルクナーとアントン・ツァイリンガーが[*4]、量子力学の簡潔な統一原理の候補として、系のどの基本構成要素も符号化できる情報は一ビットだけ、という概念を唱えている。これかもしれないし、あれかもしれないが、そのほかはない、ということだ。これより少しでも複雑な構成要素は、本当に基本的なものなのか？　というわけである。この場合、量子力学は、物質の基本単位が持つ実際の情報伝達力と、基本単位は何を符号化できるはずかに関する私たちの信念との食い違いから立ち現れている。特定の問いに答えることで潜在的な情報伝達力が使い切られるならば、私たちが測定を試みうるその他すべては単なるランダムになる。粒子の持つ情報の内容がすべて、たとえばある性質についてほかの粒子との相関を維持することに振り向けられているなら、それ以外はランダムであり、私たちは確率情報と、統計的に正しいだけの記述とでやりくりするしかなくなる。

「素粒子につき一ビット」というアイデアが正しいかどうかはわからないが、量子力学が明言していそうな〝私たちにすべては知りえない〟に対する一つの考え方を示している。量子系について私たちに最大限知りうる情報は、系の可能なふるまいを網羅した情報ではない。知りえない分はとにかく不明だ。指定がないのである。そうしたほかの性質には決まった値がないと言うべきではなく、測定されていないので**性質でさえない**と言うべきだろう。[*5] 予測して測定できる値が系のどの性質にあってどの性質にないか、目を向ける前に確実に特定できる方法はない。それを左右するのはこの疑問の問い方、つまり実験の仕方だ。状況に依存するのである。

⚛

私たちにいつの日か量子力学についての「簡潔な物語」を語れるようになるなら、この理論が「現実の本質」について（語っているとすると）どこまで語っているのか、という大問題を避けては通れない。量子力学は本当に**そこにある**何かを記述しているのか（**存在論**的な理論なのか――48ページ）、それとも、この世界について私たちに知りうることを記述しているだけなのか（**経験論**的な理論なのか）？

隠れた変数モデルやド・ブロイ＝ボーム解釈のような存在論的な理論は、量子物体には客観的な性質があるという見方を採る。これはさらに、波動関数は「実在」の実体であり、測定されるかどうかに左右されない性質と一対一で対応していることを意味する。一方、コペンハーゲン解釈は経験論的であり、私たちに測定できるよりも下の層の現実に目を向けることに物理的な意味はないと主張する。

神がサイコロを振るのは経験論的な描像の場合だけだ。存在論的な認識において、そう見えるのは私たちがすべてを知っているわけではない（もしかすると、すべてを知ることはできない）からにすぎない。あるいは（こちらの見方はまだ浸透していないが）、量子力学はこのどちらとも違う類いの理論であり、ひょっとするとその根幹は、「この世界に関する情報」というあいまいな概念ではなく、この世界という経験なのかもしれない。「現実の本質」という言葉がいかに微妙でつかみ所がないものか、哲学者には物理学者に言いたいことの一つや二つがあるに違いない。

再構築を試みているなかには、最終的に量子世界の正しい記述は経験論的ではなく存在論的であるこ

＊4　陽子、クォーク、電子などのあらゆる「基本粒子」のことではない。どれも明らかにもっと複雑であり、一ビットを上回る情報を符号化している。そうではなく、この概念は、こうした既知の粒子は何らかの（今はわかっていない）類いのさらに基本的な単位で構成されているということだ。

＊5　この議論には哲学的な疑問がつきまとっており、ここでは紹介だけしておこう。意味のある答えがない――答えの指定がない――問いを、そもそも意味のある問いだと引き続き見なしていていいのか？

とが示されると想像している者がいる。その場合、人間の観測者は再び現場から締め出され、現実に関する客観的な見方へと戻されることになる。見解を異にする者もおり、量子力学が語っているのはこの世界についてではなく、この世界に関して私たちに知りうる物事についてだ、というボーアの主張への信念を貫いている。

モデルや理論の数々の目的が同じ観測現象へ戻ってくることであるなら、どちらが正しいかをどうしたら判断できるのか？　観測可能な新しい効果が再構築によって実際に予測され、具体的な実験で検証できるようになる、という話はありえなくはない。だが、ハーディーは、再構築の成否を測る真の条件は理論的でなければならないと考えている。量子論の理解は進んだか？　そのモデルの公理は、現状の物理学の枠を越える新たなアイデアをもたらし、たとえば手を焼いている量子重力理論の発展を促すか？

量子論の再構築は、広く受け入れられ機能する原理一式を見つけられなかったとしても、無駄な努力とはならないだろう。すでに私たちの視野を広げており、たとえば私たちの宇宙は、事象の決定論的ではなく確率的な記述を土台とする、情報が分配されアクセス可能になる仕組みについての、数ある数学的可能性の一つにすぎないことが示唆されている。そのとおりなら、いくつもある選択肢のなかから量子力学を選び出すような原理を見つけることが課題となる。

見つけられたなら、量子力学の神秘性はかなり薄れ、数ある未解決の問題に対して答えが求まることではなく消えてなくなってしまうことを望めるかもしれない。

そうなった暁には何が残っているのだろう？

第19章

底へはたどり着けるのか？

そろそろ問題が見えてきたかもしれない。それをスペインの物理学者アダン・カベリョが架空のシナリオを使ってうまいこと表現している。

ある最新ニュースに興味をそそられたジャーナリストが、何人かの物理学者に「ベルの不等式の破れとは何を意味しているのでしょう？」と質問した。すると、ある物理学者は「非局所性は確立された事実だということです」と、別の物理学者は「非局所性はありません。測定結果は避けがたくランダムだということです」と、また別の物理学者は、「物理学だけを土台にしていては答えられません。答えるためには形而上学的な判断が必要です」と答えた。戸惑いながらも、ジャーナリストは「量子テレポーテーションでテレポートされているのは何ですか？」や「量子コンピューターは実際にはどのような仕組みで機能しているのでしょう?」など、量子論に関する質問を続けた。驚いたことに、返ってくる答えはどの質問でもまちまちで、それも互いに相容れないことが多かった。ジャーナリストは最後にこう問うた。「量子論が生まれて九〇年経っても、その意味合いがまだわかっていないなら、今後の進歩にどのような目論見があるのですか? 量子論とは何なのかについて合意に至っていないなら、量子論の物理学的な原理を突き止めたり、量子論の範囲を重力へと広げたりすることが、いったいどうしたらできるというのですか?」

このジャーナリストの立場に身を置くことがある者として、私もそう思いがちだ。ただ、私はこの状況に失望していないし、この状況が絶望的だとは思っていない。それどころか、現状の苦戦は好奇心をそそり、今後の進歩を期待させる――ジャーナリストが研究者によくそそのかされてあまりに長いこと使い続けてきた常套句を誰も使わなくなれば。

ジョン・ホイーラーの夢の実現、すなわち誰にでもわかる言葉で表現できるような量子力学の深遠な法則を私たちが見いだす可能性は、ありえなくはなさそうだ。だが、できなかったとしても、その理由は私たちが法則を見つけられなかったというだけではないかもしれない。はるかにもっと興味深く、はるかにもっと心乱される理由もありうる。

量子力学は「奇妙」だ、量子力学は誰も理解していない、などという表現からは、明快な説明を拒むような言動や挙動を示す人物が連想される。だが、これはあまりにも上滑りだ。量子力学が拒んでいるのは私たちの理解ではないし、直感でさえなく、論理そのものの感覚である。物体が一度に二経路を移動するだの、物体の性質がそれ自体ではない別の場所に一部存在するだのと言われても、その意味を直感的に把握するのは確かに難しい。だがどちらも、言語の力では太刀打ちできない状況を日常的な言葉で表現しようとしているだけだ。私たちの言語は私たちになじみのある論理を反映するようにできているが、その論理が量子力学には通用しない。

思うに、私たちには量子力学のより根源的な公理を見つけられるし、いずれ見つけるだろう。見つかるのは、情報がこの世界でいかに存在しうるかやいかに発見されうるかに関する公理だろう。だが、従来の考え方では「意味」をなさないものという可能性がきわめて高い。全体像を把握するには、一見矛盾する物事を受け入れる必要がある。ボーアが相補性という概念で目指していたのがそれだったが、真実をすっかり表現するにはあいまいにすぎていたし、方向性も違いすぎていた。量子力学が何かもっと深遠な理論の近似でしかないとわかったとしても、何が可能／不可能なはずかという私たちの感覚は踏みにじられ続けるだろう。

こうも表現できる。論理によって確立される事実と、観測によって確立される事実とでは、どちらのほうが根源的か？　量子力学に絡んで不可解に見えるものはすべて、この二つの整合性がとれないことから派生している。

この点を見事に明らかにしたのがヤキール・アハラノフ、サンドゥー・ポペスクと彼らの協力者らが提唱する思考実験で、そこでは彼らが「ハトの巣原理」と呼ぶものが破られている。ハトの巣原理によると、三羽の（無傷の）ハトを二つの巣に入れるなら、少なくとも二羽が同じ巣に入ることになる。この原理は「数えることの本質」を捉えている、と彼らは言う。だが、量子粒子の場合は、その限りではない。アハラノフらはこれを、二重スリット実験風のスリットと経路を用意した装置に向けて平行な軌道で放たれた電子三個について検討している。このシナリオからはエルンスト・シュペッカーが考えたアッシリアの賢人の三つの箱（173ページ）が連想され、結果に至る理屈には——あのような逆説的な状況に当てはめられる範囲内で——互いに似たところがある。与えられた粒子ペアのそれぞれがどの箱にあるかという問いへの答えが、二個の粒子が同じ箱にあるかという問いの場合にも論理的に成り立つとは限らないのだ。その件の事実はその事実が問われている状況の外には存在しないのである。

量子力学の最も難しい側面の一つが、事実がこのように不安定になることだ。事実の状態が不確定で相対的になるなら、どうしたら科学を営めるというのか？

英単語のfactは、もとは行動を意味するラテン語を由来とする法律用語で、その意味はあらかじめ存在している真実のことではなく、「なされた行為」のことだった。量子力学にとってはいまだに役に立つ区別かもしれない。これぞ事実を実験に結び付けるうえでニールス・ボーアの胸中にあったことに思える。私が、何かが起こったことを観測し、その観測が信頼に足ると証明できるなら、それは事実だと見なされるべきではないのか？　そして、事実なら、定義として真のはず、では？[*1]

ならば、二重スリット実験の「事実」とは何だろう？　粒子が一つの経路を通ることか、それとも二つの経路を通ることか？　粒子の経路を測定しなかった場合は、観測される結果（具体的には干渉）に強いられ、粒子が両方の経路を一度に通ったことを事実とせざるをえなくなるようである。論理的に考えていくとそういう話になるわけだ。一方、経路を測定した場合は、片方だけを通ったと観測される（とともに、干渉は見られない）。だが、これらは二つの異なる実験なのでそこに問題はない、とボーアは主張した。同じ答えを予期する理由はないというのである。この見方において、「二重スリット実験の事実とは何か？」という問いは不完全な問いだ。

ロラン・オムネはボーアの立場をさらに鮮明にし、「事実」や「真実」という概念を当てはめられるのは巨視的なスケールの場合だけ、なぜなら私たちに本当に観測できる何かはそのスケールにしかないから、と主張する。私たちが真実についての常識的な論理や条件として受け入れているのは、（普通は）日常的なスケールで表れる基準だけであり、今の私たちは感心するほど、それをほかのスケールでのまったく異なるルールの帰結として理解し説明できているのである。測定や観測だけではなく事実やおなじみの論理原則さえもある程度は説明できる——そして古典物理学のレベルではじめて十全に定義される。

＊1　量子力学の多世界解釈がほかのいかなる科学理論とも根本的に異なる理由の根幹にあるのがこのことだ。なぜなら、多世界解釈はこの言明を否定するからである。「私」が観測するのは事象に関するいくつかの「事実」のうちの一つにすぎない、と擁護派は応じるかもしれない。だが、そうしたほかの「事実」は私の観測内容と真っ向から容れない可能性があるので、意味を持って真だと言える物事は何一つない。それに、そもそも「私」が何かを観測したとさえ言えない。言語を拒絶する多世界解釈が言語とうまく折り合いをつけているのは、言語には意味がありそうでない物事を表現するというたちの悪い能力があるからである。

オムネによれば、事実というものに意味を持たせているのは一意性だ。ある状況に関してある事実があった場合、それと矛盾する別の事実は存在しえない。

だが量子力学は、その一意の事実になるのがどれなのかは言えず、一意の事実は理論的に予測される統計と矛盾しないだろうと言うだけだ。量子力学が、ある事象は確率半々で二つの可能な結果になると言うなら、結果の事実は（大ざっぱに）その比で積み上がっていく。ある結果は確率ゼロだと予測するなら、その結果が事実として観測されることはない。[*2]

知りえない仕組みでつくられる統計分布から事実が導かれる。このレベルの観測に留まって私たちは本当に満足か？　ボーアなら私たちに満足するよう求めたことだろう。背後にある現実を語るべからず（〝否定すべし〟とまでは言っていない）というコペンハーゲン解釈による禁止令を受け入れなければならないのか？

注意しよう。「現実」という言葉はあまりにも無頓着に口にされている。日常的な使われ方では本来巨視的な概念だ。私たちには経験というレンズを通して現実を見ることしかできない。この意味で、「ずっと下まで現実」と予想する理由はまったくない。

とはいえ、〝私たちによる現実の知覚は、背後に実在するが私たちの知覚と本質的な依存関係のない物理的基盤と結び付けられる〟と想定しても科学の営みはほぼすべてうまくいく。触れたり、味わったり、嗅いだりなどできるものの性質は、原子や分子の概念を頼りに、さらにはもっと細かく、量子法則に従って相互作用する陽子や電子などを持ち出して説明できる。経験とは、論理的な推論を測定可能な対象にどんどん細かく適用していって説明できるもの。私たちはそう思うようになった。

量子力学はこのアプローチの限界、すなわち従来の直感的な論理がいよいよ立ち行かなくなる領域を示している。制約の範囲は微視的なものに限られてさえなく、量子法則が古典的な近似を生まないあらゆる領域が含まれている。私たちはその領域に入ると「現実」について語れない、とオムネは言う。彼に言わせれば、現実とは事実が一意である空間でなければならない。そこに事象が存在するとは言えるかもしれない。それ以外は私たちの推論力の手に負えず、ギャップを埋めることがとにかくできない。というか、少なくとも量子論だけではできない。バートホールト＝ゲオルク・エングラートの言葉を借りると、私たちが「なぜこれらの事象なのか？」と問うとき、この理論は助けにならない。量子論にできるのは、驚くべきことに、これが有効にして不可思議な問いだと示すことだけである。

負けを認めるかのように思えるかもしれないが、そうとは限らない、とオムネは言う。量子力学の勝利は、私たちが「物理的現実主義」――科学研究は物理的現実へのアクセス方法や物理的現実に関する知識を授けるものという前提――のいかなる概念をも捨て去るところまで達した点にある。実は、科学史においてこの前提は一部で思われているよりもよく見られており、たとえばコペルニクスの理論は、ガリレオが結論を強いるまでは、物理的実在の記述としてではなく単なる方便として提示することによって、キリスト教の教義と微妙な共存を保っていた。だが量子力学は、ついに科学そのものが実在論者の見方を混乱におとしいれると示した。ボーアはそれを、この理論は「物理的現実という問題に対す

*2　Qビスト（110ページ）はきっと同意せず、それが観測されると予期する理由がないだけと言うだろう。Qビストにとって、量子確率はこの世界が特定のやり方でふるまうことを妨げておらず、そのふるまいについての観測者の予測だけを語る。

る私たちの姿勢に根本的な改訂」を要請していると表現した。なぜなら、オムネによると、そもそも量子力学は従来の発想での「事実」と私たちとのあいだを取り持てないからだ——取り持つにはいくらか余計な前提が要るのである。そしてオムネはこう問う。実在に関する知識に課せられたこの制約に達したことは、嘆かわしいことではなく、称賛すべきことではないのか?

もしかしたらそうかもしれない。だが、不思議なことに、私たちの方程式は実在論の枠を越えた領域にまで進出できるばかりかそこでも成功を収められるのに、私たちは方程式の意味を推定(または表現)できない。それならばと、驚くことでもないが、一部の科学者は方程式そのものを究極の実在に、その他すべてがそこから現れる超自然的な類いの構造に仕立てたがっている。今のところは好みの問題かもしれない。だが、物理学者——特に熱心なのはエヴェレット派——が人間的にすぎる言葉にしがみつくのをやめるよう強く勧めてきても、私たちにはそれに抗う権利がある。言語は意味を組み立てて伝えるために、私たちの宇宙について語るために、私たちが手にしている唯一の媒体だ。数字どうしの関係は代用にはならない。科学はそれ以上の扱いを受けてしかるべきである。

⚛

直感的にわかりやすい論理が行き詰まり、数学は抽象的にすぎるなら、量子力学が「私たちに語っている」ことはどうしたら把握できるというのだ? この件について、ジョン・ベルが彼らしく茶目っ気のあることを言っている。「実用上は不要だったとしても、何がどうなるかを知るのも悪くないのではないだろうか？　たとえば、量子力学が厳密な定式化を拒んでいることが明らかになったとする。『実用上』の枠を越えた定式化を試みたところ、動かざる指が頑なにこの分野の外を、たとえば観測者の精神を、ヒンドゥー教の教典を、神を、あるいは重力のみを指していると明らかになったとしよう。それはそれでなんとも興味深いことではなかろうか？」

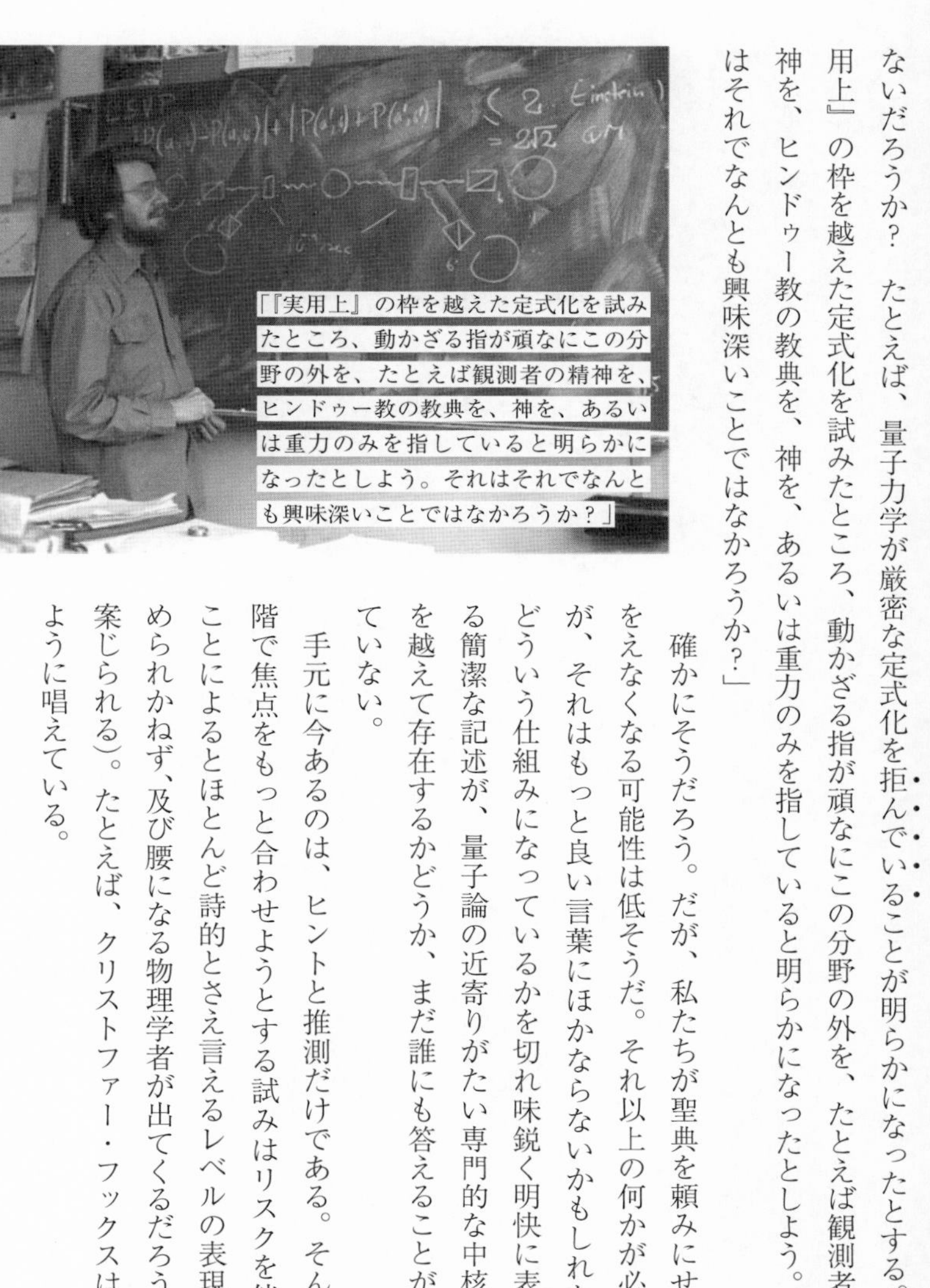

確かにそうだろう。だが、私たちが聖典を頼みにせざるをえなくなる可能性は低そうだ。それ以上の何かが必要だが、それはもっと良い言葉にほかならないかもしれない。どういう仕組みになっているかを切れ味鋭く明快に表現する簡潔な記述が、量子論の近寄りがたい専門的な中核の枠を越えて存在するかどうか、まだ誰にも答えることができていない。

手元に今あるのは、ヒントと推測だけである。そんな段階で焦点をもっと合わせようとする試みはリスクを伴い、ことによるとほとんど詩的とさえ言えるレベルの表現が求められかねず、及び腰になる物理学者が出てくるだろう（と案じられる）。たとえば、クリストファー・フックスは次のように唱えている。

この世界は私たちとの接触に敏感だ。古典的には想像もつかない仕方で飛び去るような「ビューン！」がこの世界にはある。そうした根源的な（素晴らしい）感度をふまえると、量子力学の全体構造は情報を推論および処理する最適な方法以上のものではないのかもしれない。

フックスが言わんとしているのは、ハイゼンベルクが量子不確定性の説明を誤って高倍率の顕微鏡による擾乱として述べたような意味で、人間の観測者がこの世界を乱している、ということではない。微視的な世界はいかなる類いの相互作用にも敏感、ということだ。絶妙に張りつめているというのである。そして、そのように張りつめているなら、活性因子としての私たちによる介入が重要となる。量子力学は、私たち人間がそうした性質を持つ世界について情報の収集と定量化を試みるために――亜原子と銀河の中間あたりに調整されたスケールで――必要とする仕掛けだ。そうした領域での舵取りについて私たちが学んできたことを体現しているのである。

〝私たちの存在は私たちが何を目にするかにとって重要である〟という発想は、よく言われる〝量子力学はこの世界を観測者に依存させている〟よりも深遠だ。一つには、観測者にこだわっていると、私たちが観測していないときに何が起こるかという問題に突き当たるからである。アインシュタインの月や、シュレーディンガーの猫や、異なる宇宙に分離する重ね合わせに話が戻ってしまうのだ。ひょっとすると、量子力学はこの宇宙の様子を垣間見せてくれるわけでも、その様子が私たちによる介入の有無に依存しているわけでもなく、自然のある決まった側面における介入を扱うため専用に私たちが必要とする理論なのかもしれない。

これこそ、Qビズム(109ページ)と呼ばれる量子解釈が本当に語っているところであり、ゆえに、Qビズムを「大事なのは私たち」や(さらにひどい)「現実は幻想」のような唯我論的な考え方だと見なすことは間違っている。Qビズムはホイーラーの言う「参加型宇宙」——私たちは経験している現実において何かの役割を演じている——の一表現であり、あれが話のすべてだとは主張していない。

これは、少なくとも物事が私たち抜きで起こることを許している点で、根本的に実在論者の見方である。この世界のピースが寄り集まり、そこから事実が立ち現れる。それがなぜ起こるのかはもちろん、どのようにして起こるのかさえ、私たちには(まだ?)言えない。この制約を、量子世界の由来とされてきた「本質的なランダムさ」と同一視するという捉え方もあるかもしれないが、フックスはそれを正真正銘の自律、「この世界の創造性ないし新規性」と見ることを選んでいる。ホイーラーはそれをやや意味ありげに(だが神秘的にではなく)「法則なき法則」と呼んだ。この見方において、法則は私たちがこの宇宙に介入した場合に限って(それを理由に)出現する。その法則は、私たちが量子力学で有効だと明らかにした確率的なものであり、平均が支配するスケールでは決定論的なものになりうる。

ホイーラーは、一種の参加型実在論であるこのアイデアを描き出す素晴らしいたとえを考え出した。そのなかで、「実在」について私たちによる問いから立ち現れる答えは、完璧に首尾一貫しており、ルールに縛られており、非ランダムであるうえ、あらかじめ存在する「真実」を必要としない。「二〇の質問」という推測ゲームをご存じだろうか。プレーヤーの一人が部屋を出ているあいだに、残ったプレーヤーは言葉や人物や物などを示し合わせておく。部屋に戻ったプレーヤーは示し合わされた答えを、「はい」か「いいえ」だけで答えられる質問を繰り返して当てる(お気づきだろうか、これは一種の量子ゲームだ！）。

自分が質問者になったところを想像してみよう。質問をすると、答えが返ってくる。ところが、質問を重ねるうち、答えが返ってくるまでがなぜかどんどん長引いていく。妙だ。それでも、正解に迫っている感触があり、とうとうわかったと確信する。「答えは雲！」誰もが声を上げて笑い、そのとおりだと言う。

ところがここで、何が起こっていたのかが種明かしされる。あなたが部屋を出ていたあいだ、残ったプレーヤーは言葉を雲と決めてはいなかった。それどころか、特定の答えをいっさい決めていなかった。決め事は、質問者に返す答えが何かに当てはまるという点で直前の答えと矛盾しないように各人が注意する、というだけだった。その結果、質問が重なるにつれて選択肢がどんどん狭まり、どの言葉ならまだ大丈夫かを確かめるのにますます時間がかかるようになったのである。ここでは回答者全員が、質問の内容によって、同じ言葉に収斂するよう強いられる。あなたが違う質問をしていたら、違う言葉にたどり着いていただろう。答えは状況に依存する。あらかじめ決められていた答えはなかった。あなたがあの言葉を答えにしたのだ――あなたからのどの質問ともまったく矛盾しないように。さらに言うと、答えという概念が意味を持つのは、このゲームをやった場合に限られる。選ばれた言葉について問わずに、選ばれた言葉は何かと問うことには意味がない。実際にやるまで、言葉があるだけである。

このような参加型世界はどうしたら実現するか？　情報を使えばいい！　あるいは、ホイーラーの言葉を借りれば、「それはビットから（イット・フロム・ビット）」だ。

情報、情報と言うが、何の情報だ？　その何かとは、その構造とは、いったい何なのか？

この話は実は量子力学の管轄外かもしれない。事物はないという意味ではない――「この世界は情報である」というときどきなされる想定にどのような現実的な意味が結び付くのか、私にはよくわからないが。そうではなく、何かが何であるかは、量子力学の解釈には関係ないと言わねばならないのかもしれない（物理学全般にとって大いに重要という可能性はある）。その何かを粒子とみなすのも悪くはない。だが、その何かに関する情報が、その何かについて明らかにしようとする試みとどう対応しているかが問題となる。結局、科学においては明らかにしようと試みることしかできないからだ。

思うに、本書で議論してきた考え方の、全部とは言わないまでもほとんどは、何らかの形で次の問いに収斂する。情報については何が許されており、何が許されていないのか？　ここまで見てきたように、その答えを考えるための前提をいくつか、古典世界に基づく勘やどうなるかが定まっている論理からではなく、これまで見てきた量子系のふるまいから導くと、私たちが量子力学で目にするものと少なくとも似たようなふるまいが立ち現れうる。

もしかすると、量子情報についてはまだ語らず、量子知識について語るほうがいいのかもしれない。私たちの手が届く場合に限られるとはいえ、「情報」はそこにある何かをほのめかしていそうに思えるからだ。量子力学は、何が知りえて何が知りえないのか、そして知られている物事がどう関係しているかについての理論だ。知られている物事の出どころについてはまだ言えないし、言えるようには決してならないかもしれない。

ここには重要な課題がほかにもある。私たちが（見たからこそ）実際に知っている情報の客観的な状態とは何か？　それは誰にでも手に入るのか？　それとも主観的であり、何かを見極めようと場所や時間を決めて特定のやり方で調べた特定の観測者限定なのか？　あなたがご存じのことを私は知ることができるのか？　私の知っていることはあなたがご存じのことと両立さえするに違いないのか？　私たちにはとにかくわかっていない。だが、量子力学が何を語っているかの理解を目指す今後の取り組みにとって、これが大問題の一つになるに違いない気は強くする。

何がここで問題になっているのか、見えてきたかもしれない。それは「情報としての量子力学」を巡るあらゆる議論が取り組まなければならない問題だ。私たちは、情報を何らかの意味で収める何かという概念にはなじんでいる。本、コンピューターのメモリ、留守番電話に残されるメッセージなどがそうだ。そして、自分が情報を持つことができるという発想にもなじんでいる。たとえば、私はあなたの電子メールアドレスを知っていられる。そして、この二つは別物に思える。一方は潜在的な知識、もう一方は具体的な知識で、私たちの個々の能力に応じて潜在的な知識から選び取られたのが具体的な知識だ。だが、量子力学はこの両者を双方向で作用させるらしく、私たちの持つ知識は（他人が、それとも私とあなただけが？）何を知りうるかに影響する。そのとおり、ややこしい。だが、この素晴らしい理論の意味合いに取り組みたいなら、これこそが抱くべき正しい混乱だ。

私はこの情報寄りの見方を、〝である〟性の理論と〝もしも〟性の理論の違いという観点から考えてみたい。量子力学は、何かがどうであるかについては語らないが、どうなりうるかについては（計算可能な確率とともに）語る。その際、ここが重要なのだが、そうした「なりうる」どうしの関係に関する論理に従う。もしもこれならあれだ、のように。

つまり、量子力学の性質を今できる範囲で本当の意味で記述するためには、従来の〝である〟主義をすっかり〝もしも〟主義に置き換えるべきということである。例を挙げよう。

「ここにあるのは粒子であり、あそこにあるのは波である」

ではなく

「もしもこのように測定するなら、量子物体は私たちが粒子に関連付けている仕方でふるまう。だが、もしもあのように測定するなら、波であるかのようにふるまう」

「この粒子は一度に二状態である」

ではなく

「もしもそれを測定するなら、この状態は確率X、あの状態は確率Yで検出される」

この〝もしも〟性はややこしい。私たちが科学と関連付けるに至った性質ではないからだ。私たちは物事の様相を語る科学に慣れており、〝もしも〟が持ち上がるなら、それはわかっていない部分があるからにすぎないと考える。ところが、量子力学において〝もしも〟は根源的だ。

〝もしも〟性の下層に〝である〟性はあるか？　可能性はあり、そうと認めるだけで、観測結果の範囲外について意味のあることは言えない、とするコペンハーゲン解釈の割り切った見方の枠を越える。だが、言えることがあったとしても、物体は状況に依存しない局所的な性質を元々備えている、という日常生活での〝である〟性とは違うだろう。「常識」的な〝である〟性ではないに違いない。

現実の度合い（というものがあるならそれ）を量子力学の〝もしも〟にどの程度帰すればいいのか、私たちはその判断にいまだ苦労している。だが、ひょっとするとあまりこだわるべきではないのかもしれない。なんといっても、この判断については〝である〟性の観点以外で考えることがそもそも難しいうえ、この宇宙が突き詰めると〝もしも〟世界ではなく〝である〟世界のはずだと（誤りを免れない私たちの直感の枠を越えて）想定する理由がまったくない。さらに言えば、私たちが経験している古典的な〝である〟世界を取り戻すのに、この宇宙は〝である〟世界である必要がない。なにしろ、古典的な〝である〟性は量子の〝もしも〟性から現れうるし現れるはずだと今日それなりによく理解されている。今何より差し迫っている問いの一つは、量子の〝もしも〟性にはなぜそれが示す性質と示さない性質があるかだ。もしかするとこの問いに答えられれば、その先にある問いをどう立てるのがいちばんいいのかのヒントが見つかるだろう。

いずれにせよ、この〝もしも〟性があるからといって、この世界――私たちの世界、私たちの故郷――がこちらに何も隠し立てしていないとは限らない。そんな心づもりが肝要だ。期待しすぎになるよう古典物理学から仕向けられただけなのである。私たちは、問いを投げれば確かな答えが得られるという状況に慣れ親しんできた。その色は？　重さは？　速さは？　日常的な物体についてさえ笑ってしまうほどまだまだ無知なのを棚に上げ、未来永劫、どこまでも細かく、問えば答えが得られて当然と私たちは考えていた。それができないと知ったとき、自然からごまかされたと感じて、自然を「奇妙」呼ばわりした。

もはやそれでは立ち行かない。自然は最善を尽くしており、私たちは自然に対して抱く期待をそれ相応に変える必要がある。「奇妙」の枠を出るべき時が来たのである。

謝辞

私は、シリル・ブランシャード、チャースラフ・ブルクナー、アンドリュー・クレランド、イヴス・コロンベ、マシュー・フィッシャー、クリストファー・フックス、ダゴミール・カスリコウスキー、ヨハネス・コフラー、アンソニー・レイン、フランコ・ノリ、アンドリュー・パリー、サンドゥー・ポペスク、リューディガー・シャック、マキシミリアン・シュロスハウアー、ルカ・トゥリン、フィリップ・ヴァルター、ヴォイチェフ・ジュレックとの議論から多大な恩恵を受けた。彼らがいなければ、本書は誤りだらけになっていたことだろう。彼らの存在により、科学者とは世界で最も寛容な学者だという私の確信は強まった。

書籍に対して物理的対象と知的対象という感覚をどちらも持ち合わせている編集者たちは、書き手にとってかけがえのない存在であり、私はイェルク・ヘンスゲンおよびスチュアート・ウィリアムズと一緒に仕事をするというたいへんな幸運に恵まれた。編集段階でいただいた彼らの賢明な助言のおかげで、本書の体裁やスタイルが整った。私の代理人であるクレア・アレクサンダーの導きと支援がなければ、私は途方に暮れていたことだろう。また、デイヴィッド・ミルナーの頼りになる原稿整理の手腕にはいつもながら助けられている。

本書はぜひとも二人の友人に捧げたい。二人ともずいぶん前になるが最善を尽くして私に量子力学を教えてくれた。ピーター・アトキンスへの感謝の念は、主に化学に関する著述への多大なるご支援に対して抱いている。だが、私がかつてオックスフォード大学の学部生として講義を聴いていた頃、アトキンス先生はこのトピックに関してまばゆいばかりの講義をなさっていた。そのスタイルと明快さは、その後も切れ味を増すばかりだ。バラージュ・ジョルッフィの温かみと熱意は、化学科卒の迷える若き院生に合わせて講義レベルを落とすのに苦労なさっていたという事実をものともせずに伝わってきていた。ジョルッフィ先生は二〇一二年に他界し、先生の多大なる寛容さとエネルギーはブリストル大学物理学科で今なおたいそう惜しまれている。

メイ・ランとアンバーは、子どもとは何に対しても、量子もつれに対してさえ、心を開いていることを、そして彼らが私たちの希望であることを示してくれた。また、量子力学を扱う一般講演でシルバニアファミリーの動物人形を私に貸してサポートしてくれたことに感謝したい。

フィリップ・ボール

ロンドンにて、二〇一七年一〇月

Zeilinger, A. 2006. 'Essential quantum entanglement', in G. Fraser (ed.), *The New Physics*. Cambridge University Press, Cambridge.

Zeilinger, A. 2010. *Dance of the Photons*. Farrar, Straus & Giroux, New York.（邦訳 『量子テレポーテーションのゆくえ――相対性理論から「情報」と「現実」の未来まで』田沢恭子訳、早川書房）

Zukowski, M. & Brukner, Č. 2015. 'Quantum non-locality: It ain't necessarily so...', Arxiv:1501.04618.

Zurek, W. H. (ed.). 1990. *Complexity, Entropy and the Physics of Information*. Addison-Wesley, Redwood City CA.

Zurek, W. H. 2003. 'Decoherence, einselection, and the quantum origins of the classical', Arxiv: quant-ph/0105127.

Zurek, W. H. 2005. 'Probabilities from entanglement, Born's rule $p_k=|\Psi_k|^2$ from envariance', Arxiv: quant-ph/0405161.

Zurek, W. H. 2009. 'Quantum Darwinism', Arxiv: 0903.5082.

Zurek, W. H. 2014. 'Quantum Darwinism, decoherence and the randomness of quantum jumps', *Physics Today*, October, 44.

Zurek, W. H. 1998. 'Decoherence, chaos, quantum-classical correspondence, and the algorithmic arrow of time', Arxiv: quant-ph/9802054

1404.2635.
Schlosshauer, M., Kofler, J. & Zeilinger, A. 2013. 'A snapshot of foundational attitudes toward quantum mechanics', *Studies in the History and Philosophy of Modern Physics* 44, 222–30.
Schlosshauer, M. & Fine, A. 2014. 'No-go theorem for the composition of quantum systems', *Physical Review Letters* 112, 070407.
Schreiber, Z. 1994. 'The nine lives of Schrödinger's cat', Arxiv: quant-ph/9501014.
Schrödinger, E. 1935. 'Discussion of probability relations between separated systems', *Mathematical Proceedings of the Cambridge Philosophical Society* 31, 555–63.
Schrödinger, E. 1936. 'Probability relations between separated systems', *Mathematical Proceedings of the Cambridge Philosophical Society* 32, 446–52.
Sorkin, R. D. 1994. 'Quantum mechanics as quantum measure theory', Arxiv: gr-qc/9401003.
Spekkens, R. W. 2007. 'In defense of the epistemic view of quantum states: a toy theory', *Physical Review A* 75, 032110.
Susskind, L. & Friedman, A. 2014. *Quantum Mechanics: The Theoretical Minimum* Allen Lane, London.（邦訳 『スタンフォード物理学再入門――量子力学』森弘之訳、日経BP社）
Tegmark, M. 1997. 'The interpretation of quantum mechanics: many worlds or many words?', Arxiv: quant-ph/9709032.
Tegmark, M. 2000. 'Importance of quantum decoherence in brain processes', *Physical Review E* 61, 4194.
Tegmark, M. & Wheeler, J. A. 2001. '100 years of the quantum', Arxiv: quant-ph/0101077.
Timpson, C. G. 2004. Quantum information theory and the foundations of quantum mechanics. 博士論文。University of Oxford. arxiv: quant-ph/0412063を参照。
Tonomura, A., Endo, J., Matsuda, T., Kawasaki, T. & Ezawa, H. 1989. 'Demonstration of single-electron buildup of an interference pattern', *American Journal of Physics* 57, 117–120.
Vaidman, L. 1996. 'On schizophrenic experiences of the neutron, or Why we should believe in the Many Worlds interpretation of quantum theory', Arxiv: quant-ph/9609006.
Vaidman, L. 2002, revised 2014. 'Many-Worlds Interpretation of quantum mechanics', in E. N. Zalta（ed.）, *Stanford Encyclopedia of Philosophy*. https://plato.stanford.edu/entries/qm-manyworlds/.
Vedral, V. 2010. *Decoding Reality: The Universe as Quantum Information*. Oxford University Press, Oxford.
Wallace, D. 2002. 'Worlds in the Everett interpretation', *Studies in the History and Philosophy of Modern Physics* 33, 637.
Wallace, D. 2012. *The Emergent Multiverse*. Oxford University Press, Oxford.
Weihs, G., Jennewein, T., Simon, C., Weinfurter, H. & Zeilinger, A. 1998. 'Violation of Bell's inequality under strict Einstein locality conditions', *Physical Review Letters* 81, 5039.
Wheeler, J. & Zurek, W. H.（eds）. 1983. *Quantum Theory and Measurement*. Princeton University Press, Princeton.
Wootters, W. K. & Zurek, W. H. 2009. 'The no-cloning theorem', *Physics Today*, February, 76–7.（邦訳 『複製不可能定理』山本俊訳、パリティVol. 24, No. 08に所収）
Zeilinger, A. 1999. 'A foundational principle for quantum mechanics', *Foundations of Physics* 29, 631–43.

Ozawa, M. 2003. 'Universally valid reformulation of the Heisenberg uncertainty principle on noise and disturbance in measurement', *Physical Review A* 67, 042105.

Palacios-Laloy, A., Mallet, F., Nguyen, F., Bertet, P., Vion, D., Esteve, D. & Korotkov, A. N. 2010. 'Experimental violation of a Bell's inequality in time with weak measurement', *Nature Physics* 6, 442-7.

Pawlowski, M., Paterek, T., Kaszlikowski, D., Scarani, V., Winter, A. & Zukowski, M. 2009. 'Information causality as a physical principle', Nature 461, 1101-4.（「物理原理としての情報因果律」、会員はhttps://www.natureasia.com/ja-jp/nature/461/7267/から日本語要約にアクセス可）

Peat, F. D. 1990. *Einstein's Moon: Bell's Theorem and the Curious Quest for Quantum Reality*. Contemporary Books, Chicago.

Peres, A. 1997. 'Interpreting the quantum world'（書評）, Arxiv: quant-ph/9711003.

Peres, A. 2002. 'What's wrong with these observables?', Arxiv: quant-ph/0207020.

Pomarico, E., Sanguinetti, B., Sekatski, P. & Gisin, N. 2011. 'Experimental amplification of an entangled photon: what if the detection loophole is ignored?', Arxiv: 1104.2212.

Popescu, S. & Rohrlich, D. 1997. 'Causality and nonlocality as axioms for quantum mechanics', Arxiv: quant-ph/9709026.

Popescu, S. 2014. 'Nonlocality beyond quantum mechanics', *Nature Physics* 10, 264.

Procopio, L. M. et al. 2015. 'Experimental superposition of orders of quantum gates', *Nature Communications* 6, 7913.

Pusey, M. F., Barrett, J. & Rudolph, T. 2012. 'On the reality of the quantum state', Arxiv: quant-ph/1111.3328.

Riedel, C. J. & Zurek, W. H. 2010. 'Quantum Darwinism in an everyday environment: huge redundancy in scattered photons', *Physical Review Letters* 105, 020404.

Riedel, C. J., Zurek, W. H. & Zwolak, M. 2013. 'The objective past of a quantum universe - Part I: Redundant records of consistent histories', Arxiv: 1312.0331.

Ringbauer, M., Duffus, B., Branciard, C., Cavalcanti, E. G., White, A. G. & Fedrizzi, A. 2015. 'Measurements on the reality of the wavefunction', *Nature Physics* 11, 249-54.

Rohrlich, D. 2014. 'PR-box correlations have no classical limit', Arxiv:1407.8530.

Romero-Isart, O., Juan, M. L., Quidant, R. & Cirac, J. I. 2009. 'Towards quantum superposition of living organisms', Arxiv: 0909.1469.

Rowe, M. A., Kielpinski, D., Meyer, V., Sackett, C. A., Itano, W. M., Monroe, C. & Wineland, D. J. 2001. 'Experimental violation of a Bell's inequality with efficient detection', *Nature* 409, 791-4.

Rozema, L. A., Darabi, A., Mahler, D. H., Hayat, A., Soudagar, Y. & Steinberg, A. M. 2012. 'Violation of Heisenberg's measurement-disturbance relationship by weak measurements', *Physical Review Letters* 109, 100404.

Saunders, S., Barrett, J., Kent, A. & Wallace, D.（eds）. 2010. *Many Worlds? Everett, Quantum Theory, and Reality*. Oxford University Press, Oxford.

Schack, R. 2002. 'Quantum theory from four of Hardy's axioms', Arxiv: quant-ph/0210017.

Scheidl, T. et al. 2010. 'Violation of local realism with freedom of choice', *Proceedings of the National Academy of Sciences* USA 107, 19708-13.

Schlosshauer, M. 2007. *Decoherence and the Quantum-to-Classical Transition*. Springer, Berlin.

Schlosshauer, M.（ed.）. 2011. *Elegance and Enigma: The Quantum Interviews*. Springer, Berlin.

Schlosshauer, M. 2014. 'The quantum-to-classical transition and decoherence', Arxiv:

Physics 16, 199–224.
Knee, G. C. et al. 2012. 'Violation of a Leggett–Garg inequality with ideal non-invasive measurements', *Nature Communications* 3, 606.
Kofler, J. & Brukner, C. 2007. 'Classical world arising out of quantum physics under the restriction of coarse-grained measurements', *Physical Review Letters* 99, 180403.
Kumar, M. 2008. *Quantum: Einstein, Bohr and the Great Debate About the Nature of Reality*. Icon, London.（邦訳 『量子革命――アインシュタインとボーア、偉大なる頭脳の衝突』青木薫訳、新潮文庫）
Kunjwal, R. & Spekkens, R. W. 2015. 'From the Kochen–Specker theorem to noncontextuality inequalities without assuming determinism', Arxiv: 1506.04150.
Kurzynski, P., Cabello, A. & Kaszlikowski, D. 2014. 'Fundamental monogamy relation between contextuality and nonlocality', *Physical Review Letters* 112, 100401.
Lee, C. W. & Jeong, H. 2011. 'Quantification of macroscopic quantum superposition's within phase space', *Physical Review Letters* 106, 220401.
Leggett, A. J. & Garg, A. 1985. 'Quantum mechanics versus macroscopic realism: is the flux there when nobody looks?', *Physical Review Letters* 54, 857.
Li, T. & Yin, Z.-Q. 2015. 'Quantum superposition, entanglement, and state teleportation of a microorganism on an electromechanical oscillator', Arxiv: 1509.03763.
Lindley, D. 1997. *Where Does the Weirdness Go?* Vintage, London.
Lindley, D. 2008. *Uncertainty: Einstein, Heisenberg, Bohr, and the Struggle for the Soul of Science*. Doubleday, New York.
Ma, X.-S., Kofler, J. & Zeilinger, A. 2015. '*Delayed-choice gedanken experiments and their realization*', Arxiv:1407.2930.
Mayers, D. 1997. 'Unconditionally secure quantum bit commitment is impossible', Arxiv: quant-ph/9605044.
Merali, Z. 2011. 'Quantum effects brought to light', *Nature News*, 28 April. http://www.nature.com/news/2011/110428/full/news.2011.252.html.
Merali, Z. 2011. 'The power of discord', *Nature* 474, 24–6.
Mermin, N. D. 1985. 'Is the moon there when nobody looks? Reality and the quantum theory', *Physics Today*, April, 38–47.
Mermin, N. D. 1993. 'Hidden variables and the two theorems of John Bell', *Reviews of Modern Physics* 65, 803.
Mermin, N. D. 1998. 'The Ithaca interpretation of quantum mechanics', *Pramana* 51, 549–65. Arxiv: quant-ph/9609013を参照。
Musser, G. 2015. *Spooky Action at a Distance*. Farrar, Straus & Giroux, New York.（邦訳『宇宙の果てまで離れていても、つながっている――量子の非局所性から「空間のない最新宇宙像」へ』吉田三知世訳、インターシフト）
Nairz, O., Arndt, M. & Zeilinger, A. 2003. 'Quantum interference with large molecules', *American Journal of Physics* 71, 319–25.
Ollivier, H., Poulin, D. & Zurek, W. H. 2009. 'Environment as a witness: selective proliferation of information nd emergence of objectivity in a quantum universe', *Physical Review A* 72, 423113.
Omnès, R. 1994. *The Interpretation of Quantum Mechanics*. Princeton University Press, Princeton.
Omnès, R. 1999. *Quantum Philosophy*. Princeton University Press, Princeton.
Oreshkov, O., Costa, F. & Brukner, C. 2012. 'Quantum correlations with no causal order', *Nature Communications* 3, 1092.

Hardy, L. 2001. 'Quantum theory from five reasonable axioms', Arxiv:quant-ph/0101012.
Hardy, L. 2001. 'Why quantum theory?', Arxiv: quant-ph/0111068.
Hardy, L. 2007. 'Quantum gravity computers: on the theory of computation with indefinite causal structure', Arxiv: quant-ph/0701019.
Hardy, L. 2011. 'Reformulating and reconstructing quantum theory', Arxiv: 1104.2066.
Hardy, L. & Spekkens, R. 2010. 'Why physics needs quantum foundations', Arxiv: 1003.5008.
Harrigan, N. & Spekkens, R. W. 2007. 'Einstein, incompleteness, and the epistemic view of quantum states', Arxiv: 0706.2661.
Hartle, J. B. 1997. 'Quantum cosmology: problems for the 21st century', Arxiv: gr-qc/9210006.
Heisenberg, W. 1927. 'Über den anschaulichen Inhalt der quantentheoretischen Kinematik und Mechanik', *Zeitschrift für Physik* 43, 172–98.
Hensen, B. et al. 2015. 'Experimental loophole-free violation of a Bell inequality using entangled electron spins separated by 1.3 km', Arxiv:1508.05949.
Hooper, R. 2014. 'Multiverse me: Should I care about my other selves?', *New Scientist*, 24 September.
Hornberger, K., Uttenthaler, S., Brezger, B., Hackerm ¨ uller, L., Arndt, M. & Zeilinger, A. 2003. 'Collisional decoherence observed in matter wave interferometry', Arxiv: quant-ph/0303093.
Howard, D. 2004. 'Who invented the "Copenhagen Interpretation"? A Study in mythology', *Philosophy of Science* 71, 669–82.
Howard, M., Wallman, J., Veitch, V. & Emerson, J. 2014. 'Contextuality supplies the magic for quantum computation', *Nature* 510, 351–5. (「状況に応じた量子計算」、会員は https://www.natureasia.com/ja-jp/nature/highlights/54031から日本語要約にアクセス可)
Jeong, H., Paternostro, M. & Ralph, T. C. 2009. 'Failure of local realism revealed by extremely-coarse-grained measurements', *Physical Review Letters* 102, 060403.
Jeong, H., Lim, Y. & Kim, M. S. 2014. 'Coarsening measurement references and the quantum-to-classical transition. *Physical Review Letters* 112, 010402.
Joos, E., Zeh, H. D., Kiefer, C., Giulini, D. J. W., Kupsch, J. & Stamatescu, I.-O. 2003. *Decoherence and the Appearance of a Classical World in Quantum Theory*, 2nd edn. Springer, Berlin.
Kaltenbaek, R., Hechenblaikner, G., Kiesel, N., Romero-Isart, O., Schwab, K. C., Johann, U. & Aspelmeyer, M. 2012. 'Macroscopic quantum resonators', Arxiv: 1201.4756.
Kandea, F., Baek, S.-Y., Ozawa, M. & Edamatsu, K. 2014. *Physical Review Letters* 112, 020402.
Kastner, R. E., Jeknić-Dugić, J. & Jaroszkiewicz, G. 2016. *Quantum Structural Studies: Classical Emergence From the Quantum Level*. World Scientific, Singapore.
Kent, A. 1990. 'Against Many Worlds interpretation', *International Journal of Modern Physics A* 5, 1745.
Kent, A. 2014. 'Our quantum problem', *Aeon*, 28 January. https://aeon.co/essays/what-really-happens-in-schrodinger-s-box.
Kent, A. 2014. 'Does it make sense to speak of self-locating uncertainty in the universal wave function? Remarks on Sebens and Carroll', Arxiv: 1408.1944.
Kent, A. 2016. 'Quanta and qualia', Arxiv: 1608.04804.
Kirkpatrick, K. A. 2003. ' "Quantal" behavior in classical probability', *Foundations of*

Farmelo, G. (ed.). 2002. *It Must Be Beautiful: Great Equations of Modern Science*. Granta, London.（邦訳 『美しくなければならない――現代科学の偉大な方程式』斉藤隆央訳、紀伊國屋書店）

Falk, D. 2016. 'New support for alternative quantum view', *Quanta*, 16 May. https://www.quantamagazine.org/20160517-pilot-wave-theory-gains-experimental-support/.

Feynman, R. 1982. 'Simulating physics with computers', *International Journal of Theoretical Physics* 21, 467-88.

Fuchs, C. A. & Peres, A. 2000. 'Quantum theory needs no "interpretation"', *Physics Today*, March, 70-1.

Fuchs, C. A. 2001. 'Quantum foundations in the light of quantum information', Arxiv: quant-ph/0106166.

Fuchs, C. A. 2002. 'Quantum mechanics as quantum information (and only a little more)', Arxiv: quant-ph/0205039.

Fuchs, C. A. 2010. 'QBism, the perimeter of Quantum Bayesianism', Arxiv: 1003.5209.

Fuchs, C. A. 2012. 'Interview with a Quantum Bayesian', Arxiv: 1207.2141.

Fuchs, C. A., Mermin, N. D. & Schack, R. 2014. 'An introduction to QBism with an application to the locality of quantum mechanics', *American Journal of Physics* 82, 749-54. See Arxiv: 1311.5253.

Fuchs, C. A. 2016. 'On participatory realism', Arxiv: 1601.04360.

Gerlich, S., Eibenberger, S., Tomandl, M., Nimmrichter, S., Hornberger, K., Fagan, P. J., Tüxen, J., Mayor, M. & Arndt, M. 2011. 'Quantum interference of large organic molecules', *Nature Communications* 2, 263.

Ghirardi, G. C., Rimini, A. & Weber, T. 1986. 'An explicit model for a unified description of microscopic and macroscopic systems', *Physical Review D* 34, 470.

Gibney, E. 2014. 'Quantum computer quest', *Nature* 516, 24.（邦訳 「量子コンピューターが現実になる日」、三枝小夜子訳、https://www.natureasia.com/ja-jp/ndigest/v12/n3/量子コンピューターが現実になる日/60992）

Gisin, N. 2002. 'Sundays in a quantum engineer's life', in R. A. Bertlmann & A. Zeilinger (eds), *Quantum* [*Un*] *speakable*, 199- 208. Springer, Berlin. See Arxiv: quant-ph/0104140.

Giustina, M. et al. 2013. 'Bell violations using entangled photons without the fair-sampling assumption', *Nature* 497, 227-30.

Greene, B. 2012. *The Hidden Reality: Parallel Universes and the Deep Laws of the Cosmos*. Penguin, London.（邦訳 『隠れていた宇宙』竹内薫監修、大田直子訳、ハヤカワ文庫NF、本文訳は本書訳者による）

Gribbin, J. 1985. *In Search of Schrödinger's Cat*. Black Swan, London.（邦訳 『シュレーディンガーの猫』坂本憲一・山崎和夫訳、地人書館）

Gröblacher, S. et al. 2007. 'An experimental test of non-local realism', *Nature* 446, 871-5.（非局所実在論の実験的検証、会員はhttps://www.natureasia.com/ja-jp/nature/446/7138/から日本語要約にアクセス可）

Guérin, P. A., Feix, A., Araújo, M. & Brukner, C. 2016. 'Exponential communication complexity advantage from quantum superposition of the direction of communication', *Physical Review Letters* 117, 100502.

Hackermüller, L., Hornberger, K., Brezger, B., Zeilinger, A. & Arndy, M. 2004. 'Decoherence of matter waves by thermal emission of radiation', *Nature* 427, 711-14.（「熱放射の放出による物質波のデコヒーレンス」、会員はhttps://www.natureasia.com/ja-jp/nature/427/6976/から日本語要約にアクセス可）

Brassard, G. 2015. 'Cryptography in a quantum world', Arxiv: 1510.04256.
Brukner, Č. 2014. 'Quantum causality', *Nature Physics* 10, 259–63.
Brukner, Č. 2015. 'On the quantum measurement problem', Arxiv: 1507.05255.
Brukner, Č. & Zeilinger, A. 2002. 'Information and fundamental elements of the structure of quantum theory', Arxiv: quant-ph/0212084.
Bub, J. 1974. *The Interpretation of Quantum Mechanics*. Reidel, Dordrecht.
Bub, J. 1997. *Interpreting the Quantum World*. Cambridge University Press, Cambridge.
Bub, J. 2004. 'Quantum mechanics is about quantum information', Arxiv: quant-ph/0408020.
Buscemi, F., Hall, M. J. W., Ozawa, M. & Wilde, M. W. 2014. 'Noise and disturbance in quantum measurements: an information-theoretic approach', *Physical Review Letters* 112, 050401.
Busch, P., Lahti, P. & Werner, R. F. 2013. 'Proof of Heisenberg's error-disturbance relation', *Physical Review Letters* 111, 160405.
Cabello, A. 2015. 'Interpretations of quantum theory: a map of madness', Arxiv: 1509.04711.
Castelvecchi, D. 2015. 'Quantum technology probes ultimate limits of vision', *Nature News*, 15 June. http://www.nature.com/news/quantum-technology-probes-ultimate-limits-of-vision-1.17731.
Chiribella, G. 2012. 'Perfect discrimination of no-signalling channels via quantum superposition of causal structures', *Physical Review Letters* A 86, 040301(R).
Clauser, J. F., Horne, M. A., Shimony A. & Holt, R. A. 1969. 'Proposed experiment to test local hidden-variable theories', *Physical Review Letters* 23, 880–4.
Clifton, R., Bub, J. & Halvorson, H. 2003. 'Characterizing quantum theory in terms of information-theoretic constraints', *Foundations of Physics* 33, 1561.
Cox, B. & Forshaw, J. 2011. *The Quantum Universe: Everything That Can Happen Does Happen*. Allen Lane, London.
Crease, R. & Goldhaber, A. S. 2014. *The Quantum Moment*. W. W. Norton, New York.（邦訳 『世界でもっとも美しい量子物理の物語』吉田三知世訳、日経BP社）
Cushing, J. T. 1994. *Quantum Mechanics: Historical Contingency and the Copenhagen Hegemony*. University of Chicago Press, Chicago.
Deutsch, D. 1985. 'Quantum theory, the Church-Turing principle and the universal quantum computer', *Proceedings of the Royal Society A* 400, 97–117.
Deutsch, D. 1997. *The Fabric of Reality*. Penguin, London.（邦訳 『世界の究極理論は存在するか——多宇宙理論から見た生命、進化、時間』林大訳、朝日新聞社）
Devitt, S. J., Nemoto, K. & Munro, W. J. 2009. 'Quantum error correction for beginners', Arxiv: 0905.2794.
Einstein, A., Podolsky, B. & Rosen, N. 1935. 'Can quantum-mechanical description of physical reality be considered complete?', *Physical Review* 47, 777.
Englert, B.-G. 2013. 'On quantum theory', *European Physical Journal D* 67, 238. Arxiv: 1308.5290を参照。
Erhart, J., Sponar, S., Sulyok, G., Badurek, G., Ozawa, M. & Hasegawa, Y. 2012. *Nature Physics* 8, 185.
Everett, H. Ⅲ. 1957. '"Relative state" formulation of quantum mechanics', *Reviews of Modern Physics* 29, 454.
Everett, H. Ⅲ. 1956. 'The theory of the universal wave function', 博士論文（ロングバージョン）。http://ucispace.lib.uci.edu/handle/10575/1302 でアクセス可。

参考文献

'Arxiv'は物理学のプレプリントサーバーarxiv.orgを指す。論文にはhttps://arxiv.org/abs/[番号]でアクセスできる。

Aczel, A. D. 2003. *Entanglement: The Greatest Mystery in Physics*. John Wiley, New York.（邦訳 『量子のからみあう宇宙——天才物理学者を悩ませた素粒子の奔放な振る舞い』水谷淳訳、早川書房）

Aharonov, Y., Colombo, F., Popescu, S., Sabadini, I., Struppa, D. C. & Tollaksen, J. 2016. 'Quantum violation of the pigeonhole principle and the nature of quantum correlations', *Proceedings of the National Academy of Sciences USA* 113, 532–5.

Albert, D. 2014. 'Physics and narrative', in Struppa, D. C. & Tollaksen, J. (eds), *Quantum Theory: A Two-Time Success Story*, 171–82. Springer, Milan.

Al-Khalili, J. 2003. *Quantum: A Guide For the Perplexed*. Weidenfeld & Nicolson, London.（邦訳 『見て楽しむ量子物理学の世界——自然の奥底は不思議がいっぱい』林田陽子訳、日経BP社）

Arndt, M., Nairz, O., Vos-Andreae, J., Keller, C., van der Zouw, G. & Zeilinger, A. 1999. 'Wave-particle duality of C_{60} molecules', *Nature* 401, 680–2.

Aspect, A., Dalibard, J. & Roger, G. 1982. 'Experimental test of Bell's inequalities using time-varying analyzers', *Physical Review Letters* 69, 1804.

Aspect, A. 2015. 'Closing the door on Einstein and Bohr's debate', *Physics* 8, 123.

Aspelmeyer, M. & Zeilinger, A. 2008. 'A quantum renaissance', *Physics World*, July, 22–8.

Aspelmeyer, M., Meystre, P. & Schwab, K. 2012. 'Quantum optomechanics', *Physics Today*, July, 29–35.（邦訳 「量子オプトメカニクス」安東正樹訳、パリティVol. 28, No. 05に所収）

Ball, P. 2008. 'Quantum all the way', *Nature* 453, 22–5.

Ball, P. 2013. 'Quantum quest', *Nature* 501, 154–6.

Ball, P. 2014. 'Questioning quantum speed', *Physics World* January, 38–41.

Ball, P. 2017. 'A world without cause and effect', *Nature* 546, 590–592.

Ball, P. 2017. 'Quantum theory rebuilt from simple physical principles', *Quanta* 30 August, www.quantamagazine.org/quantum-theory-rebuilt-from-simple-physical-principles-20170830/.

Bastin, T. (ed.). 1971. *Quantum Theory and Beyond*. Cambridge University Press, London.（邦訳 『量子力学は越えられるか』柳瀬睦男・村上陽一郎・黒崎宏・丹治信春訳、東京図書）

Bell, J. S. 1964. 'On the Einstein-Podolsky-Rosen paradox', *Physics* 1, 195–200.

Bell, J. S. 1990. 'Against measurement', *Physics World* August, 33–40.

Bell, J. S. 2004. *Speakable and Unspeakable in Quantum Mechanics: Collected Papers on Quantum Philosophy*. Cambridge University Press, Cambridge.

Bohm, D. & Hiley, B. 1993. *The Undivided Universe*. Routledge, London.

Bouchard, F., Harris, J., Mand, H., Bent, N., Santamato, E., Boyd, R. W. & Karimi, E. 2015. 'Observation of quantum recoherence of photons by spatial propagation', *Scientific Reports* 5:15330.

Branciard, C. 2013. 'Error-tradeoff and error-disturbance relations for incompatible quantum measurements', *Proceedings of the National Academy of Science USA* 110, 6742.

Brassard, G. 2005. 'Is information the key?', *Nature Physics* 1, 2.

(2010), p. 542.
p.265 量子事象によって生まれるわずかな違いに：Omnès (1994), p. 347.
p.266 大勢の並行マックスには：Hooper (2014) から引用。
p.269 なぜなら、死んだレヴのいる世界の存在指標が：Vaidman (2002).
p.272 単純明快な事実として、量子現象は：Peres (2002), pp. 1-2.
p.273 式は突き詰めれば言葉よりも根源的：Tegmark (1997), p. 4.
p.289 大混乱に陥った聖都にいる気分に：Fuchs (2002), p. 1.
p.291 平易な言葉だけで語られるまさに物語：Fuchs, 私信。
p.293 パラドックスや謎を巡って：ibid.
p.296 根源的には情報の表現と操作に関する理論であって：Bub (2004), p. 1.
p.297 応用においてどれほど合理的で必要性が高くても：Bell (1990), p. 34.
p.305 ある最新ニュースに興味をそそられた：Cabello (2015), p. 1.
p.307 数えることの本質：Aharonov et al. (2016), p. 532.
p.312 実用上は不要だったとしても：Bell (2004), p. 214.
p.314 この世界は私たちとの接触に敏感だ：Fuchs (2002), p. 9.

Unfettered Mind p. 433. St Martin's Griffin, London, 2017（邦訳 『ホーキング――宇宙論のスーパーヒーロー』栗原一郎訳、偕成社）から引用。（本文訳は本書訳者による）

p.79 実験物理学では、検証の対象である理論が宣告している：Omnès (1994), p. 147.

p.82 実際、光子の「経路」について語ることは間違っている：J. A. Wheeler, 'Law without law', in Wheeler & Zurek (eds) (1983), p. 192.

p.83 どの量［経路など］が決定されるか、決定されないかを：C. F. von Weizsäcker 1941. "Zur Deutung der Quantenmechanik", *Zeitschrift für Physik* 118, 489-509の、Ma *et al.*による2016年の翻訳。

p.85 いかなる現象も：Wheeler (1983), op. cit.

p.94 私たちはこうした言葉を：J. Kalckar, 'Niels Bohr and his youngest disciples', in S. Rozental (ed.), *Niels Bohr: His Life and Work as Seen by His Friends and Colleagues*, p. 234. North-Holland, Amsterdam, 1967から引用。

p.95 ボーアの文章の特徴は：C. F. von Weizsäcker, in Bastin (ed.) (1971), p. 33.

p.95 ボーアは基本的に正しかったのだが、その理由を自分でもわかっていなかった：ibid, p. 28.

p.96 コペンハーゲン解釈が真っ先に頂点に立ち：Cushing (1994), p. 133.

p.100 私の思考、あなたの思考……：D. Bohm, *Thought as a System*, p. 19. Routledge, London, 1994.（邦訳 『ボームの思考論』大野純一訳、星雲社、本文訳は本書訳者による）

p.113 このあたりでやめておけたはずなのだが：Englert (2013) [arxiv], p. 12.

p.114 論理的に言って、現実に関するそうした世界観：Fuchs & Peres (2000), p. 70.

p.145 これぞまさに量子力学という性質：Schrödinger (1935), p.555.

p.150 私が本当に望んだような出来には：Harrigan & Spekkens (2007), p. 11から引用。

p.153 それゆえ、量子力学の記述は：Mermin (1985), p. 40から引用。

p.154 私は量子エンジニアですが：Gisin (2002), p. 199から引用。

p.160 なされていない実験には結果がない：Peres, A., 'Unperformed experiments have no results', *American Journal of Physics* 46 (1978), 745.

p.163 得られる相関データに：Mermin, N. D., *Boojums All the Way Through: Communicating Science in a Prosaic Age*, p. 174. Cambridge University Press, Cambridge, 1990.（邦訳 引用部分は『量子のミステリー』町田茂訳、丸善に所収。本文訳は本書訳者による）

p.182 生きている猫と死んだ猫が：E. Schrödinger, *Die Naturwissenschaften* 23 (1935), 807, 823, 844。英語訳：J. D. Trimmer, *Proceedings of the American Philosophical Society* 124 (1980), 323. Wheeler & Zurek (eds) (1983), p. 157に再録。

p.183 いかにもこうした事例らしいことだが：ibid.

p.229 自然をシミュレーションしたいなら：Feynman (1982), p. 486.

p.244 破られる心配のない手法であり：Brassard (2015), p. 9.

p.254 逆に言えば、魔法の量子材料が何であれ：W. H. Zurek, 私信。

p.255 この件について言えば、量子スピードアップは量子力学全体の：Gottesman, 私信。

p.261 この宇宙のどれほど遠い片隅にある：B. S. DeWitt, 'The many-universes interpretation of quantum mechanics', in B. d'Espagnat (ed), *Proceedings of the International School of Physics 'Enrico Fermi'*, Course IL: Foundations of Quantum Mechanics. Academic Press, New York, 1971.

p.261 可能なすべての状態が：M. Tegmark, in *Scientific American*, May 2003.（邦訳 『平行宇宙は実在する』日経サイエンス、2003年3月号。本文訳は本書訳者による）再掲：*Scientific American Cutting-Edge Science: Extreme Physics*. p. 114. Rosen, New York, 2008.

p.264 唯一の驚きはまだ物議を醸していることだ：Deutsch, in Saunders et al. (eds)

原　注

p. i ［量子論の］どこかで現実と：E. T. Jaynes, 'Quantum Beats', in A. O. Barut (ed.), *Foundations of Radiation Theory and Quantum Electrodynamics*, p. 42. Plenum, New York, 1980.

p. i 「現実」も「波」や「意識」と同様に：Wheeler & Zurek (1983), p. 5から引用。

p. ii ［量子力学とは］自然の実像と：E. T. Jaynes, in W. H. Zurek (ed.), *Complexity, Entropy, and the Physics of Information*, p. 381. Addison-Wesley, New York, 1990.

p. ii おそらく、量子力学を巡る最も重要な教訓は：Aharonov et al. (2016), p. 532.

p. ii 皆さんが自然をありのままに：R. Feynman, *QED: The Strange Theory of Light and Matter*, p. 10. Penguin, London, 1990（邦訳　『光と物質のふしぎな理論――私の量子電磁力学』釜江常好・大貫昌子訳、岩波現代文庫、本文訳は本書訳者による）

p. 1 ……これが本書の主張である：科学史家の皆さんには、これがスティーヴン・シェイピンが書いて論議を呼んだ影響力のある著書 *The Scientific Revolution*（University of Chicago Press, Chicago, 1996）（邦訳　『「科学革命」とは何だったのか――新しい歴史観の試み』川田勝訳、白水社）へのオマージュだとわかるだろう。

p. 1 私は生まれたとき量子力学を理解していませんでした：M. Feynman (ed.), *The Quotable Feynman*, p. 329. Princeton University Press, Princeton, 2015（邦訳　『ファインマン語録』大貫昌子訳、岩波書店、本文訳は本書訳者による）

p. 9 わかっているふりはできません：ibid, p. 210.（邦訳　『ファインマン語録』大貫昌子訳、岩波書店、本文訳は本書訳者による）

p.10 あの空気をなんとかしてまた感じたいものです：C. A. Fuchs, 'On participatory realism' から引用。I. T. Durham & D. Rickles (eds), *Information and Interaction: Eddington, Wheeler, and the Limits of Knowledge*, p. 114. Springer, Cham., 2016に所収。

p.13 われわれは言語の中で：A. Peterson, *Quantum Physics and the Philosophical Tradition*, p. 188. MIT Press, Cambridge MA, 1968から引用。

p.14 量子のふるまいを：C. A. von Weizsäcker, M. Drieschner (ed.), *Carl Friedrich von Weizsäcker: Major Texts in Physics*, p. 77. Springer, Cham., 2014から引用。

p.18 この感覚は何分も続くことがある：Mermin (1998).

p.27 大学で物理学を取らなかったことを後悔した経験があり：Susskind & Friedman (2014) のカバーから引用。

p.33 まったくもっておかしなことに思えるが：Farmelo (ed.) (2002), p. 22.

p.35 確率を製造する機械の燃料：Omnes (1999), p. 155.

p.40 量子論において数学的に定式化された：W. Heisenberg, *The Physicist's Conception of Nature*, transl. A. J. Pomerans, p. 15. Hutchinson, London, 1958.（邦訳　『現代物理学の自然像』尾崎辰之助訳、みすず書房、図版訳は本書訳者による）

p.48 この世のあらゆる詳細な説明にたどり着くことを目指している：A. Zeilinger, 'On the interpretation and philosophical foundation of quantum mechanics', U. Ketvel et al. (eds), *Vastakohtien todellisuus*, Festschrift for K. V. Laurikainen, p. 5. Helsinki University Press, Helsinki, 1996から引用。

p.65 量子世界というものはない：A. Petersen, 'The Philosophy of Niels Bohr', *Bulletin of the Atomic Scientists* 19 (1963), 12から引用。

p.70 人と自然の相互作用をテーマとする舞台の役者の一人：Heisenberg (1958), op. cit., p. 29.（邦訳　『現代物理学の自然像』尾崎辰之助訳、みすず書房、本文訳は本書訳者による）

p.73 私たちに知りうる唯一の現実は精神的概念だ：K. Ferguson, *Stephen Hawking: An*

【た行】

【な行】

【は行】

索　引

【訳者紹介】

松井　信彦（まつい　のぶひこ）

翻訳家。慶應義塾大学大学院理工学研究科電気工学専攻前期博士課程（修士課程）修了。訳書にクローズ『宇宙に質量を与えた男』、ローブ『オウムアムアは地球人を見たか？』（ともに早川書房）、バッタチャリヤ『未来から来た男 ジョン・フォン・ノイマン』、ベイル『ソーシャルメディア・プリズム』、ラッセル『AI 新生』（いずれもみすず書房）、ベックマン『数式なしで語る数学』（森北出版）、ミーオドヴニク『Liquid 液体』（インターシフト）などがある。

量子力学は、本当は量子の話ではない

――「奇妙な」解釈からの脱却を探る

2023年12月８日　第１刷　発行
2024年４月20日　第２刷　発行

訳　者　松井　信彦
発行者　曽根　良介

検印廃止

発行所　（株）化学同人
〒600-8074　京都市下京区仏光寺通柳馬場西入ル
編集部　Tel 075-352-3711　Fax 075-352-0371
営業部　Tel 075-352-3373　Fax 075-351-8301
振替　01010-7-5702
e-mail webmaster@kagakudojin.co.jp
URL https://www.kagakudojin.co.jp

印刷・製本　西濃印刷（株）

ISBN 978-4-7598-2069-0

本書のご感想をお寄せください